西安科技大学2020年度学科高峰计划项目资助
甘肃省科学院应用研究与开发项目(2016JK-11)资助

油气长输管道地质灾害

——滑坡、崩塌和塌陷

方世跃　姚正学　杨　军　著

中国矿业大学出版社
·徐州·

内容提要

本书从油气长输管道地质灾害的分布、危害、发育特征、形成条件与机理，地质灾害作用下管道力学行为，地质灾害监测、勘查和防治等方面详细介绍了油气长输管道沿线滑坡、崩塌、塌陷三大类地质灾害。本书共七章，主要内容包括油气长输管道地质灾害概述、油气长输管道滑坡灾害理论基础、油气长输管道滑坡灾害防治、油气长输管道崩塌灾害理论基础、油气长输管道崩塌灾害防治、油气长输管道塌陷灾害理论基础、油气长输管道塌陷灾害防治等。

本书可供油气长输管道施工建设与运营维护人员培训使用，也可供从事油气长输管道工程设计、建设、运营管理的科技人员参考和使用。

图书在版编目(CIP)数据

油气长输管道地质灾害：滑坡、崩塌和塌陷/方世跃，姚正学，杨军著. —徐州：中国矿业大学出版社，2022.10

ISBN 978-7-5646-4950-0

Ⅰ. ①油… Ⅱ. ①方… ②姚… ③杨… Ⅲ. ①油气运输—长输管道—地质灾害—风险管理 Ⅳ. ①TE973 ②P694

中国版本图书馆 CIP 数据核字(2021)第 015134 号

书　　名　油气长输管道地质灾害——滑坡、崩塌和塌陷
著　　者　方世跃　姚正学　杨　军
责任编辑　黄本斌
出版发行　中国矿业大学出版社有限责任公司
（江苏省徐州市解放南路　邮编 221008）
营销热线　(0516)83884103　83885105
出版服务　(0516)83995789　83884920
网　　址　http://www.cumtp.com　**E-mail**:cumtpvip@cumtp.com
印　　刷　苏州市古得堡数码印刷有限公司
开　　本　787 mm×1092 mm　1/16　**印张** 14.75　**字数** 368 千字
版次印次　2022 年 10 月第 1 版　2022 年 10 月第 1 次印刷
定　　价　58.00 元
（图书出现印装质量问题，本社负责调换）

前　言

目前，我国已基本形成横跨东西、纵贯南北、连通海外的天然气、原油、成品油输送管网，截至2020年年底，我国管道输油（气）里程达到 13.41×10^{4} km。但油气长输管道大多是在荒原沙漠、戈壁丘陵及山地荒林中穿行跨越，远离人口密集区域，与之伴随的是地形复杂、地势险要、地质条件恶劣的环境，特别是在一些地质条件和地貌条件复杂的山区地段，地质灾害成为影响油气长输管道安全运行的头号风险，给油气长输管道的日常管理与安全运营带来前所未有的挑战。

从2006年起，本书作者先后承担涩宁兰输气管道，兰成渝成品油管道，兰郑长输油管道，陕京天然气管道，西气东输一线、二线，马惠宁输油管道等沿线地质灾害的咨询、勘查、防治工程设计工作，积累了较为丰富的油气长输管道沿线地质灾害咨询、勘查、防治工程设计工作经验。在与油气长输管道建设施工、运营维护人员交流中得知，现场急需有关油气长输管道地质灾害的培训教材，鉴于此，作者萌生了撰写此类图书的想法，在经历2年的现场资料收集和文献整理后开始着笔，几经修改完善，方定稿。

本书共分七章，分别为油气长输管道地质灾害概述、油气长输管道滑坡灾害理论基础、油气长输管道滑坡灾害防治、油气长输管道崩塌灾害理论基础、油气长输管道崩塌灾害防治、油气长输管道塌陷灾害理论基础、油气长输管道塌陷灾害防治。本书涵盖内容十分广泛，而且简明扼要、浅显易懂，较为全面系统地阐述了油气长输管道滑坡、崩塌、塌陷三种地质灾害的分布与发育特征、危害特征、形成条件与机理、稳定性与危险性评价，地质灾害作用下油气长输管道力学行为，以及地质灾害监测、勘查与防治工程的设计与施工。为了达到“简单易学、实用好学、适合自学”的目的，在叙述上力求概念清晰、简单明了，在分析方法上力求方法简单，并用现场案例做进一步论证说明。

本书由西安科技大学方世跃副教授，甘肃省科学院地质自然灾害防治研究所姚正学教授级高级工程师、杨军研究员共同撰写，董耀刚、颉丽、杨立、李研、胡帅军、申鹏飞、黄宇等参与了部分工作。在撰写过程中，得到了王念秦教授、王得楷研究员的指导和帮助，西安科技大学资源勘查工程系2019届程龙、杨桐旭、王维佳、黄惠祥、李争等学生做了大量工作，在此一并表示感谢。本书得到西安科技大学2020年度学科高峰计划项目和甘肃省科学院应用研究与开发项目（2016JK-11）的联合资助，特此鸣谢！

由于作者水平有限，书中疏漏之处在所难免，敬请读者批评指正，并提出宝贵意见。

作　者

2021年5月

目　录

第一章　油气长输管道地质灾害概述…………………… 1

第一节　油气长输管道发展简况…………………… 1

第二节　油气长输管道地质灾害类型与危害…………………… 2

参考文献…………………… 9

第二章　油气长输管道滑坡灾害理论基础…………………… 12

第一节　油气长输管道滑坡灾害概述…………………… 12

第二节　油气长输管道滑坡灾害特征…………………… 18

第三节　油气长输管道滑坡灾害形成条件与机理…………………… 25

第四节　油气长输管道滑坡(不稳定斜坡)灾害稳定性分析…………………… 33

第五节　滑坡段油气长输管道应力和位移分析…………………… 47

参考文献…………………… 57

第三章　油气长输管道滑坡灾害防治…………………… 60

第一节　油气长输管道滑坡灾害监测…………………… 60

第二节　油气长输管道滑坡灾害勘查…………………… 67

第三节　油气长输管道滑坡灾害防治措施…………………… 76

参考文献…………………… 119

第四章　油气长输管道崩塌灾害理论基础…………………… 121

第一节　油气长输管道崩塌灾害概述…………………… 121

第二节　油气长输管道崩塌灾害类型与分布…………………… 123

第三节　油气长输管道崩塌灾害特征…………………… 128

第四节　油气长输管道崩塌灾害形成条件与机理…………………… 135

第五节　油气长输管道崩塌灾害稳定性分析…………………… 139

第六节　崩塌灾害作用下油气长输管道的力学行为…………………… 142

参考文献…………………… 155

第五章　油气长输管道崩塌灾害防治…………………… 157

第一节　油气长输管道崩塌灾害勘查…………………… 157

第二节　油气长输管道崩塌灾害防治措施与应用…………………… 161

参考文献…………………… 172

第六章　油气长输管道塌陷灾害理论基础 …… 174
第一节　油气长输管道塌陷灾害概述 …… 174
第二节　油气长输管道塌陷灾害类型、分布与特征 …… 177
第三节　油气长输管道塌陷灾害形成条件与机理 …… 186
第四节　塌陷灾害作用下油气长输管道力学行为 …… 194
参考文献 …… 206

第七章　油气长输管道塌陷灾害防治 …… 208
第一节　油气长输管道塌陷灾害监测与危险性评价 …… 208
第二节　油气长输管道塌陷灾害勘查 …… 214
第三节　油气长输管道塌陷灾害防治措施与应用 …… 218
参考文献 …… 228

第一章　油气长输管道地质灾害概述

油气长输管道是国家能源大动脉。目前，我国已基本形成横跨东西、纵贯南北、连通海外的油气长输管道系统管网布局。影响油气长输管道安全运行的地质灾害种类繁多，主要包括滑坡、崩塌、洪水冲蚀、泥石流、地面塌陷、地裂缝、风蚀与沙埋，以及由湿陷性黄土、膨胀土、盐渍土、多年冻土等特殊土发生变形引发的灾害等。

第一节　油气长输管道发展简况

利用长输管道输送石油、天然气是最快捷、经济、可靠的油气运输方式[1]，自 21 世纪以来，其已成为全球能源运输的动脉，为社会快速进步和发展提供强劲的动力。随着我国国民经济的高速发展和工业化水平的迅速提高，我国对石油、天然气的需求量逐年增大，其运输任务也越来越重，因此，油气长输管道建设规模逐步加大[2]。截至 2020 年年底，我国管道输油(气)里程达到 13.41×10^4 km(图 1-1)。

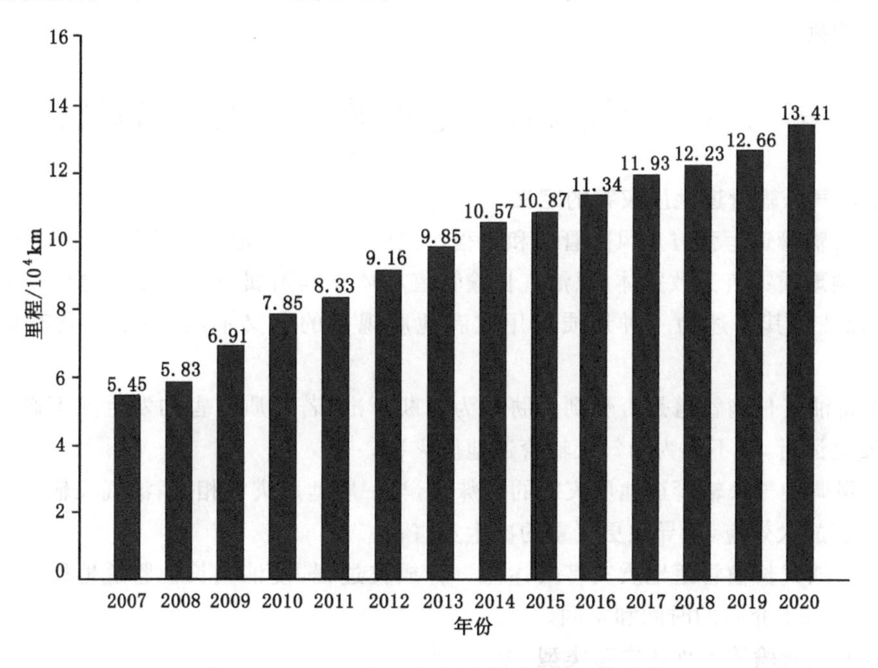

图 1-1　2007—2020 年我国管道输油(气)里程

目前，我国油气长输管道建设正加速向网络化方向发展，基本形成了以西气东输管道、陕京天然气管道、中缅天然气管道、涩宁兰天然气管道、川气东送管道、中贵天然气管道、秦沈天然气管道、永唐秦天然气管道、冀宁天然气管道等为基本骨架，川渝、环渤海、长三角、珠三角、中南、陕晋等区域管网接入，横跨东西、纵贯南北、连通海外的天然气输送管网布局；构建了以中哈原油管道、西部原油管道、兰成原油管道、长呼原油管道、中俄原油管道、东北原油管网、东黄原油管道、鲁宁原油管道、仪长原油管道、甬沪宁原油管道、中缅原油管道、日东原油管道等为基本骨架，覆盖油田、炼厂、港口和储备库的原油输送管网；建成了以北疆成品油管网、乌兰成品油管道、兰成渝成品油管道、兰郑长成品油管道、茂昆成品油管道、港枣成品油管道、洛郑驻成品油管道、石太成品油管道、鲁皖成品油管道、江苏成品油管网、云南成品油管网、金嘉湖成品油管道、镇杭成品油管道、甬绍金衢成品油管道、甬台温成品油管道、九昌樟成品油管道、珠三角成品油管道等为代表，连通炼厂与市场的成品油管网[3-4]。

油气长输管道的敷设方式可分为地上敷设和地下敷设。地上敷设又称为架空敷设，根据支架高度，可以分为低支架敷设、中支架敷设和高支架敷设。当管道跨越山谷、河流、沼泽、沙漠及多年冻土层时宜采用地上敷设。对于油气长输管道，其 98% 都采用地下敷设，按其敷设方式可分为地沟敷设和埋地敷设。地下敷设管道具有施工简单、占地面积小、节省投资、不影响交通及农耕作业等优点[1]。

由于油气长输管道输送介质具有易燃、易爆、易扩散、跨越地域广阔的特点，一旦出现油气管道爆炸问题，将造成重大伤害和致命影响[5]。为远离人口密集区域以避免重大伤害，油气长输管道大多是在荒原沙漠、戈壁丘陵及山地荒林中穿行跨越，但与之伴随的是地形复杂、地势险要、地质条件恶劣的环境[5-6]，特别是在一些地质条件复杂的山区地段，地质灾害成为影响油气长输管道安全运行的头号风险，给油气长输管道日常管理与安全运营带来了前所未有的挑战。

第二节　油气长输管道地质灾害类型与危害

一、油气长输管道地质灾害的定义

油气长输管道运营方从风险管理和工程控制的角度，将“油气长输管道地质灾害”定义为：“以各类地质灾害为致灾体、以油气长输管道本体及其附属设施为承灾体的一种成灾过程”。与以往将其表述为一种地质作用或者地质现象的定义不同，该定义具有以下 3 个特点[7]：

(1) 将油气长输管道是否受到威胁作为判断标准，若地质灾害的发生并不影响油气长输管道安全运行，就不列为油气长输管道地质灾害；

(2) 强调油气长输管道地质灾害的特殊性，与一般地质灾害相比，油气长输管道地质灾害具有灾害放大效应，易导致更严重的次生灾害；

(3) 将油气长输管道地质灾害表述为一种成灾过程，使油气长输管道地质灾害风险监测与预警具备了介入的时间和空间。

二、油气长输管道地质灾害类型

由于我国幅员辽阔，绝大部分省区都有油气长输管道分布，影响油气长输管道安全运行的地质灾害涉及多种类型，可按形成原因将其划分为 3 大类[8]：

(1) 地壳内部构造起主要作用的地质灾害，包括地震、地面塌陷(沉降)、地裂缝、断裂灾害等；

(2) 地壳外部构造起主要作用的地质灾害，包括滑坡、崩塌、泥石流、洪水冲蚀、沙埋、风蚀灾害等；

(3) 特殊土引发的地质灾害，包括湿陷性黄土、膨胀土、盐渍土、多年冻土等发生变形引发的灾害。

各种地质灾害对油气长输管道的危害如图 1-2 所示[6]。

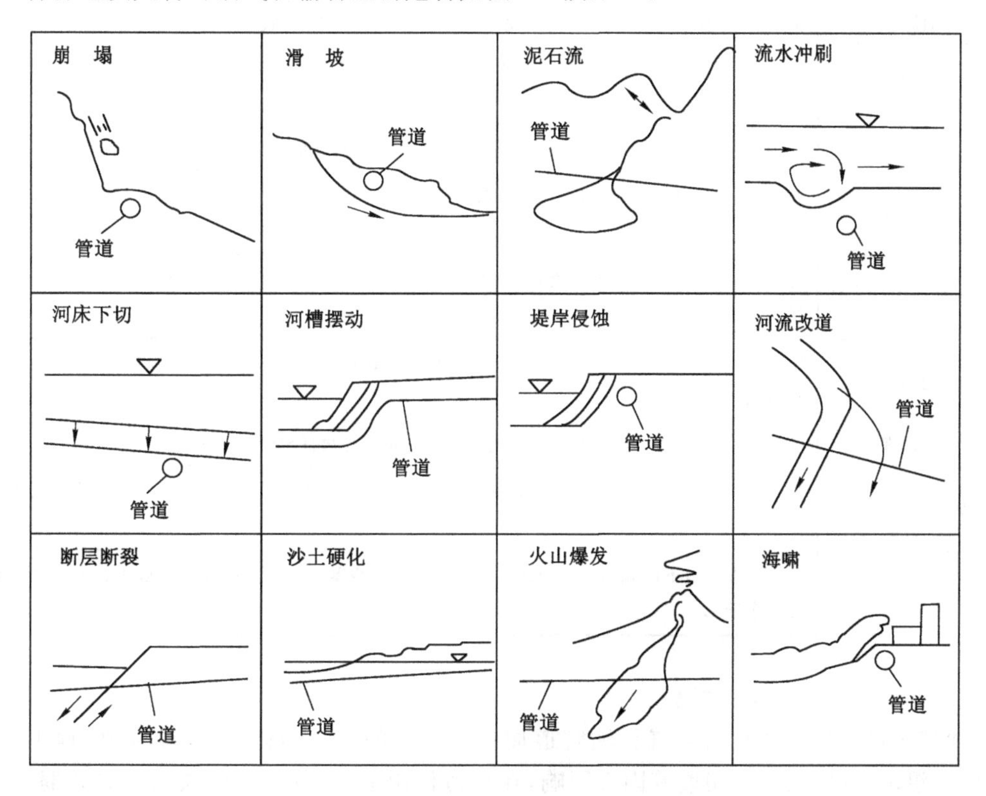

图 1-2 地质灾害危害油气长输管道示意图

油气长输管道地质灾害是在特定区域及特殊岩土性质、地形地貌、水文气象、地质构造等作用下产生的。其中，地形地貌是产生油气长输管道地质灾害的前提，也是油气长输管道地质灾害空间变化的原因；水文气象是油气长输管道地质灾害产生的主要诱发因素，也是油气长输管道地质灾害时间变化的原因，使得在不同季节产生不同的油气长输管道地质灾害。正是受水文气象因素的影响，油气长输管道沿线的地质灾害随季节变化非常明显，在夏季和秋季，降雨较多，产生的地质灾害主要有滑坡、泥石流、崩塌等，而在春季和冬季，温度较低，主要以冻土灾害为主。

油气长输管道地质灾害对管道的危害形式多样，危害机理复杂。油气长输管道地质灾害作用会引起地层运动和管周土体变形，而管土相互作用及复杂力学行为使得管道发生弯曲、压缩、扭曲、局部弯曲、断裂等变形甚至失效的现象[9]。一般来说，油气长输管道地质灾害对管道工程的危害主要表现在两个方面：一是建设施工期间，油气长输管道地质灾害容易导致施工人员伤亡、施工器具破坏；二是运营期间，油气长输管道地质灾害对管道本体，伴行路、阀室、站场和其他地面设施造成破坏[10]。以涩宁兰天然气管道沿线地质灾害为例，其对管道的危害如表 1-1 所列。

表 1-1 涩宁兰天然气管道地质灾害类型及危害

灾害类型	对管道工程的危害
滑坡	摧毁管道，造成管道变形、断裂泄漏；破坏伴行路，中断交通。危害长度为数十米到数百米
崩塌	砸埋管道，使管道露管变形、破裂泄漏；堵塞伴行路，中断交通。危害长度为数米到数十米
不稳定斜坡	正在变形的不稳定斜坡会使管道变形；短时间内可演化为崩塌、滑坡，进而破坏管道、伴行路等。危害长度为数十米到数百米
泥石流	冲蚀管道，造成露管、悬空，块石撞击管道；冲毁伴行路。危害长度为数米到数十米
洪水冲蚀	冲毁管道或管堤，造成露管，大型河沟可造成露管和漂管；冲毁伴行路。危害长度为数米至数十米
季节性冻融	土体蠕动推移、冻拔上拱管道，融水冲蚀管沟、破坏管道水工保护及附属设施。多属长期往复缓慢作用型。危害长度为数十米至数百米
管沟塌陷	露管、悬空、暗穴或破坏管堤，影响周围农田灌溉；破坏伴行路。危害长度为数十米，有的可达数百米
风蚀沙埋	吹蚀管堤、掩埋伴行路。为长期缓变型。危害长度为数百米到数千米
盐渍土腐蚀	腐蚀管道钢结构等设施，影响伴行路的安全通行。为长期缓变型。危害长度为数千米到十余千米
地下水浸泡	破坏电缆等地下设施，影响正常输气，软化伴行路路基。为长期缓变型。危害长度为数千米到十余千米

1. 油气长输管道滑坡灾害

油气长输管道滑坡是指油气长输管道周边斜坡上的岩(土)体，受河流冲刷、地下水活动、雨水浸泡、地震及人工切坡等因素影响，在重力作用下，沿着一定的软弱面或软弱带，整体或分散地顺坡向下滑动并影响油气长输管道安全运行的地质现象[1]。

根据滑坡对油气长输管道的作用方向，可将油气长输管道滑坡分为横向滑坡和纵向滑坡两种。横向滑坡的滑坡体垂直于油气长输管道，管道因受到滑坡推力作用而易发生弯曲变形，如格拉成品油管道位于羊八井石峡段一处大坡度破碎山坡处，在一次暴雨袭击中诱发横向滑坡，造成 31 m 管道被砸坏、拉断跑油，迫使全线输油中断[11]；纵向滑坡的滑坡体沿油气长输管道轴向方向发生运动，管道易发生纵向失稳，如忠武天然气管道 K379+857 处管道顺滑坡滑动方向敷设，受滑坡影响的管道长度达到 50 m。

油气长输管道的敷设特点决定其承灾形式及破坏模式，并直接影响管道的受力状态。根据油气长输管道是否通过滑坡体可分为管道穿越滑坡体和管道不穿越滑坡体两种类型。油气长输管道穿越滑坡体又可根据管道的埋深分为管道位于滑带之上与管道位于滑带之下，也可根据管道的走向分为管道走向与主滑方向平行(纵穿)、管道走向与主滑方向垂直(横穿)以及管道走向与主滑方向斜穿三种类型。油气长输管道不穿越滑坡体也可根据管道位置分为靠近滑坡前缘、靠近滑坡后缘以及位于滑坡侧方三种类型[12]。

滑坡对油气长输管道的危害主要表现为[10]：当管道在滑坡下部通过时，滑坡体对管道进行加载；当管道在滑坡中部通过时，管道因承受滑坡体巨大拖拽力而发生弯曲变形、拉裂甚至整体断裂失效；当管道在滑坡上部通过时，会在滑坡体作用下悬空或被拉断。表1-2列出了滑坡灾害作用下部分地区油气长输管道破坏事故。

表1-2　滑坡灾害作用下油气长输管道破坏事故

管道	年份	灾害类型	事故情况
格拉成品油管道羊八井石峡段	1996	暴雨引发横向滑坡	管道断裂，成品油泄漏，全线停输
巴西成品油管道	2001	暴雨引发山体滑坡	管道断裂，成品油泄漏
格拉成品油管道可可西里段	2001	地震滑坡	管道断裂
绵阳中青天然气管道	2002	地产开发引发滑坡	管道破裂
重庆开县天然气管道	2005	滑坡引发泥石流	管道断裂
重庆沙坪坝天然气管道	2005	施工、堆土引发滑坡	管道断裂，天然气泄漏并引发爆炸
江油广元天然气管道	2005	山体滑坡	管道弯头被拉断，天然气泄漏
涩宁兰天然气管道K851+050处	2005	灌溉及暴雨引发滑坡	管道破裂
厄瓜多尔原油管道	2008	降雨引发滑坡	管道断裂，停止石油出口
浙江天然气管道	2008	堆土引发滑坡	管道断裂，天然气泄漏并引发爆炸
西充县天然气管道	2009	暴雨引发山体滑坡	供气主管破裂
兰成渝成品油管道K468+500处	2010	降雨引发滑坡	破坏管道周边挡土墙及截水墙
巴中南江天然气管道	2011	暴雨引发地质滑坡	管道破裂，全城停气
泸州天然气管道	2012	暴雨引发山体滑坡	管道断裂，天然气泄漏
广元天然气管道	2013	强降雨引发山体滑坡	管道断裂
安塞永炼原油管道	2013	强降雨引发山体滑坡	管道破裂，原油泄漏
兰成渝成品油管道K223+700处	2013	地震及强降雨引发滑坡	管道有错断趋势
西气东输二线广深支干线	2015	暴雨引发渣土堆滑坡	管道破裂，天然气泄漏并引发爆炸，造成69人死亡、20栋楼倒塌
中石化重庆公司成品油管道	2016	暴雨引发山体滑坡	管道破裂，柴油泄漏，部分流入长江
川气东送管道湖北恩施段	2016	暴雨引发山体滑坡	管道破裂，天然气泄漏并引发爆炸，造成2人死亡、3人重伤

2. 油气长输管道崩塌灾害

油气长输管道崩塌是指油气长输管道周边较陡斜坡上的岩（土）体在重力作用下突然脱离母体，崩落、滚动、堆积在坡脚（或沟谷）并影响油气长输管道安全运行的地质现象。地震、融雪、降雨、地表冲刷与地下水浸泡以及不合理的人类活动都可能引发崩塌。油气长输管道崩塌是我国西部山区油气长输管道沿线经常发生的一种地质灾害，具有分布范围广、发生突然、发生频率高、难以预防等特点。如忠武天然气管道自2004年投入运营以来，崩塌落石灾害已成为影响管道安全运行的最严重的地质灾害之一，且已发生数起落石冲击管道事故，其中重庆忠县段曾发生落石冲破地表15 cm厚钢筋混凝土防护板，将管道砸出直径约30 cm凹陷的事故[13]；兰成渝成品油管道康县段崩塌灾害约占其地质灾害总数的50%，其中受2008年汶川地震的影响，康县段阳坝曾发生体积近1 000 m^3的山体崩塌，最大块石直径4 m、重近50 t，巨石将兰成渝管道接头处砸开，造成柴油泄漏[14]；根据中国石油天然气管道工程有限公司于2013年完成的《中缅油气管道(国内段)地质灾害防治研究报告》,中缅油气管道云南段就发生15处崩塌灾害[15]。

崩塌对油气长输管道的危害主要表现在两个方面[16]:

(1) 崩塌落石对油气长输管道产生冲击载荷,特别是高程差较大的区域,落石冲击油气长输管道上方覆土产生巨大的瞬时冲击载荷,引发油气长输管道变形甚至破裂,导致油气泄漏;

(2) 崩塌落石破坏伴行路,中断交通,影响油气长输管道正常维修防护等。

3. 油气长输管道塌陷灾害

油气长输管道塌陷是指油气长输管道周边地表岩(土)体在自然或人为因素作用下向下陷落,并在地面形成塌陷坑(洞)且影响油气长输管道安全运行的地质现象。由于其发育的地质条件和作用因素不同,地面塌陷可分为岩溶塌陷、黄土洞穴塌陷、采空塌陷等。地面塌陷对油气长输管道的危害主要表现为管道受塌陷土体作用而发生扭曲变形、压裂、拉断等[17]。如2005年6月,雨水冲击造成广东佛山地面塌陷,导致煤气管道压裂,煤气泄漏;2007年2月,正在施工的南京地铁二号线汉中路段渗水致使地面塌陷,导致天然气管道断裂,造成天然气泄漏继而引发爆炸;2007年10月,美国圣迭戈出现严重塌方,地面多处下陷,导致埋地管道扭曲破裂[9];2010年12月,温州西山南路段住宅小区人行道沉降严重,导致燃气管道突然发生断裂,造成大量燃气泄漏继而引发爆炸[18]。

4. 油气长输管道泥石流灾害

油气长输管道泥石流是指油气长输管道周边较陡斜坡或沟谷上的水与土相混合的饱和流体在重力作用下沿较陡斜坡或沟谷运动,并影响油气长输管道安全运行的地质现象。泥石流对油气长输管道的影响主要有以下几个方面:

(1) 对管道选线的影响

选线是管道敷设的首要环节,如果选线适当,即使地质灾害极其发育,也可避免或减少危害。如果选线不当,可能会形成病害工点,在工程建设上付出更高代价,给运营遗留后患,甚至造成线路无法使用。例如,在管道选线时,如对泥石流危害漏判、错判或防治不力,都将会造成严重灾害,影响管道敷设和运行,使运维管理单位花费更多的代价进行整治。

(2) 对在建管道的危害

管道施工过程中,不可避免地会对地质环境产生扰动。如工程建设时管沟开挖和支护的时序不合理,导致边坡失稳;工程弃土没有采取水土保持措施,导致水土流失,并为泥石流的产生提供大量固体松散物质;施工过程中的排水不当和工程对地表水与地下水水文条件的扰动,也会导致泥石流的形成。同时,在强降雨、地震等因素的诱发下,也会产生泥石流,对在建管道设施、施工人员等造成危害。

(3) 对已建管道的危害

发生泥石流的地区的油气长输管道,在长期的运行过程中难免会受到泥石流的危害,造成毁坏一点而全线中断的局面,因此必须及时整治,保证能够安全输送油气。线路建成后,由于其平面、剖面和主体工程已经定型,整治灾害远不及新线设计灵活,所发生的泥石流即使危害较小,也需要付出高昂的代价方能进行线路修复。在此阶段,泥石流对管道的危害有以下几种方式:

① 泥石流对高架油气长输管道支撑架的危害。由于泥石流具有很强的冲击力,架设在

泥石流流通区的油气长输管道支撑架会在泥石流强烈冲击下毁坏，从而对油气长输管道造成破坏。

② 泥石流淤埋油气长输管道。铺设在泥石流堆积扇扇缘一带的油气长输管道，顶部可能会受到泥石流的块、碎石土堆积并越堆越厚，虽然块、碎石土堆积对油气长输管道没有大的危害，但当厚度达到 2 m 以上时，会对之后油气长输管道的维修造成困难。

③ 泥石流对油气长输管道的冲刷危害。泥石流具有巨大的冲刷能力，会剥蚀埋设油气长输管道的土层，并磨损油气长输管道表层防护层，使油气长输管道裸露，还有可能受泥石流的冲击而遭拉断损毁。

泥石流对油气长输管道危害的实例主要有：1994 年，长庆油田元（城）悦（乐）输油管道遭受当地 70 年不遇的大洪水，随之而来的柔远川上游的泥石流把管道冲毁多达 26 处，并且管道多处被拉断[19]。西气东输管道宁夏段有泥石流沟 20 余条，主要分布在下河沿至古城子、盐池县东红井子至陕西定边县红柳沟乡两个地段内；陕西段泥石流分布于靖边县马路壕东南的黄土高原区；山西段泥石流沟有 15 条，主要分布于沁水与浮山二县交界处以及沁水、阳城二县的采矿区[20]。中缅油气管道云南段共发育泥石流 16 处[21]。川气东送管道在川东、渝中及鄂西山区，发育有泥石流 10 处，对管道安全运行产生影响[22]。

5. 地裂缝与断层

油气长输管道地裂缝是指岩（土）体在内外营力及人类活动等因素作用下，当外力的作用积累超过岩土层内部的结合力时，在地表发生破裂形成裂隙，并影响油气长输管道安全运行的地质现象。按照国家相关规范设计的埋地油气长输管道，所受到破坏的原因大都是由于地层大变形引起的，这种大变形产生的原因可能是地震、断层错动、邻近工程的施工、滑坡以及地裂缝的活动等，变形的形式可能是垂直错动、水平张拉、扭动等。但不管何种原因、何种形式的变形，当达到一定程度时都会引起油气长输管道的破坏，产生严重的后果[23]。

断层活动是指两部分地壳板块之间相互挤压而导致断裂面，并沿该断裂面发生相对运动。断层类型有 3 种：走向滑动断层、正断层和逆断层。走向滑动断层的主要运动发生在水平面，根据油气长输管道与其相交角度的不同，油气长输管道可能会受拉伸或压缩作用；正断层和逆断层的主要地层位移是在竖直方向，正断层使管道发生拉伸变形，而逆断层使管道发生压缩变形。管道穿越断层时有 3 种可能的破坏模式：拉裂、局部屈曲和梁式屈曲。由于油气长输管道具有良好的韧性，能承受较大的应变，通常极限拉应变取 4%，在穿越正断层或以小于 90°的交角穿越走向滑动断层时，主要承受拉力，破坏模式为拉裂，而在穿越逆断层或以大于 90°的交角穿越走向滑动断层时，主要承受压力，破坏模式包括局部屈曲和梁式屈曲[24]。

1972 年，广东遂溪飞机场发生地裂缝，长 50～80 m，宽 0.2～0.5 m，错断飞机场输油管接头，漏掉航空汽油 5 t[25]。1976 年以来，西安市因地裂缝活动而造成的地下供水、供气管道错断超过 40 次。在地裂缝活动活跃的几年里，每年都有供水管道被地裂缝破坏，在一些地裂缝活动强度大的地段，主要供水管道曾多次被拉断。

1976 年，我国唐山大地震中，秦京管道 4 处遭受地震损坏，其中 3 处管道损坏是由活动断层直接引起的。1988 年 1 月 22 日，发生在澳大利亚北部滕南特克里克附近的 3 次地震（M_S 分别为 6.3 级、6.4 级、6.7 级），地表断裂造成煤层气气田管道被轴向压缩了近 1 m（后来更换约 100 m 长管道，所用的管道比原管道短了 0.97 m）。据估计，沿该断层的滑动位移在0.80～1.25 m之间，且大部分是逆冲断裂，对埋地管道破坏很大[26]。1999年9月21日，在发生于我国台湾地区的集集地震(M_S为7.6级)中，有4条穿越断层的管道被错动切断，断层水平错距12 m，垂直错距4 m[27]。2001年11月14日，青海省和新疆维吾尔自治区交界处的昆仑山南麓发生8.1级地震，在格拉成品油管道的昆仑山口泵站上行8 km处，套管内主管道垂直穿越青藏公路段，位于断裂带上，致使主管道有10.5 m长扭曲，3.2 m长被拉断，当时管道处于停输期间，未造成重大损失[28]。

6. 特殊土引发灾害

特殊土是分布在一定地理区域，有工程意义上的特殊成分、状态和结构特征的土。主要有湿陷性黄土、冻土、膨胀土、盐渍土等。

(1) 湿陷性黄土引发灾害

湿陷性黄土在干燥或天然低湿度下往往具有较高的强度和较低的压缩性，但遇水后土体结构会迅速崩解破坏，土体强度迅速降低，产生大幅度的沉降、湿陷。油气长输管道穿越黄土湿陷区时，若管沟填土未夯实，在遇到强降雨或农田灌溉时，填土区容易发生湿陷灾害，如兰郑长成品油管道甘肃段就有黄土湿陷灾害35处。管道上部覆土湿陷下沉会导致管道浅埋，陷穴则会引起管道悬空，黄土湿陷区内管段会向下弯曲变形，当湿陷范围较小时，会形成3个应力集中区：管段两端湿陷区与非湿陷区交界处的管道下表面、管段中部。随着湿陷区范围扩大，管道最大应力和最大应变随之增大，并且在湿陷区管段中部、湿陷区与非湿陷区交界处管段上下表面都有应力应变峰值分布[29]。

(2) 冻土引发灾害

我国拥有世界第三大面积冻土，分布在东北、西北、青藏高原等地区的多年冻土面积占国土陆地面积的21.5%。中俄原油管道、西气东输管道、格拉成品油管道、涩宁兰天然气管道等均穿越多年冻土地区[30]。穿越冻土区的油气长输管道受到的危害主要有管沟融陷、冻胀翘曲、坡面蠕滑三种类型[31]。

① 管沟融陷

在高含冰量冻土区，冻土融化后会产生大量的下沉，从而发生管沟融陷现象。由于融化深度、含冰量和土质类型等的不同，各段管道的融陷量存在差异，会引起管道弯曲，特别是在融化稳定区和融化不稳定区的过渡带，埋设于该处的油气长输管道会出现较大变形，可能造成管道发生屈曲等强度破坏问题。

② 冻胀翘曲

在进入寒季后，土体中水分在温度梯度作用下向冻结锋面迁移，在有一定的水源补给条件下，冻结所产生的冻胀变形是非常显著的，在地表可形成一定规模的冻丘。土体的冻胀力推动管道向上运动，引起管道翘曲，甚至拱出地面。如格拉成品油管道沿线乌丽附近有大量冻胀丘发育，冻结融化后导致管道翘曲变形，最大翘曲高度达到0.5 m。

③ 坡面蠕滑

当油气长输管道布设于斜坡上的冻土区时，在土层逐渐融化的过程中，融化土体中的水会在重力作用下从融化层底部位置向坡底发生渗流，形成层上水。融化与未融化土体的分界面为斜坡坡体结构的薄弱面，在层上水的渗流作用下，会导致坡面融化土体向坡底发生蠕滑变形。当坡面蠕滑深度达到埋设管道位置时，则可能导致管道发生侧向位移，影响管道运行安全。如涩宁兰天然气管道周边土体在拉鸡山(K685—K701)和橡皮山(K518—K523)

高海拔多年冻土区多处产生坡面蠕滑。

(3) 膨胀土引发灾害

膨胀土在天然适度含水状态下，结构强度较高，压缩性小，但其一遇水就发生膨胀，导致强度显著下降，工程地质性质变差[32]。

因膨胀土的成因、年代、性质、所处地形、气候条件不同，造成的地质灾害类型也各不相同，如通过山间盆地、河谷盆地的油气长输管道工程，更多的是涉及河岸和斜坡带的地质灾害(坍岸、滑坡、冲刷等)，通过平原区的管道，更多的是输气站、加热站、中转站等建筑物的变形开裂和深管沟开挖施工中的坍塌等问题。如：涩宁兰天然气管道工程在经过西宁、民和盆地、兰州达川盆地的新近系和白垩系褐红色、紫红色膨胀岩土地区时，发生斜坡毁坏和河岸坍岸等问题；兰成渝成品油管道工程在苏木沟附近也有白垩系紫红色膨胀岩的坍岸灾害；忠武天然气管道工程建设中，在宜昌—荆门—枝江段进行膨胀土管沟开挖施工时，出现了中间站(枝江站)膨胀土地基变形、管沟不稳定等问题；西气东输一线在安徽怀远至江苏六合段、河南郸城县段等也存在膨胀土地基变形和深管沟开挖施工中坍塌破坏危及人员安全的问题；阿赛原油管道工程的 4 号和 6 号加热站膨胀土地基失稳，使地坪和墙体发生不同程度的开裂破坏[33]。

(4) 盐渍土引发灾害

盐渍土是在一定的环境条件下形成和发育的，受土体中一系列盐碱成分作用，易形成溶陷和盐胀灾害，对钢制的油气长输管道会产生强烈的腐蚀作用。如新粤浙管道工程新疆干线在新疆木垒县段、哈密七角井盐田段、甘肃景泰白墩子盆地、玉门至金塔段均受到盐渍土引发灾害的影响[34]。涩宁兰天然气管道沿线有 2 段(K00＋000 至 K32＋000 段和K407＋000 至 K418＋000 段)受到盐渍土腐蚀问题影响，单段长度分别为 32 km 和 11 km，总长 43 km。

参 考 文 献

[1] 梁政，张杰，韩传军. 地质灾害下油气管道力学[M]. 北京：科学出版社，2016.

[2] 王珀，程诚，黄锐. 长输管道地质灾害定量风险评价技术研究[J]. 化工管理，2016(8)：255.

[3] 王小强，王保群，王博，等. 我国长输天然气管道现状及发展趋势[J]. 石油规划设计，2018，29(5)：1-6，48.

[4] 高鹏，高振宇，杜东，等. 2017 年中国油气管道行业发展及展望[J]. 国际石油经济，2018，26(3)：21-27.

[5] 修连克，张文彬. 埋地油气管道在几种特殊地质条件下受力影响[J]. 化学工程与装备，2018(5)：104-105，121.

[6] 张洪涛. 忠武输气管道地质灾害风险控制研究[D]. 青岛：中国石油大学(华东)，2015.

[7] 么惠全，冯伟，张照旭，等. "西气东输"一线管道地质灾害风险监测预警体系[J]. 天然气工业，2012，32(1)：81-84，125-126.

[8] 赵忠刚，姚安林，赵学芬，等. 长输管道地质灾害的类型、防控措施和预测方法[J]. 石油工程建设，2006，32(1)：7-12，17.

[9] 帅健，王晓霖，左尚志. 地质灾害作用下管道的破坏行为与防护对策[J]. 焊管，2008，31(5)：9-15，93.
[10] 钟威，高剑锋. 油气管道典型地质灾害危险性评价[J]. 油气储运，2015，34(9)：934-938.
[11] 夏炜. 川东北山区滑坡地质灾害条件下天然气管道安全评估[D]. 成都：西南石油大学，2015.
[12] 车福利. 输气管道滑坡段风险评价与监测技术研究[D]. 大庆：东北石油大学，2017.
[13] 荆宏远. 落石冲击下浅埋管道动力学响应分析与模拟[D]. 武汉：中国地质大学(武汉)，2007.
[14] 王东源，赵宇，王成华. 阳坝落石对输油管道的冲击分析[J]. 自然灾害学报，2013，22(3)：229-235.
[15] 中国石油天然气管道工程有限公司. 中缅油气管道(国内段)地质灾害防治研究报告[R]. 廊坊：中国石油天然气管道工程有限公司，2013.
[16] 王联伟. 几种在役管道典型地质灾害评价方法研究[D]. 北京：北京科技大学，2015.
[17] 叶海燕. 浅谈地质灾害对管道的影响及防范[J]. 华东科技(学术版)，2012(9)：400-401.
[18] 李星华. 浅谈软土地基不均匀沉降对燃气管道的影响及对策[J]. 化工管理，2013(5)：182-183.
[19] 朱思同. 试论管道建设中的地质灾害及工程对策[J]. 天然气与石油，1998，16(2)：39-44.
[20] 吕惠明. 泥石流对油气管道的危害特征、机理及对策[J]. 产业与科技论坛，2009，8(5)：113-115.
[21] 穆树怀，王腾飞，霍锦宏，等. 长输管道施工诱发地质灾害防治：以中缅管道云南段为例[J]. 油气储运，2014，33(10)：1047-1051.
[22] 方浩. 川气东送管道工程沿线地质灾害及防治对策分析[J]. 中国地质灾害与防治学报，2012，23(3)：46-50.
[23] 邹蓉. 地裂缝对地下管道的影响研究[D]. 西安：长安大学，2009.
[24] 朱秀星. 地质灾害环境下埋地油气管线安全性研究[D]. 青岛：中国石油大学(华东)，2009.
[25] 谢浩球. 广东地质灾害概述[J]. 广东地质，1991，6(3)：1-8.
[26] 郝建斌，刘建平，张杰，等. 地震灾害对长输油气管道的危害[J]. 油气储运，2009，28(11)：27-30.
[27] 刘爱文. 基于壳模型的埋地管线抗震分析[D]. 北京：中国地震局地球物理研究所，2002.
[28] 姚志祥. 格拉管道一次地震断裂分析及防范措施[J]. 管道技术与设备，2003(6)：23，44.
[29] 张鹏，龙会成，李志翔，等. 黄土湿陷过程下埋地油气管道力学行为有限元模拟[J]. 中国安全生产科学技术，2017，13(5)：48-55.
[30] 董彩虹，张杰，苑仁涛. 冻土区管道面临的主要风险与设计方法[J]. 当代化工，2015，44

(7):1709-1710,1714.

[31] 刘德仁,汪鹏飞,王旭,等.冻土区埋地油气管道管沟融陷机理[J].油气储运,2019,38(7):788-792

[32] 赫竞.膨胀土地区管道工程的技术措施[J].上海煤气,2005(5):21-22.

[33] 张薇,郭书太,耿晓梅.管道工程中膨胀土特性和灾害防治[J].油气储运,2010,29(4):277-282,285.

[34] 程克强,孙如华,徐帅陵.新疆典型盐渍土特征及腐蚀性对输气管道工程的影响研究[J].工程地质学报,2016,24(增刊):316-323.

第二章　油气长输管道滑坡灾害理论基础

滑坡灾害是威胁油气长输管道安全最主要的地质灾害类型之一，其对油气长输管道的危害主要表现为压覆、挤压和拉裂破坏。油气长输管道沿线的滑坡类型、分布、形态特征、形成条件与机理、稳定性评价与其他区域发生的滑坡相比，既有共性又有其特殊性。同时，油气长输管道作为滑坡的“承灾体”，分析其在滑坡作用下的力学行为是评估“致灾体”滑坡危害性的基础。

第一节　油气长输管道滑坡灾害概述

一、油气长输管道滑坡概述

油气长输管道滑坡是在一定的地质条件下，由于各种自然或人为因素的影响（长期受水浸润、削弱山体下部支撑力等），破坏了岩（土）体的力学平衡，使油气长输管道周边斜坡上的不稳定岩（土）体在重力的作用下，沿着一定的软弱面（带）做整体的、缓慢的、间歇性的向下滑动并影响油气长输管道安全运行的不良地质现象。油气长输管道滑坡一般由滑坡体、滑坡后壁、滑动面、滑动带、滑坡床、滑坡舌、滑坡台阶与陡坎、滑坡鼓丘、滑坡裂缝等要素组成，如图 2-1 所示。虽然在油气长输管道路线规划设计过程中，已经尽量绕避已有的或潜在的滑坡，但受各种因素影响，致使某些油气长输管道部分管段不得不从已有的或潜在的滑坡区

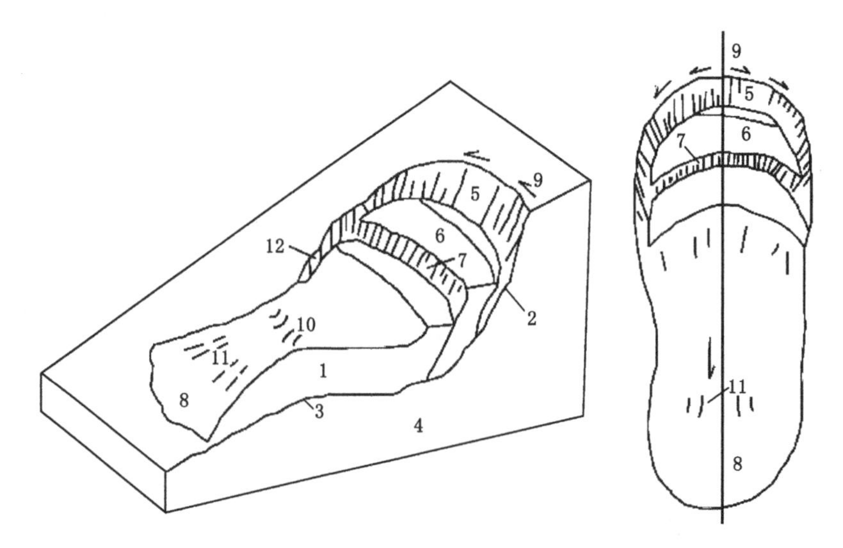

1—滑坡体；2—滑动面；3—滑动带；4—滑坡床；5—滑坡后壁；
6—滑坡台阶；7—滑坡陡坎；8—滑坡舌；9—拉张裂缝；10—滑坡鼓丘；11—张裂缝；12—剪切裂缝。

图 2-1　油气长输管道滑坡要素示意图

域穿过(不过很少有特大型滑坡)。同时,受各种因素影响,油气长输管道所在的稳定斜坡或者与之邻近的斜坡也有可能发展成为滑坡(不稳定斜坡)。

二、油气长输管道滑坡的危害

近年来,极端天气出现频率越来越高,油气长输管道沿线山体滑坡现象不断出现,滑坡环境下埋地油气长输管道的安全性有效预测逐渐受到了众多学者的广泛关注[1]。根据油气长输管道通过滑坡的不同方式,将滑坡(不稳定斜坡)对油气长输管道的危害分为如下 2 大类 6 小类[2]:

1. 油气长输管道垂直于滑坡主滑方向

(1) 油气长输管道敷设在滑坡体上,要承受滑坡下滑力的作用,如图 2-2、图 2-3 所示。若下滑力大于油气长输管道的抗剪强度,则油气长输管道将被剪断。

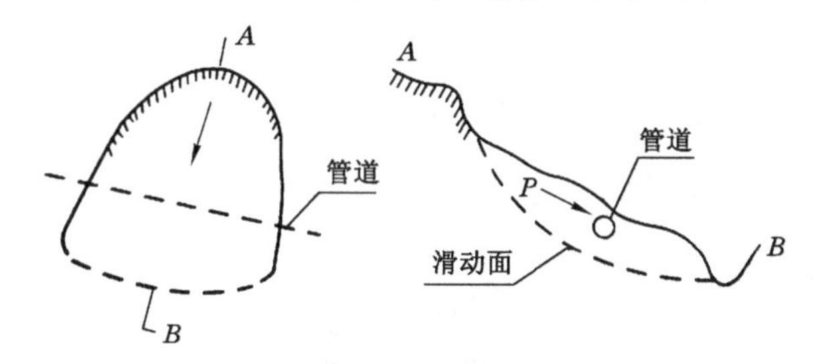

图 2-2　油气长输管道与滑坡主滑方向垂直且在滑坡体上情况图示

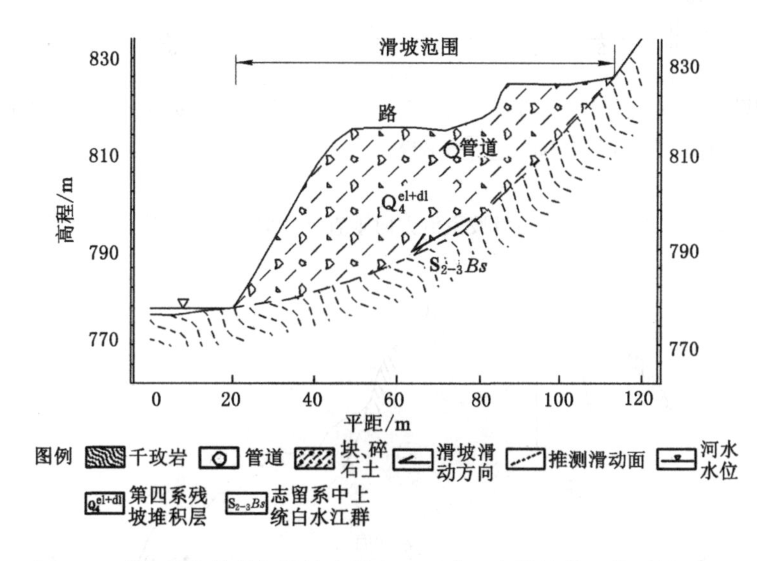

图 2-3　油气长输管道与滑坡主滑方向垂直且在滑坡体上情况剖面图示

(2) 油气长输管道敷设于滑坡前缘滑动面剪出口下方,如图 2-4、图 2-5 所示。下滑的滑坡体堆于油气长输管道上部,滑坡体压覆油气长输管道,同时改变油气长输管道所在位置的地形地貌,形成新的潜在不稳定斜坡,在降雨、地震等影响下滑坡体移动,则有可能剪断油气长输管道。

(3) 油气长输管道敷设在滑坡前缘滑动面剪出口上方,如图 2-6、图 2-7 所示。若滑坡下滑力大于油气长输管道的抗剪强度,则滑坡体内的油气长输管道将被剪断。

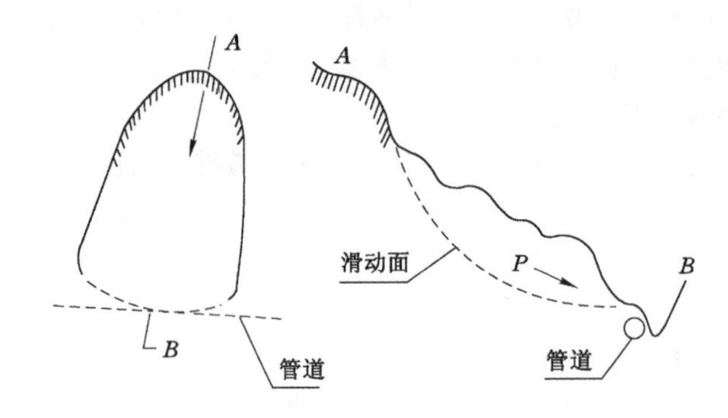

图 2-4　油气长输管道与滑坡主滑方向垂直且在剪出口下方情况图示

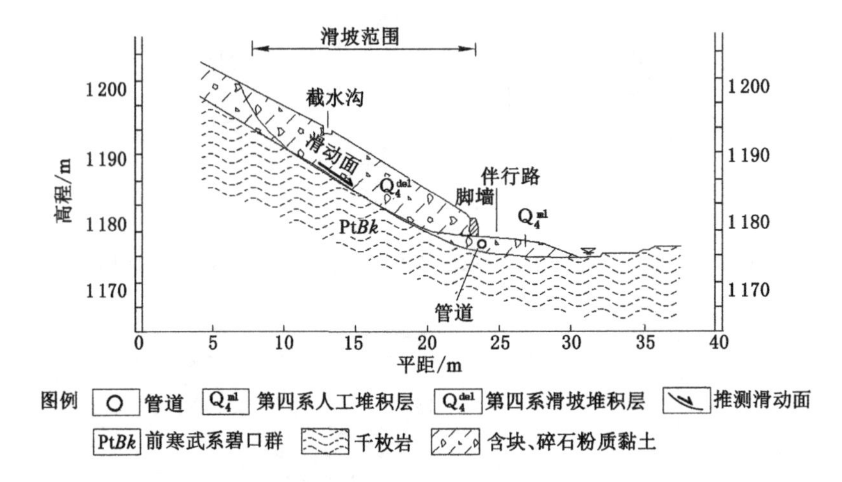

图 2-5　油气长输管道与滑坡主滑方向垂直且在剪出口下方情况剖面图示

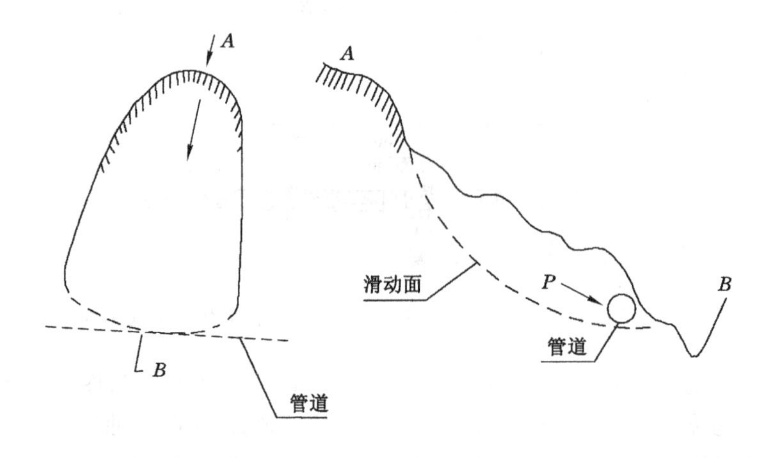

图 2-6　油气长输管道与滑坡主滑方向垂直且在剪出口上方情况图示

(4) 油气长输管道敷设在滑坡体外，但在滑坡影响范围内，如图 2-8、图 2-9 所示。油气长输管道不直接受滑坡下滑力的作用，但滑坡体一旦滑动后，滑坡后壁成为新的临空面，滑

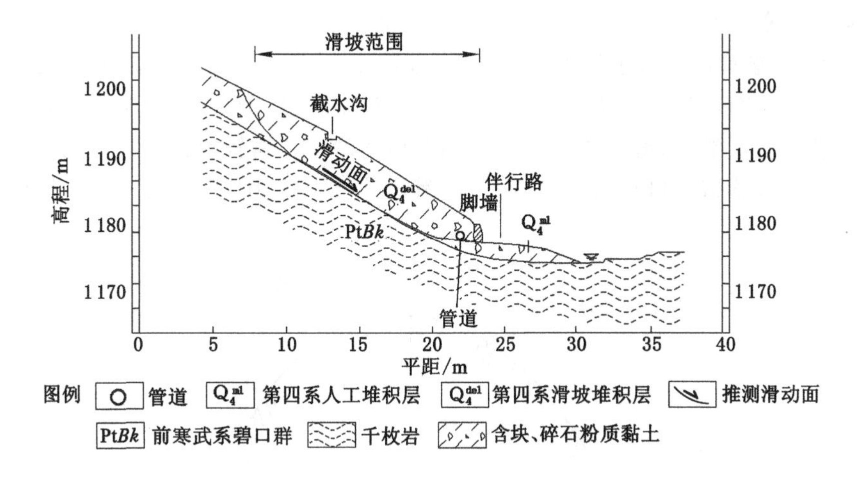

图 2-7　油气长输管道与滑坡主滑方向垂直且在剪出口上方情况剖面图示

坡后部将形成新的潜在不稳定斜坡，在一些外在因素作用下若发展成为新滑坡体，当其滑动后，将有可能剪断油气长输管道。

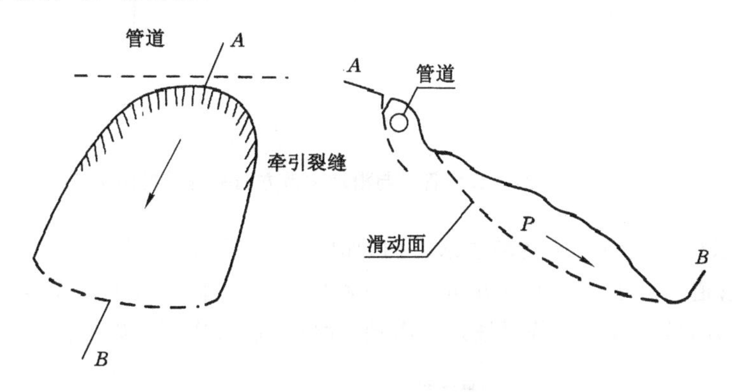

图 2-8　油气长输管道与滑坡主滑方向垂直且在后部情况图示

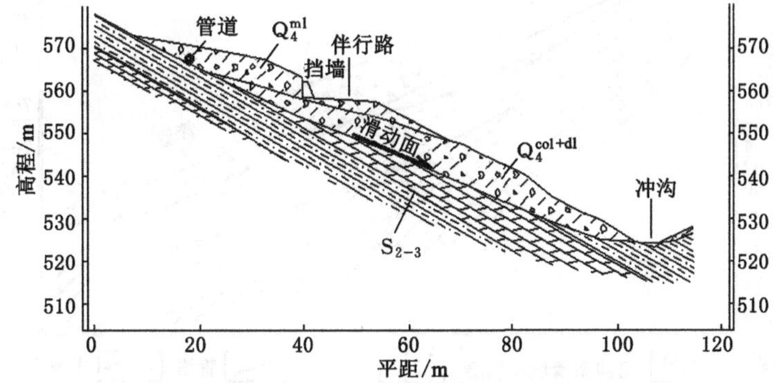

图 2-9　油气长输管道与滑坡主滑方向垂直且在后部情况剖面图示

2. 油气长输管道平行或斜交于滑坡主滑方向

(1) 油气长输管道平行于滑坡主滑方向，如图 2-10 所示。向下滑动的滑坡体与静止不动的油气长输管道间产生剪切作用，会产生两种潜在危害：① 油气长输管道的抗拉强度很大，大于滑坡体的下滑力，滑坡体的向下滑动会损伤油气长输管道保护层；② 油气长输管道(特别是油气长输管道焊口)的抗拉强度小于滑坡体的下滑力，有可能将油气长输管道向下拉伸变形直到拉断。

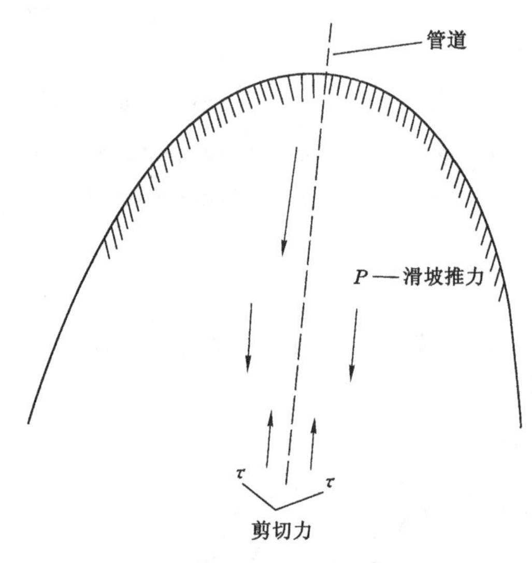

图 2-10　油气长输管道与滑坡主滑方向平行情况图示

(2) 油气长输管道斜交于滑坡主滑方向，如图 2-11 所示。油气长输管道将受到本部分“1.油气长输管道垂直于滑坡主滑方向”中(1)和“2.油气长输管道平行或斜交于滑坡主滑方向”中(1)两种方式综合作用，若滑坡发生滑动，油气长输管道可能破裂。

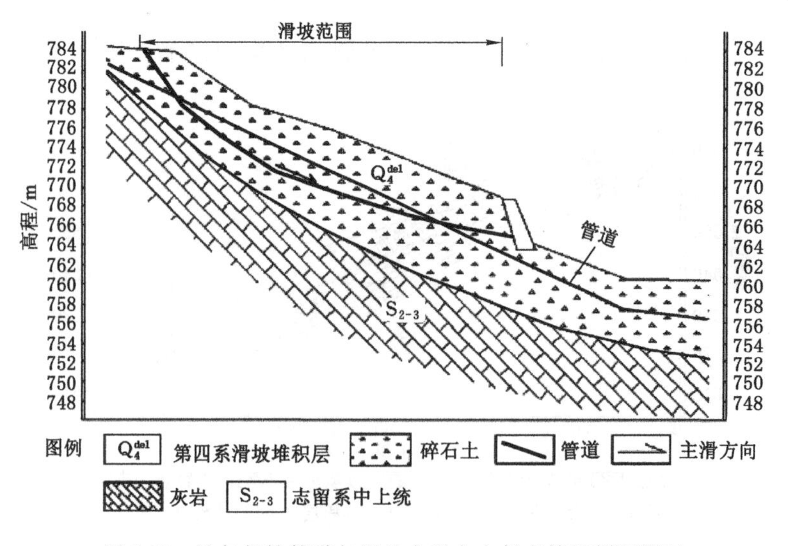

图 2-11　油气长输管道与滑坡主滑方向斜交情况剖面图示

滑坡对油气长输管道的危害极大，治理成本也比较高。油气长输管道不论是横坡敷设还是顺坡敷设，一旦发生滑坡，都将对油气长输管道产生剪切或挤压的外力破坏，轻则造成油气长输管道凹陷、悬空[图 2-12(a)]，重则拉断或拉裂油气长输管道，造成泄漏。油气长输管道在滑坡作用下主要受到滑坡的下滑力及由滑坡下滑力产生的摩擦力的作用，因而，油气长输管道会产生屈曲变形和剪切变形，如图 2-12(b)所示。油气长输管道的变形形式通常分为横向变形和纵向变形，当埋设油气长输管道的土体比较松软时，油气长输管道比较容易受到较大的推力，变形量也就较大，最终导致油气长输管道拉压破坏，而当管周土质较硬时，油气长输管道比较容易发生剪切破坏[3]。

(a) 管道裸露、悬空

(b) 管道屈曲

图 2-12　滑坡对油气长输管道的危害[3]

三、油气长输管道滑坡分类与分布

1. 油气长输管道滑坡分类

目前，滑坡存在多种分类方案，《滑坡防治工程勘查规范》(GB/T 32864—2016)中给出了十分详细的分类。由于油气长输管道建设极少穿越特大规模滑坡区域，可以根据油气长输管道滑坡不同的破坏机制、破坏类型、与油气长输管道之间的关系，对油气长输管道滑坡进行分类，如表 2-1 所列。

表 2-1　油气长输管道滑坡类型[4-5]

因素	类型划分
滑动面形态	旋转式滑坡，平移式滑坡
物质组成	黏性土滑坡，黄土滑坡，堆积土滑坡，堆填土滑坡，岩质滑坡，混合体滑坡
滑动速度	蠕动型滑坡，慢速滑坡，中速滑坡，高速滑坡
滑坡体积	小型滑坡，中型滑坡，大型滑坡
管道穿越位置	管道穿越滑动带前缘、滑动带后缘、滑动带中间、滑坡体、滑坡床等类型滑坡
管道埋设深度	管道深埋(＞5 m)型滑坡，管道浅埋(≤5 m)型滑坡
管道穿越方式	横向穿越型滑坡，纵向穿越型滑坡，斜交穿越型滑坡

2. 油气长输管道滑坡分布

我国西部地区油气资源丰富，而东部地区油气资源需求量大，因此需要敷设大量油气长输管道进行油气资源分配，目前运行和规划的西气东输三线工程管道、兰郑长成品油输送管道、涩宁兰天然气管道、兰成渝成品油管道和陕京天然气管道等纵贯东西，受到区域地质条件差异性的影响，沿途将不可避免地穿越各种地貌单元，遇到不同工程地质性质的岩土，因此，油气长输管道滑坡的分布也表现出区域差异性。如黄土地区滑坡的主要类型为黄土滑坡；基岩出露地区滑坡的主要类型为岩质滑坡。

在华北、西北黄土高原，连续地分布着 6.4×10^5 km^2 的厚层黄土[6]，一遇暴雨或其他诱发因素作用，很容易产生滑坡。受黄土滑坡影响较大的油气长输管道主要有西气东输一、二线陕甘宁段，涩宁兰天然气管道，兰成渝成品油管道甘肃段，陕京天然气管道等。如涩宁兰天然气管道沿线发育滑坡 13 处，均在主管线，占地质灾害总数的 2.82%；不稳定斜坡 20 处（主管线 16 处，西宁支线 1 处，刘化支线 3 处），占地质灾害总数的 4.33%[7]。

川北陕南山区以破碎的灰黑色碳质千枚岩、千枚岩、碳质板岩为主，遇水易于软化，在暴雨诱发下，很容易形成滑坡。此区域有大量的顺层滑坡，也有很多沿缓倾节理面发生的切层滑坡。兰成原油管道、中贵天然气管道、忠武天然气管道、川气东送管道途经该地区，受滑坡灾害影响较大，如忠武天然气管道和川气东送管道分别在该区域分布有 23 处和 48 处滑坡。

川滇、金沙江中下游河谷地区及黔西南山区断裂发育，碎屑岩风化带较多，因此松软岩、土滑坡发育，中缅油气管道受其影响较大[8]。湘西山区分布有早寒武统灰岩、泥质页岩及震旦系板溪群变质岩，易产生沿基岩软弱层滑动的滑坡，大湘西天然气管道支干线项目（花垣—怀化段）位于该地区，其施工和运行都受到影响。赣东北山区分布有震旦系志棠组砂页岩、南沱组砂砾岩夹泥岩、陡山沱组页岩夹白云质灰岩、灯影组磷块岩和白云岩，岩石层间裂隙十分发育，当岩层倾向与山坡坡向一致时，很容易产生滑坡，西气东输二线、三线和江西—上海支线管道在该区域也易受到滑坡灾害影响。

第二节　油气长输管道滑坡灾害特征

一、油气长输管道滑坡的边界与形态特征

常见滑坡的边界与形态特征如表 2-2 所列[6]。

表 2-2　常见滑坡平面形态表

名称	示意图	描述
簸箕形		滑坡上部呈圈椅状或马蹄状，下部张开呈簸箕状，是大、中型土质滑坡的常见形态

表 2-2(续)

名称	示意图	描述
舌形	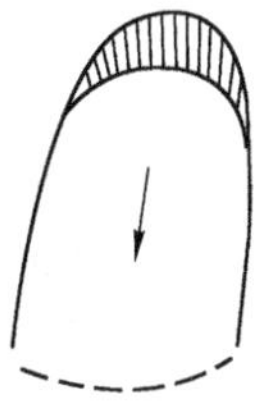	滑坡上部小，下部大，呈上薄下厚的长条形，中部高，两侧低，似舌状，当滑坡出现在沟槽中，常以此形态出现
椭圆形	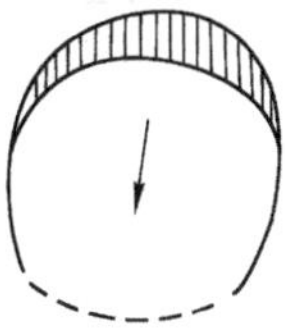	滑坡上、下宽度相差不大，且均呈弧形。在土质滑坡中常见
长椅形	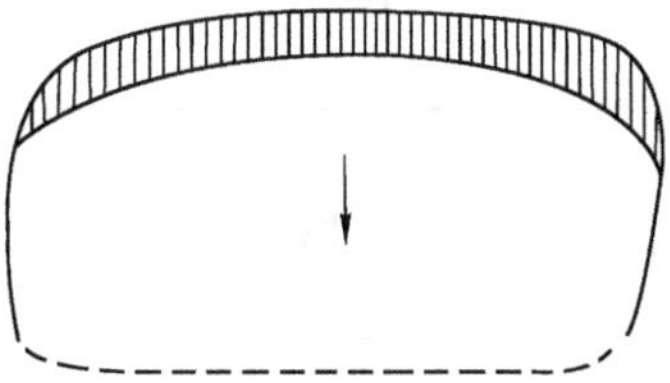	后缘滑坡壁较平直，滑坡顺滑动方向的长度小于垂直滑动方向的宽度，形态上呈横展式，似长椅。这种形态与切坡有一定关系
牛角形		受地形或古沟槽形态控制，滑坡平面形态呈似牛角状的曲线形，上小下大，因而滑动过程中有一定的旋转，在曲线外侧可形成挤高的“翻边埂”
倒梨形	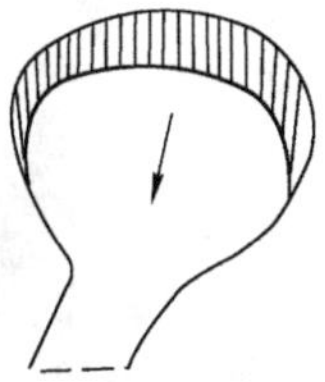	因受地形限制，滑坡的上部宽阔而下部出口窄小，形成缩口形，似倒置梨形
树叶形	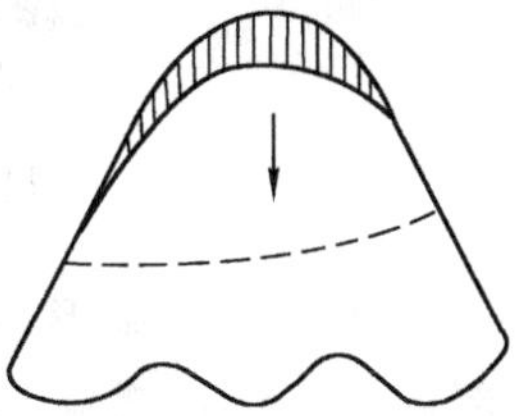	由于滑坡滑速高、滑距大，滑坡体常冲出滑坡床而似树叶状平铺在前方开阔地上

表 2-2(续)

名称	示意图	描述
叠瓦形(阶梯形)		在复杂滑坡区,由于受地质条件控制,可形成多级滑坡,一级套一级呈叠瓦状,或上级覆盖在下级的后缘,或下级滑坡后壁切割上级滑坡前缘
复合形		复杂滑坡区,可以形成多个滑坡并列,也可以形成多条、多级、多层滑坡的复合结构。如一个大滑坡体中有多层滑动面滑动、大滑坡体内有次级小滑坡滑动等

如兰成渝成品油管道 K468+500 处滑坡位于山坡坡体的中下部,分别在滑坡体上部和左侧出现较明显的圈椅形拉张裂缝,按连续程度可确定为上、下 2 条裂缝,连续性一般,下错距离一般为 0.3～0.5 m,裂缝分布长度为 50～70 m,裂缝延伸方向分别为 NW294°～NW309°和 SE109°,地表缝宽 50～200 mm,在坡体上部,局部裂缝危害到民房的安全。在滑坡体左侧,裂缝亦呈断续出现,延伸方向为 SE171°～SE178°,下错距离 0.3 m,地表缝宽 30～50 mm,地面延伸长度约 30 m。根据探坑资料显示,裂缝深度为 1.5～2.5 m,下部逐渐尖灭。在滑坡体右侧由于耕地翻种,裂缝迹象已被破坏,周界不清。滑坡全貌及裂缝分布分别见图 2-13、图 2-14 和图 2-15。

图 2-13　兰成渝成品油管道 K468+500 处滑坡全貌

图 2-14　滑坡体中部地表裂缝

又如中缅油气管道云南段漂亮河滑坡在平面上呈近似扇形,立体形态呈不完整的“圈椅”形,滑坡主轴线长 140 m,后缘宽 80 m,中部宽 130 m,前缘宽 110 m,平均宽 100 m,滑坡平均厚度为 15 m,如图 2-16 所示,又因该滑坡由多个次级滑坡组成,可将该滑坡形态划分为“复合形”[8]。

图 2-15　滑体上部民房墙体上的竖向裂缝

图 2-16　中缅油气管道云南段漂亮河滑坡

二、油气长输管道滑坡滑动面(带)特征

滑动面(带)是滑坡形成演化的关键要素。滑动面的埋深在很大程度上决定了滑坡体的规模,其形状直接控制着滑坡体的稳定状态,是对滑坡进行研究、勘测、稳定性分析、灾害预测预报以及工程治理的重要依据。

典型的滑动面是由陡倾的拉张段(后段)、缓倾的滑移段(中段)和平缓以至反翘的阻滑段(前段)三部分组成,在剖面上形状似船底。受各种因素的影响,滑动面的总体真实形态可表现为直线形、折线形、圆弧形、圈椅形、阶梯形等[9-10],如图 2-17 所示。

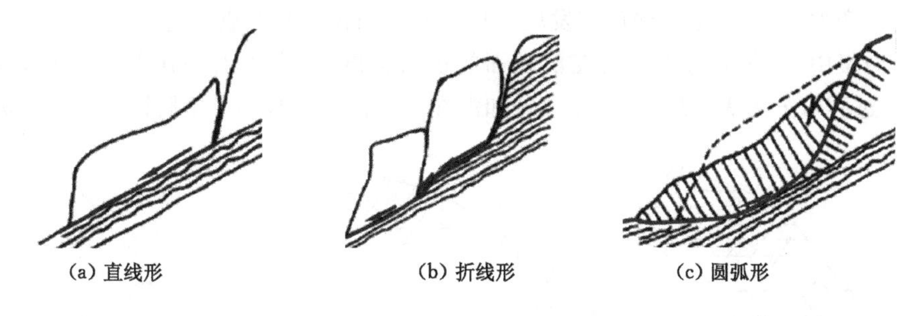

图 2-17　常见滑动面的形态[9]

直线形滑动面主要形成于具有单一结构面的滑坡体中,即多形成于层状岩体(包括层状火山岩)内、堆积层下伏基岩面和堆积层内的沉积间断面上。其特点是地层倾角小于坡面倾角,前缘在坡脚附近及以上位置剪出,后缘与上方坡面相交,呈一倾斜的平面。直线形滑动面不存在前缘反翘抗滑段,故稳定性差、危害大。如兰成渝成品油管道 K468＋500 处滑坡为近直线形滑动面,滑带土主要位于碎石土层与基岩面的接触部位,为粉质黏土与碎块石的混合体,如图 2-18 所示。

折线或阶梯形滑动面多发生在滑动面坡角大于岩层倾角的滑坡地带,滑动面由节理或层理等软弱结构面组成,在纵剖面上呈阶梯状折线。

圈椅形滑动面的中部顺层段一般不发育,前缘段的长短取决于滑坡规模和所处岩层的结构面的发育程度,对滑坡的稳定起着重要作用。

三、油气长输管道滑坡变形特征

油气长输管道滑坡常见的变形特征可以分为如下 6 种类型[11]。

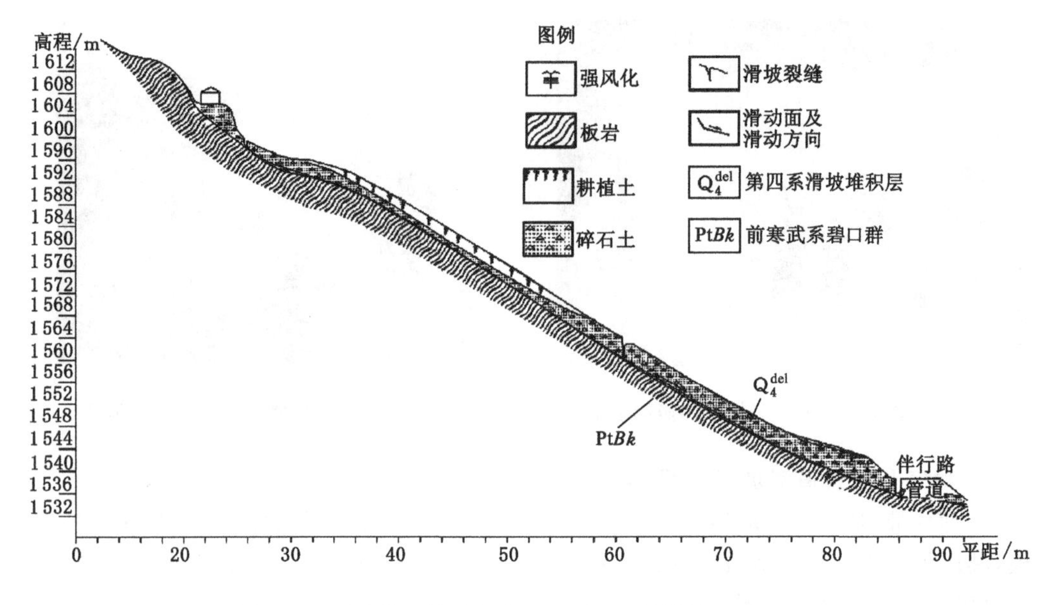

图 2-18　兰成渝成品油管道 K468+500 处滑坡滑动面形态

1. 蠕滑-拉裂变形

滑坡体向临空方向剪切蠕变，其后缘受到拉应力，随着蠕滑变形的进一步发展，滑坡体后缘所受拉应力变大，形成自地表向深部发展的拉裂缝。当拉裂缝形成并进一步扩张，潜在滑动面出现剪应力集中，当剪应力大于潜在滑动面的抗剪强度时，发生沿潜在滑动面的滑动。蠕滑-拉裂变形过程可分为表层蠕滑、后缘拉裂和潜在滑动面剪切扰动三个阶段，如图 2-19 所示。

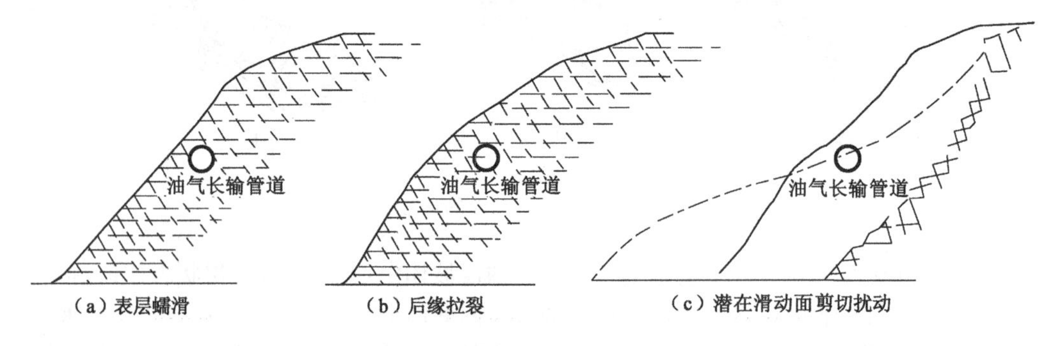

图 2-19　蠕滑-拉裂变形示意图

2. 滑移-压致拉裂变形

滑坡体向临空面方向产生缓慢的蠕变滑移时，在滑动面的锁固点或错裂点附近，因拉应力集中形成与滑动面近于垂直的张开裂隙，该拉张裂缝的形成机制与压应力作用下的格里菲斯裂纹的形成扩展规律近似，最终在累积破坏作用下，滑动面贯通并发生滑动。滑移-压致拉裂变形过程可分为卸荷回弹、压致拉裂面自下而上扩展和滑动面贯通三个阶段，如图 2-20 所示。

3. 弯曲-拉裂变形

这类变形主要发育在由直立或向滑坡体内陡倾的层/板状岩体组成的陡坡中，且软弱结

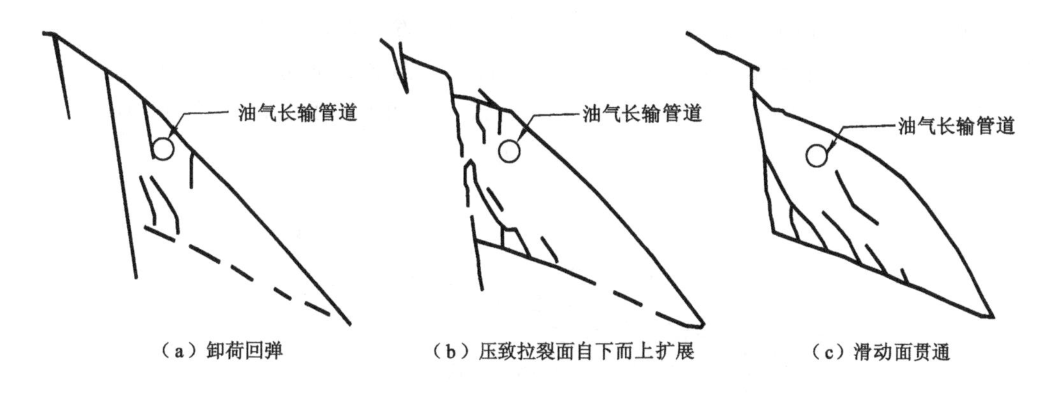

图 2-20　滑移-压致拉裂变形示意图

构面走向与坡面走向的夹角小于 30°。变形多半发生在滑坡前缘部分，陡倾的层/板状岩体在自重产生的弯矩作用下，由前缘开始向临空方向弯曲，并逐渐向滑坡内发展。弯曲的板梁之间相互错动拉裂，在板梁后缘出现拉张裂缝，组合形成反坡台阶，通常把这种变形方式称为倾倒。弯曲-拉裂变形过程可分为卸荷回弹拉裂，板梁弯曲向后缘扩展及板梁根部弯折，上覆岩体坍塌三个大的阶段，如图 2-21 所示。

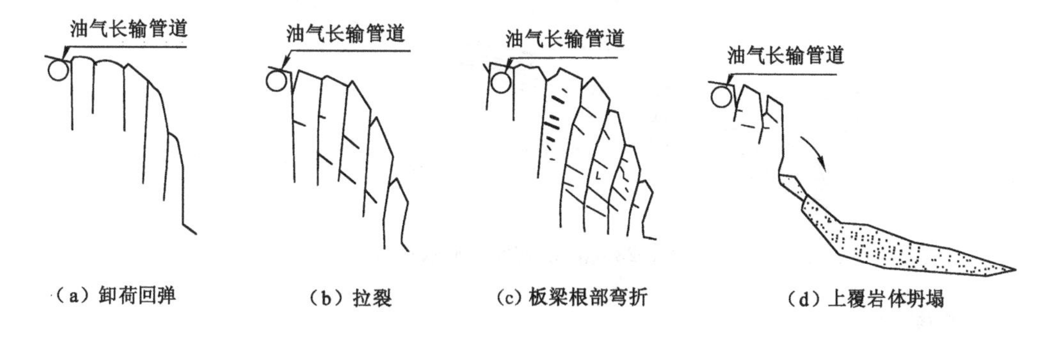

图 2-21　弯曲-拉裂变形示意图

4. 塑流-拉裂变形

这类变形是下伏软岩在上覆岩层压力下产生塑性流动并向临空方向挤出，导致上覆较坚硬岩层拉裂、解体，发生侧向扩离，当上覆岩体有一定塑性时，不易发生解体，易于形成向临空面的整体漂移，在后缘软弱区形成不均匀沉陷，如图 2-22 所示。

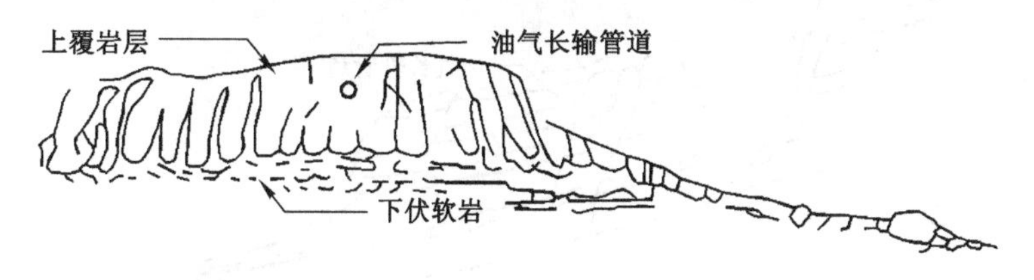

图 2-22　塑流-拉裂变形示意图

5. 滑移-弯曲变形

滑动面的倾角明显大于该面的抗滑峰值摩擦角，上覆岩体具备下滑能力，滑动面未临空，滑坡体前缘岩土体下滑受阻，在纵向压应力作用下发生弯曲。滑移-弯曲变形可分为轻微弯曲、强烈弯曲隆起和滑动面贯通三个大的阶段，如图 2-23 所示。下部受阻的原因主要是因为滑动面（出口）未临空（或尚未形成出口），或滑动面下端虽已临空，但滑动面呈“靠椅”状，上部陡倾，下部转为近水平，增大了滑移阻力。

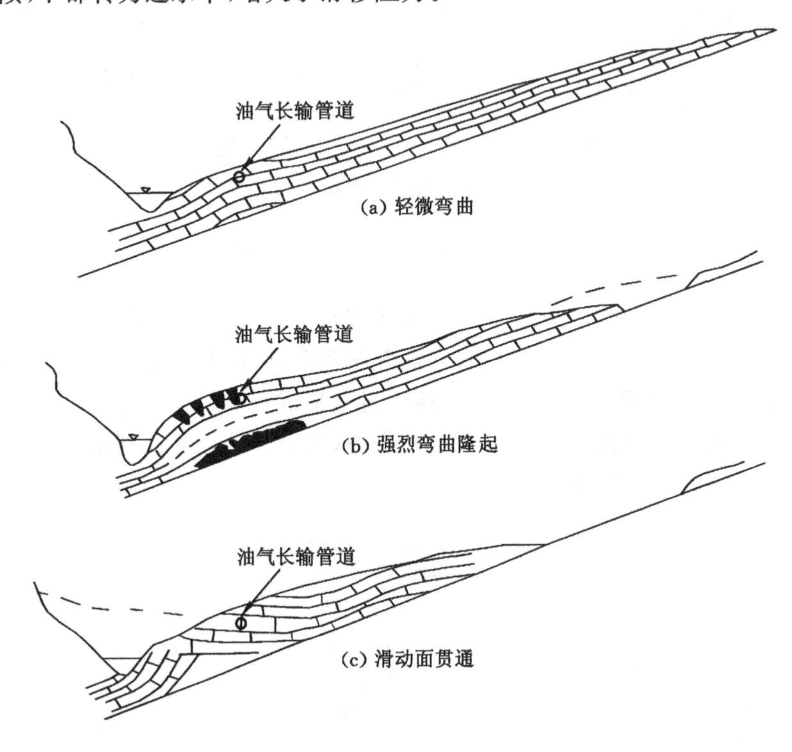

图 2-23　滑移-弯曲变形示意图

6. 滑移-拉裂变形

滑坡体沿下伏软弱结构面向滑坡前缘临空方向滑移，并发生拉裂解体，如图 2-24 所示。该变形进程取决于作为滑动面的软弱结构面的产状与特性。当滑动面的临空方向倾角已足

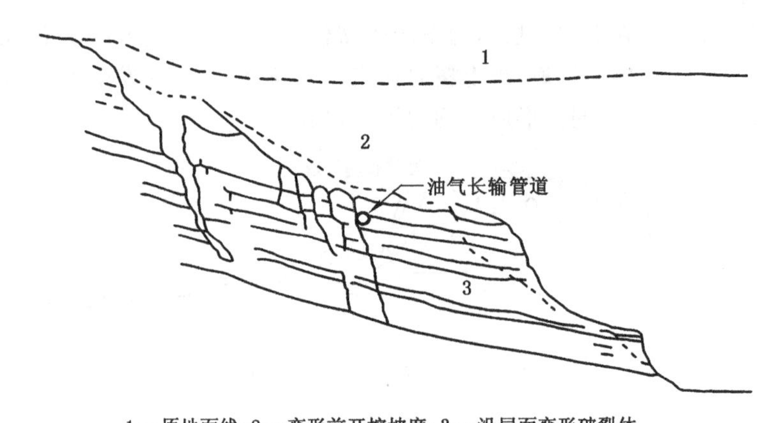

1—原地面线；2—变形前开挖坡度；3—沿层面变形破裂体。

图 2-24　滑移-拉裂变形示意图

以使上覆岩体的下滑力超过该面的实际抗滑阻力时，该面将被揭露临空，使后缘拉裂面出现，并迅速滑落。因此，整个蠕变过程极为短暂。

第三节 油气长输管道滑坡灾害形成条件与机理

一、油气长输管道滑坡的形成条件

油气长输管道滑坡发生的基本条件与一般滑坡是相同的：斜坡体前有滑动空间，两侧有切割面。例如西南丘陵山区，山势陡峻，沟谷河流遍布于山体之中，与之相互切割，形成众多具有足够滑动空间的斜坡体和切割面，因而滑坡灾害相当频繁。具体来说，油气长输管道滑坡形成条件主要有地形地貌、地层岩性、地质构造、水文地质条件和人为活动等。

1. 地形地貌

滑坡的高度、坡度、形态和成因与斜坡的稳定性有着密切的关系，如高陡斜坡通常比低缓斜坡更容易失稳而发生滑坡，凹面斜坡通常比凸面斜坡稳定。斜坡的成因、形态反映了斜坡的形成历史、稳定程度和发展趋势，对其稳定性也会产生重要的影响，如：高陡斜坡的缓坡地段，由于地表水流动缓慢，易于渗入地下，因而有利于滑坡的形成和发展；山区河流的凹岸易被流水冲刷和淘蚀，当黄土地区高阶地前缘坡脚被地表水侵蚀和地下水浸润时，也易发生滑坡。

例如，中缅油气管道安顺—贵阳段地处黔中峰林丘陵，最为显著的特点是喀斯特地形地貌分布广泛，其地貌整体为峰林盆地，局部地段为溶丘沟谷、峰丛槽谷（洼地）。山丘高差小（50～100 m），地表和地下岩溶形态发育。长期的峰林谷地风化为滑坡的形成提供了空间及势能条件，也即地形地貌条件[12]。

2. 地层岩性

地层是油气长输管道滑坡产生的物质基础。虽然不同地质年代、不同岩性的地层都有形成滑坡的可能性，但滑坡产生的数量及规模与地层岩性有密切关系。易滑地层主要有：第四系黏性土、黄土与下伏三趾马红土及各种成因的细粒沉积物，新近系、古近系、白垩系及侏罗系砂岩与页岩、泥岩的互层，煤系地层，石炭系石灰岩与页岩、泥岩互层，泥质岩的变质岩系，质软或易风化的凝灰岩等。这些地层岩性软弱（油气长输管道大都敷设在其中），在水和其他外营力作用下因强度降低而易形成滑动带，从而具备了产生滑坡的基本条件。

例如，中缅油气管道沿线滑坡多属残坡堆积物、古滑坡堆积物、崩塌堆积物、崩坡堆积物、冲洪堆积物等形成的滑坡。其中崩坡堆积物岩性结构杂乱，含大量碎石，碎石岩性粒径较大，与基岩岩性一致，滑坡体松散，利于降雨渗入。残坡堆积物以碎石块土、碎石土、黏土夹碎石块土以及碎块石夹黏性土为主。残坡堆积物相对于崩坡堆积物来说，堆积物粒径更小，分布成层性更好，但是以泥砂岩为基岩的堆积层在降雨或者地下水作用下，更容易饱水软化，形成滑动带[13]。

3. 地质构造

地质构造与滑坡形成和发展的关系主要表现在两个方面：

(1) 滑坡往往沿断裂破碎带成群成带分布。

(2) 各种软弱结构面（如断层面、岩层面、节理面、片理面及不整合面等）控制了滑动面的空间展布及滑坡的范围。如常见的顺层滑坡的滑动面绝大部分是由岩层层面或泥化夹层等软弱结构面构成。

任何油气长输管道都不能完全避开断裂破碎带，反而需要穿越各种软弱结构面，因此，地质构造依然是油气长输管道滑坡形成的主要条件之一。

4. 水文地质条件

各种软弱层、强风化带因组成物质中黏土成分多，容易阻隔、汇聚地下水，如果山坡上方或侧面有丰富的地下水补给，则这些软弱层或强风化带就可能成为滑动带而诱发滑坡。地下水在滑坡的形成和发展中所起的作用表现为[10]：

(1) 地下水进入坡体增加了其重量，滑带土在地下水的浸润下抗剪强度降低。

(2) 地下水水位上升产生的静水压力对上覆不透水岩层产生浮托力，减小了有效正应力和摩擦阻力。

(3) 地下水与周围岩体长期作用改变岩土的性质和强度，从而引发滑坡。

(4) 地下水运动产生的动水压力对滑坡的形成和发展起促进作用。

例如，忠武天然气管道沿线地区水文地质条件复杂，含水介质类型多，水量贫富悬殊。依据含水岩土类型和地下水赋存条件，管道沿线地下水可分为松散土类孔隙水、碎屑岩类孔隙-裂隙水、碳酸盐岩类裂隙岩溶水。其中七里沟滑坡体中地下水比较丰富，滑坡变形区有渗水点存在。勘探钻孔中钻遇地下水，地下水埋深为 0.6～5.0 m，滑坡中前部埋深浅，中后部埋深大[14]，对该处滑坡的形成和发展起到了明显的促进作用。

5. 人类活动

人工开挖边坡或在斜坡上部加载，改变了斜坡的外形和应力状态，增大了斜坡的下滑力，减小了斜坡的支撑力，从而引发滑坡。例如，2005 年重庆沙坪坝天然气管道滑坡、2008 年浙江天然气管道滑坡均是由于施工堆载而形成。

二、油气长输管道滑坡形成的主要诱发因素

油气长输管道滑坡诱发因素可分为自然因素和人为因素两种。属于自然因素的有大气降雨、河岸冲刷、河(库)水位升降、海浪冲蚀、地震等；属于人为因素的有开挖坡脚、斜坡上部加载、采空塌陷、爆破震动、库水浸淹、植被破坏、工农业用水及生活用水渗透等。其诱发机制都是在种种诱发因素影响下，破坏了原来虽有滑动条件但还保持着力学平衡的坡体[15]。

1. 大气降雨

(1) 降雨除产生坡面径流以外，还有相当部分渗入坡体中，加大了坡体重量，增大了下滑力。

(2) 降雨渗透到隔水层顶面聚集，并使这里的物质软化甚至泥化，降低摩擦阻力，形成滑动面或滑动带。

(3) 降雨引起坡体中的孔隙水压力增加，进而降低有效应力，最终导致滑动面或滑动带摩擦阻力减小。

(4) 充斥于坡体裂隙中的地下水将对坡体产生静水压力，有利于滑坡体下滑。

(5) 滑坡体部分或全部饱水后，地下水将对滑坡体产生浮力，减小滑坡体对滑坡床的正应力，使滑动面或滑动带摩擦阻力减小。

油气长输管道滑坡大部分都受大气降雨影响，如表 1-2 所列的 20 个滑坡致灾实例中有 14 个是由降雨引发的。又如兰成渝成品油管道 K466＋200 和 K479＋300 处滑坡均是降雨导致浅部土层含水量增大、强度降低，引起上覆土层沿软弱结构面滑动而形成。

2. 河岸冲刷

河岸冲刷，亦即水流的旁蚀作用，对斜坡稳定有极大危害。坡脚岩土体被冲蚀，减小了斜坡下部维系坡体平衡的支撑力，可导致潜在滑坡体滑动或古滑坡复活。如涩宁兰天然气管道 K735—K737 处田家寨滑坡就是由于位于滑坡前缘的田家寨河（常年流水的河谷）对其舌部常年冲刷浸润而形成。

3. 河（库）水位升降

河（库）水位是随季节而变化的，我国大部分地区在季风气候影响下都有明显的旱季、雨季之分，雨季多集中在 5—10 月，通常全年降雨量的一多半来自雨季，因而不少河（库）水位都会发生明显的升降，山区河流尤为明显。当河水水位上升时，岸坡中的地下水水位也会抬升，扩大了地下水的浸润范围，减小了潜在滑动面的摩擦阻力；当河水水位急剧下降时，由于地下水排泄较慢，从而会产生较大水头差，形成动水压力，对斜坡稳定产生不利影响，如果地质条件适宜，将会诱发滑坡。如涩宁兰天然气管道 K826＋195 处喇嘛圈古滑坡，在前缘芦草沟夏季洪水水位上升浸润地段和陡坡地段产生局部失稳滑动，如图 2-25 所示[16]。重庆长江沿岸一带的岸坡，在江水水位下降时产生滑动或活动加剧，由此形成滑坡。另外，如果库水排泄过速，库岸也会发生这类问题。

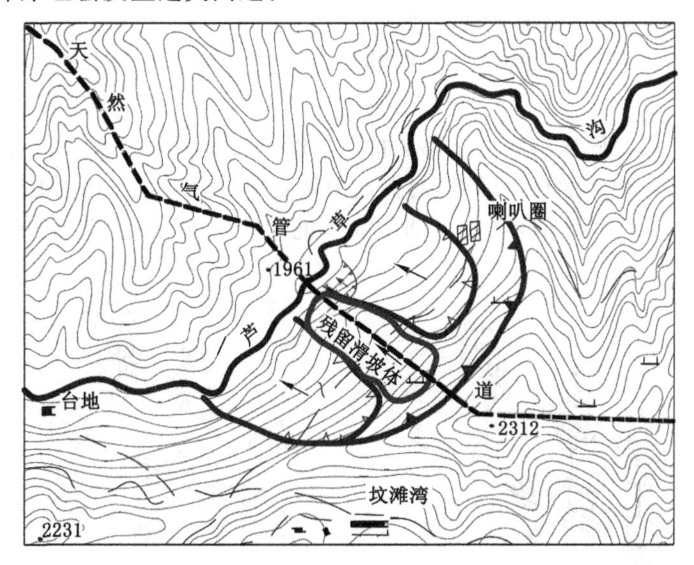

图 2-25　喇嘛圈古滑坡

4. 地震运动

地震诱发滑坡有以下两个方面的原因：

(1) 地震产生的强大附加力，使山体上原已接近临界稳定状态的斜坡发生滑动（同发型滑坡）。

(2) 地震松动了岩土体，使地表出现大量裂缝，如果遇到大量降雨，渗入岩土体中的雨水会导致已松动的岩体沿下伏相对较完整的地层滑动（后发型滑坡），此类滑坡发生的时间与降雨的时间紧密相关。

地震对斜坡稳定性的影响有累积效应和触发效应两种表现方式：累积效应指斜坡体在震动载荷下发生破坏出现裂缝，留下降低稳定性的痕迹，通过松动岩土体破坏其完整性，在多次地震的累积作用下，最终失稳发生滑动；触发效应指在地震作用下将已经欠稳定的岩土体松动，引起陡倾板梁的弯折、碎屑颗粒之间的滚动摩擦以及岩土体结构面的扩展，使孔隙水压力增大，从而引起不稳定斜坡的运动。

例如，2008 年 5 月 12 日汶川发生里氏 8.0 级大地震，剑阁县震感强烈，为地震波及影响区。兰成渝成品油管道剑阁段滑坡受“5・12”地震影响，土体松动，使得滑坡变形加剧，再受强降雨影响，滑坡产生剧烈滑动变形[17]。

5. 植被破坏

植被对斜坡稳定性的影响既有有利的一面，也有不利的一面。

(1) 有利方面表现在：植被有利于坡体中水分的蒸发；植物根系在其影响范围内提高了土层的抗剪强度。

(2) 不利方面表现在：植被(尤其是乔灌木)本身增加了坡体的重量；植被的根劈作用会促进岩石裂缝的发展而有利于地表水下渗。但总体来说，草皮对斜坡稳定性的影响总是有利的，而木本植物对土体稳定性的影响则在草本与乔木之间，对深层滑坡可能是不利的，对浅层滑坡可能是有利的。

植被覆盖对斜坡的力学效应中，植物根系的根固作用和锚筋作用尤为重要。按照这些作用在斜坡中的效果，可将其分为 4 种类型[10]：

(1) 树根已嵌入基岩，根固作用和锚筋作用被充分调动，显著增强土体的稳定性，如图 2-26(a)所示；

(2) 树根主要以根固作用增强土体的抗剪强度，如图 2-26(b)所示；

(3) 树根已部分嵌入潜在滑动带，对提高斜坡稳定性有一定作用，如图 2-26(c)所示；

(4) 树根悬挂在潜在滑动带之上，因此树根不能发挥增强斜坡稳定性的作用，如图 2-26(d)所示。

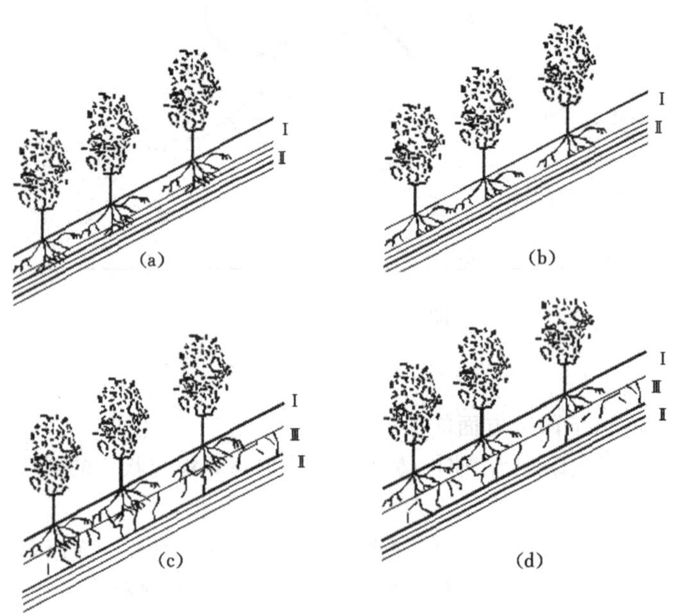

I—土层；II—基岩；III—潜在滑动带。

图 2-26　斜坡按树根根固、锚筋作用效果分类

6. 人类工程活动

随着经济的发展，人类工程活动越加频繁，运输、水利、农业设施等各种工农业建设，都需要开挖坡脚，坡体加载，震动爆破，改变地下水、地表水的渗流规律，从坡体受力、滑动带结构等方面促进不稳定斜坡发生变形破坏，诱发滑坡形成。

油气长输管道施工诱发滑坡时有发生，主要有两种类型[18]：① 原始地层相对稳定，因油气长输管道施工破坏地层结构，诱发滑坡，如图 2-27(a)所示；② 油气长输管道施工加剧原有滑坡的危险性和规模等，如图 2-27(b)所示[17]。

(a) 管道横坡敷设诱发滑坡　　(b) 管道横坡敷设增大滑坡规模

图 2-27　管道工程诱发滑坡

三、油气长输管道滑坡机理

斜坡的滑动变形取决于坡体的应力分布和岩土的强度特征，而应力分布又与坡形、坡高以及坡体的物质组成和分布有关[15]。根据由斜坡光弹试验得到的主应力迹线示意图(图 2-28)，可得出原始边坡中应力分布规律如下[6,11,15]：

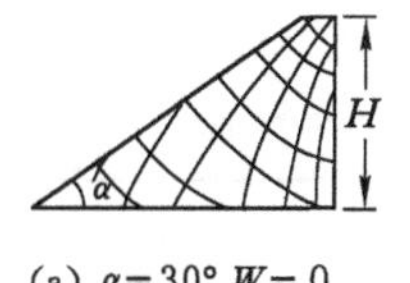

(a) $\alpha=30°, W=0$

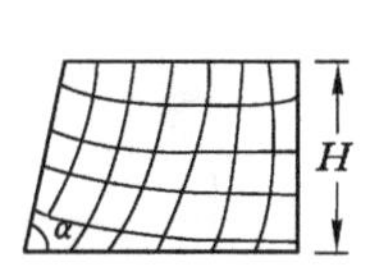

(b) $\alpha=75°, W=0$

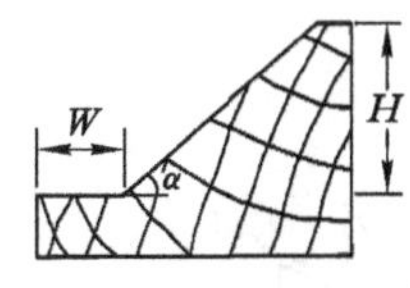

(c) $\alpha=30°, W=0.8H$

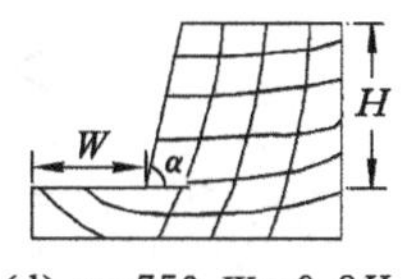

(d) $\alpha=75°, W=0.8H$

α—斜坡坡角；W—坡脚外谷底宽度；H—坡高。

图 2-28　构造残余应力(σ_r)为 0 条件下的斜坡主应力迹线

① 坡体中主应力方向发生明显的偏转。坡面附近的最大主应力(σ_1)与坡面近于平行，而最小主应力(σ_3)与坡面近于正交；坡体下部出现近水平方向的剪应力，且总趋势是由内向外增强，愈近坡脚愈强烈。

② 坡体中产生应力集中现象。坡脚附近形成明显的应力集中带，坡脚愈陡，应力集中愈明显。坡脚应力集中带的主要特点是最大主应力(σ_1)与最小主应力(σ_3)的应力差达到最大值，出现最大剪应力集中，形成一最大剪应力增高带。

③ 坡面的岩土体由于侧向压力近于零，实际上变为两向受力状态，向坡体内逐渐变为三向受力状态。坡面、坡顶某些部位，可能因水平应力明显降低而出现拉应力，形成拉张应力带。

斜坡的失稳滑动，从某种意义上说是作用于滑坡体这一系统的下滑力超过了滑坡床抗滑力的结果。下滑力主要来自滑坡体自重力沿滑动面的下滑分力，它和滑坡体物质的重度（γ）、滑体厚度（h）和滑动面倾角（α）有关。此外，还与静水压力、动水压力和地震荷载等附加力关系密切。抗滑力主要为滑动面（带）土的内聚力和摩擦力，以及滑体两侧不动体的阻滑力等。

（1）滑坡的平面受力状态

根据受力特点，可以将滑坡体在平面上分为上部受拉区、中部平移区、下部阻滑受压区、两侧剪切区。由于滑坡的蠕滑先从中下部开始，上部因中部下移而失去侧向支撑力产生主动土压破坏，从而出现拉张裂缝。因此其最大主应力 σ_1 为该段土体自重力，垂直向下，最小主应力 σ_3 呈水平方向，由于 σ_3 减小，故产生垂直滑动方向的拉裂缝，相应的剪切裂缝不发育。中部整体平移，故该区滑体内裂缝很少或没有裂缝，但其两侧因受不动体的阻力，形成了左右两对力偶，并派生出相应的最大主应力 σ_1' 和最小主应力 σ_3' 以及相应的张扭性裂面和压扭性裂面。由于土体的抗拉强度低，故张扭性裂面表现明显，即在滑坡两侧先呈现出雁形排列的羽状张裂缝，而反向压扭性裂面则表现不明显。与 σ_1' 成锐角相交的一组共轭剪性面有时也发育，使滑坡边缘的剪切裂缝随该剪性面和羽状裂缝发育。下部受压区，最大主应力 σ_1 平行于主滑段滑动面，最小主应力 σ_3 与其垂直，因此首先出现顺滑动方向的张裂缝，因滑坡体下部向两侧扩散，故此，张裂缝常呈放射状，称为放射状张裂缝，如图 2-29 所示。

（2）滑坡纵断面受力状态

分析滑坡内部应力场，常选择其主轴断面来分析，且把滑坡体近似作为刚体，重点分析滑动面（带）的受力状态。之前部分学者认为滑动面多为均质黏土中的弧形面，但是随着研究的深入，发现许多滑坡并非沿弧形面滑动。大多数滑坡具有“三段式滑动模式”，即主滑段、牵引段和抗滑段，相应地有主滑段滑动面、牵引段滑动面和抗滑段滑动面，主滑段滑动面常依附于地质历史时期形成的软弱结构面[19]，如图 2-30 所示。

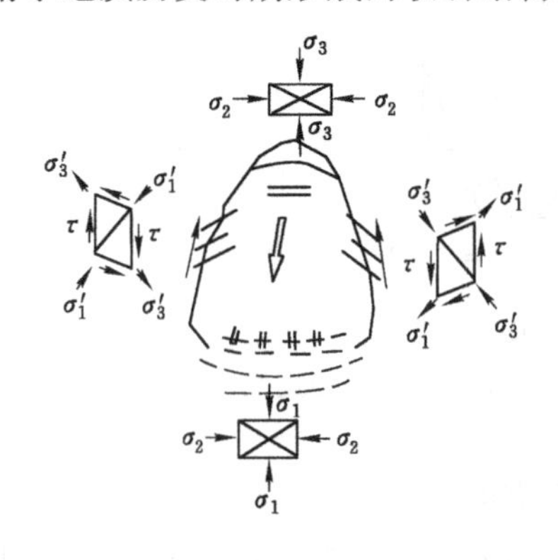

图 2-29　滑坡平面应力示意图

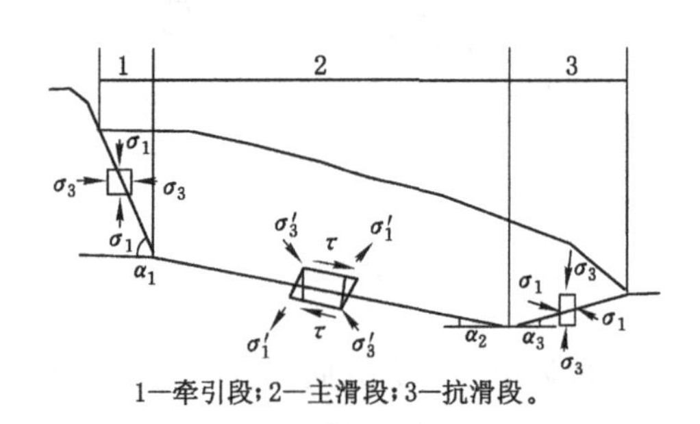

图 2-30　滑坡纵断面应力示意图

① 牵引段：滑坡的滑动是由于斜坡下部受冲刷、切割等造成应力调整、坡体松弛，表面水渗入软化滑动带，主滑段首先失稳产生蠕动，牵引段因失去下部支撑而发生主动土压破裂。

② 主滑段：主滑段受力一般属纯剪切受力，即平行于滑动面的下滑力与滑坡床的抗滑力构成的一对力偶作用，派生出最大主应力 σ_1' 和最小主应力 σ_3'，从而形成一组压扭性裂面和一组张扭性裂面。当滑坡位移较大时，在滑动带的上、下面会形成一或两个剪切光滑面，常有擦痕。压扭性裂面也光滑，但一般倾角比主滑动面陡。有时在钻探中因主滑动面被破

坏而在岩芯中见到陡倾角的光滑面，即为此压扭性裂面，它是滑动带的标志，但非主滑动面。

③ 抗滑段：抗滑段受来自主滑段和牵引段的滑坡推力，因此其最大主应力 σ_1 平行于主滑段滑动面，最小主应力 σ_3 与最大主应力 σ_1 垂直，从而产生被动土压破裂面。该面与最大主应力 σ_1 的夹角为 $45° - \phi_1/2$（ϕ_1 为抗滑段土体的综合内摩擦角）。

四、油气长输管道滑坡的发育阶段

油气长输管道滑坡的发育是一个缓慢而长期的变化过程。通常将其发育过程划分为三个阶段：蠕动变形阶段、滑动破坏阶段和压密稳定阶段[6,11,15,19-20]，如图 2-31 所示。

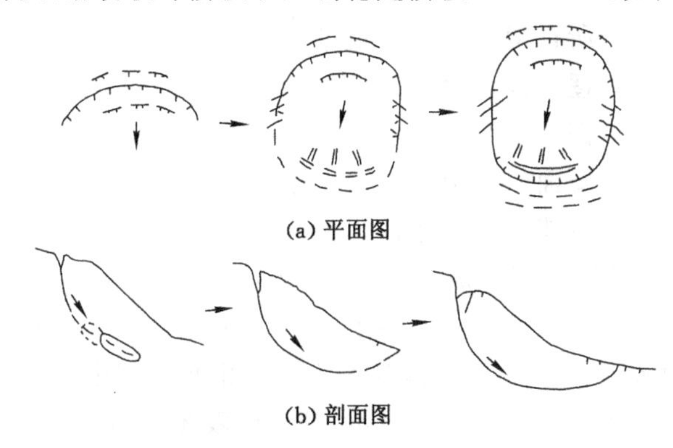

(a) 平面图

(b) 剖面图

图 2-31　油气长输管道滑坡变形阶段示意图

1. 蠕动变形阶段

由于各种因素的影响，油气长输管道周边或所在斜坡岩土体强度逐渐降低，斜坡内部剪切应力也可能不断增加使斜坡的稳定状态受到破坏，斜坡内较软弱的岩土体因抗剪强度小于剪切应力而发生变形，当变形发展至坡面后便形成断续的拉张裂缝。拉张裂缝使地表水入渗作用加强，变形进一步发展，后缘裂缝加宽，并出现小的错断，滑坡体两侧的剪切裂缝也相继出现，坡脚附近的岩土体被挤出。此时，滑动面基本形成，但尚未全部贯通。

油气长输管道周边或所在斜坡变形继续发展，后缘拉张裂缝进一步加宽，错距不断增大，两侧羽毛状剪切裂缝贯通，斜坡前缘的岩土体受推挤而鼓起，并出现大量鼓胀裂缝，滑坡剪出口附近渗水浑浊。至此，滑动面全部贯通，斜坡岩土体开始沿滑动面向下滑动。从管周斜坡发生变形、坡面出现裂缝到斜坡滑动面贯通的发展阶段称为滑坡的蠕动变形阶段。这一阶段经历的时间有长有短，长者可达数年之久，短者仅数月或数天时间[6,11,15,19-20]。

例如，在 2007 年已发现忠武天然气管道 K155＋908 处附近坡体出现多处裂缝，为保证管道运行安全，于 2009 年对该处滑坡进行了抗滑桩治理，但汛后调查发现滑坡后缘至黄草坡小学间坡体仍有变形迹象，后部排水沟及挡墙出现裂缝和下错，表明已治理的滑坡后缘坡体在人类工程活动及降雨等诱发条件下有滑动的趋势，处于缓慢蠕动变形阶段[21]。

2. 滑动破坏阶段

滑动破坏阶段是指滑动面贯通后，滑坡开始做整体向下滑动的阶段。此时滑坡后缘迅速下陷，滑坡壁出露；有时滑坡体分裂成数块，并在坡面上形成阶梯状地形。滑坡体上的树林倾斜形成“醉汉林”，水管、渠道、油气长输管道等被剪断，各种建筑物严重变形以致倒塌。随着滑坡体向前滑动，滑坡体向前伸出形成滑坡舌，并使前方的道路、建筑物及油气长输管道遭受破坏或被掩埋。发育在河谷岸坡的滑坡，或者堵塞河流，或者迫使河流弯曲转向。

这一阶段滑坡的滑动速度主要取决于滑动面的形状、抗剪强度，滑坡体的体积，以及滑坡在斜坡上的位置。如果滑带土的抗剪强度变化不大，则滑坡不会急剧下滑，一般每天只滑动几毫米至几厘米；在滑动过程中，若滑带土的抗剪强度迅速降低，则滑坡就会以每秒几米甚至每秒几十米的速度下滑。这种高速下滑的大型滑坡在滑动中常伴有巨响并产生很大的气浪，相对于普通滑坡危害更大[6,11,15,19-20]。不过，目前关于油气长输管道遭受大型高速滑坡危害的报道还未见到。

3. 压密稳定阶段

油气长输管道周边或者所在滑坡体在滑动过程中具有一定的动能，滑动距离较大，但会在滑动面摩擦阻力的作用下逐渐停止滑动，滑动停止后，除形成特殊的滑坡地形外，滑坡岩土体结构和水文地质条件等都会发生一系列变化。在重力作用下，滑坡体上的松散岩土体被压密，地表裂缝被充填，滑动面(带)附近的岩土体强度由于压密，固结程度提高，进入压密阶段。滑坡的压密稳定阶段可能持续几年甚至更长时间[6,11,15,19-20]。

五、滑坡段油气长输管道变形特点

滑坡段的油气长输管道变形破坏多发生于横向滑坡中，如图 2-32(a)所示。存在于横向滑坡中的管道破坏规模大、破坏程度严重，其次为纵向滑坡，如图 2-32(b)所示。但如果油气长输管道位于斜向滑坡中，如图 2-32(c)所示，其变形破坏较小，且危害较轻。油气长输管道为典型的管状结构，垂直于油气长输管道轴向的刚度远小于轴向方向的刚度。横向滑坡中，油气长输管道所受滑坡推力垂直于油气长输管道轴向，其容易发生变形破坏[3]。

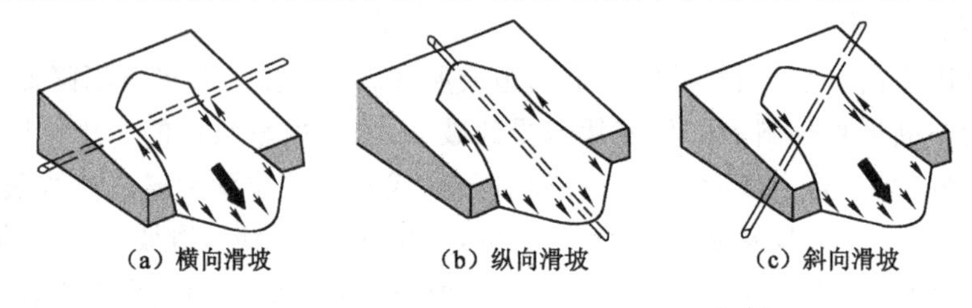

图 2-32　滑坡段油气长输管道变形分类[22-23]

横向滑坡中，受垂直于油气长输管道轴向的滑坡拖拽力或挤压力作用，油气长输管道会出现悬空、侧向移动、弯曲、破裂等变形破坏形式。油气长输管道在滑坡中的位置不同，受到滑坡的作用也不同。将油气长输管道在横向滑坡中的位置分为：靠近滑坡前缘、滑坡前部、滑坡中部、滑坡后部和靠近滑坡后缘 5 种，如图 2-33 所示[3]。

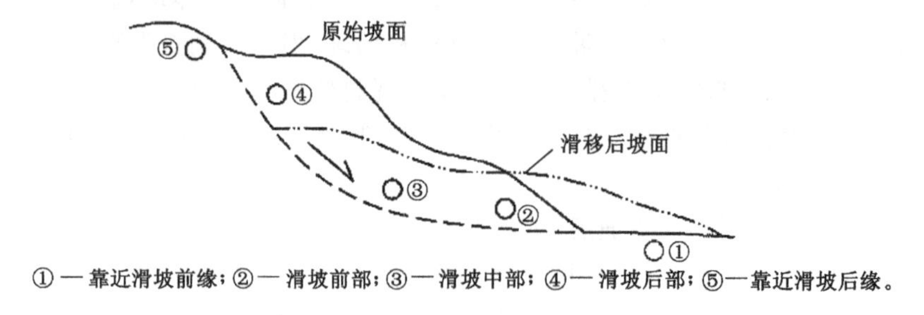

图 2-33　油气长输管道在横向滑坡中的位置

位于滑坡体前部的油气长输管道变形破坏程度最为强烈，油气长输管道变形破坏形式以位移、弯曲变形或屈曲为主；位于滑坡中后部的油气长输管道多为应力集中，滑坡体中部油气长输管道所受应力多集中于滑坡体轴部及两侧边界附近，滑坡体后部油气长输管道仅在滑坡体轴部出现应力集中；靠近滑坡后缘的油气长输管道变形破坏程度相对较轻，油气长输管道多出现悬空、露管或侧向偏移。以埋深 1.5 m，ϕ300 mm×7 mm 的 X65 油气长输管道为例，在横向滑坡作用下，当油气长输管道处于弹性阶段，滑坡宽度小于 5 m 时，油气长输管道最大轴向应变随滑坡宽度增大而增大；滑坡宽度等于 5 m 时，横向滑坡对油气长输管道的威胁最大；滑坡宽度在 5～20 m 之间时，油气长输管道最大轴向应变稍有增加，但增加幅度很小且基本平缓；滑坡宽度大于或等于 20 m 时，油气长输管道的变形、应变与无限宽滑坡有着共同的特征。油气长输管道处于弹塑性阶段时，10 m 宽的横向滑坡引起的油气长输管道轴向应变最大；滑坡宽度小于 10 m 时，油气长输管道最大轴向应变随着滑坡宽度增大而增大；滑坡宽度大于 10 m 时，油气长输管道轴向应变逐渐趋于稳定值[23]。

纵向滑坡中，油气长输管道轴向受滑坡的拖拽、推挤作用，导致滑坡后部的油气长输管道轴向拉应力集中、滑坡前部管道轴向压应力集中，进一步发展会出现轴向断裂、屈曲破裂。管道变形破坏集中于坡顶及坡脚处，主要原因为应力集中。纵向滑坡作用下，油气长输管道最大轴向应变在滑坡位移达到一定值时趋于稳定。土体下滑位移很大时，油气长输管道最大轴向应变主要受滑坡长度控制；当滑坡长度很大时，油气长输管道的最大轴向应变受土体下滑位移控制。一般情况下，油气长输管道在滑坡中的长度不超过 100 m，虽然油气长输管道轴向应变值远小于其拉伸屈服应变值，但仍应配合局部屈曲判别准则进行验算[23]。

斜向滑坡中，受滑坡斜向拖拽、推挤作用，油气长输管道变形破坏特征可能与油气长输管道展布方向和滑坡轴向交角大小有关，当交角大于临界值 45°时，油气长输管道变形破坏形式可能与横向滑坡或纵向滑坡类似。

第四节　油气长输管道滑坡(不稳定斜坡)灾害稳定性分析

斜坡的稳定性判断、采取的防护措施以及是否需要治理的基本依据是对斜坡进行的稳定性分析，同时斜坡稳定性分析也是进行斜坡治理工程设计、施工的重要依据。大体上可以将斜坡稳定性分析方法分为定性分析法、确定性分析法和不确定性分析法三类，如表 2-3 所列。国际上较为常用的确定性分析方法有：基于有限元的强度折减法、有限元法、极限分析法和极限平衡条分法等[24-25]。这些方法也适用于油气长输管道滑坡（不稳定斜坡）的稳定性分析。

表 2-3　常见斜坡稳定性分析方法分类

方法类型	定性分析法	确定性分析法	不确定性分析法
经典方法	图解法 工程类比法 自然历史分析法	极限平衡法（如极限分析法、极限平衡条分法等） 数值分析法（如基于有限元的强度折减法、有限元法等） 塑性极限分析和模糊极值理论	模糊综合评判 可靠度分析法 灰色分析理论 人工神经网络

一、定性分析法

1. 图解法

图解法主要有赤平极射投影法和诺谟图法。

赤平极射投影法可以直观反映出斜坡破坏边界、各组结构面的空间组合关系，确定斜坡规模形态以及可能变形滑动的方向，从而达到斜坡稳定性的初步分析。该方法一般适用于岩质斜坡的稳定性分析。

诺谟图法是用关系曲线和诺谟图表征斜坡有关参数之间的定量关系，求出极限坡高和稳定坡角。该方法一般适用于土质斜坡或全风化的具有弧形滑动面的斜坡稳定性分析。

2. 工程类比法

工程类比法是将已知斜坡的稳定性情况、影响因素，应用到需要研究的相似斜坡的稳定性分析中，近年来兴起的斜坡工程数据库、专家系统和范例推理评价法实质上也是这种方法的延伸。这种方法一般在中小型工程中适用，在复杂的大型工程中使用还存在缺陷，需要与其他方法联合使用。

3. 自然历史分析法

通过对斜坡所处的地质构造环境所产生的主要变形破坏迹象进行分析研究，还原斜坡历史演化过程，从而达到评价斜坡稳定性和预测其发展趋势的目的，这种方法是对斜坡稳定性的初步分析，一般适用于受人类工程活动影响较小的天然斜坡的稳定性分析。

二、确定性分析法

1. 极限平衡法

极限平衡法是在斜坡稳定性分析中应用较广的定量分析方法，其基于莫尔-库仑强度准则，通过假设潜在滑动面，将滑坡体划分成若干条块，建立力矩平衡，给出抗滑力(力矩)与下滑力(力矩)的关系式求出稳定系数，从而达到定量分析目的。常用的极限平衡法有瑞典条分法、简化毕肖普法、简布法、摩根斯顿-普赖斯法、传递系数法、萨尔玛法等[24-25]。

(1) 瑞典条分法

瑞典条分法，又称费伦纽斯法，其假定滑动面为圆弧形，把滑动面以上土体分成若干个竖向条块，并忽略条块之间的作用力，其力学模型如图 2-34 所示。

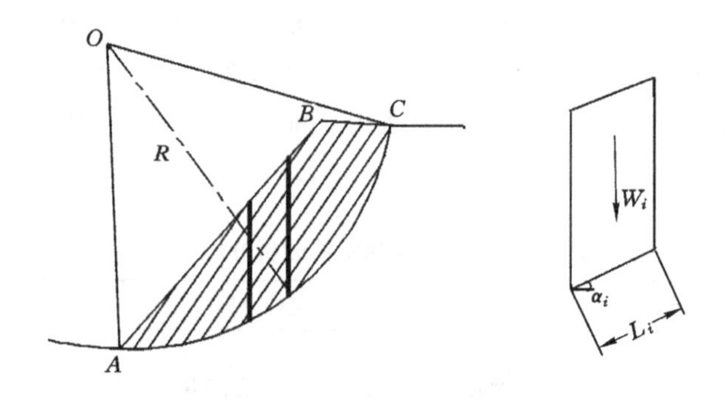

图 2-34　瑞典条分法计算模型

计算公式为：

$$F_s = \frac{\sum (W_i \cos \alpha_i \tan \varphi_i + c_i L_i)}{\sum W_i \sin \alpha_i} \tag{2-1}$$

式中　F_s ——稳定系数；

W_i ——第 i 个条块的重力，kN/m；

α_i ——第 i 个条块滑动面与水平方向的夹角，(°)；

φ_i ——第 i 个条块的内摩擦角，(°)；

c_i ——第 i 个条块的内聚力，kPa；

L_i ——第 i 个条块的滑动面长度，m。

由于瑞典条分法忽略了土条侧面作用力，计算出的稳定系数可能比实际值偏低 10%～20%，同时，这种误差会随着沿弧圆心角孔隙水压力的增大而增大。

(2) 简化毕肖普法

简化毕肖普法是一种改进了的条分法，针对滑动面为近似圆弧形，在计算时考虑了条块两侧分布的侧向力的不平衡性，与瑞典条分法相比，提高了对于不是圆弧形滑动面滑坡计算结果的准确性，所得到的稳定系数值一般比瑞典条分法高 3%～6%，其力学模型如图 2-35 所示。

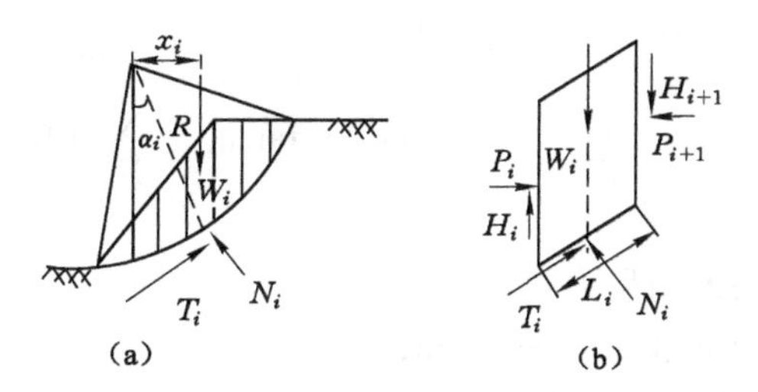

图 2-35　简化毕肖普法计算模型

毕肖普建议不计各土条间的摩擦力之差，即图 2-35(b)中，$H_{i+1} = H_i$，考虑条块侧面的法向力 P_i 和 P_{i+1}，略去推导过程后，简化毕肖普法计算公式为：

$$F_s = \frac{\sum_{i=1}^{n} \frac{1}{m_{\alpha_i}} (c_i L_i \cos \alpha_i + W_i \cdot \tan \varphi_i)}{\sum_{i=1}^{n} W_i \cdot \sin \alpha_i} \tag{2-2}$$

$$m_{\alpha_i} = \cos \alpha_i + \frac{1}{F_s} \sin \alpha_i \cdot \tan \varphi_i \tag{2-3}$$

式中　F_s ——稳定系数；

c_i ——第 i 个条块的内聚力，kPa；

L_i ——第 i 个条块的滑动面长度，m；

W_i ——第 i 个条块的重量，kN/m；

φ_i ——第 i 个条块的内摩擦角，(°)；

α_i ——第 i 个条块滑动面法线与竖直方向的夹角，也即第 i 个条块滑动面与水平方向的夹角，(°)。

由于 m_{α_i} 中含有稳定系数 F_s，因此需要迭代求解。首先假定一个稳定系数 $F_s=1$，求出 m_{α_i} 后代入式(2-2)得出稳定系数 F_s，若计算出的 F_s 与假定的 F_s 不等，则重新计算，直到前后两次 F_s 值满足所要求的精度为止。通常迭代 3～4 次即可求得合理的稳定系数。

(3) 简布法

假设条块上的侧向力处于滑动面之上 1/3 的位置，条块的重力和反力位于垂直条块的底面中点。该方法相对于瑞典条分法，计算过程复杂但结果较精确，适合滑动面比较复杂的边坡稳定性计算。其力学模型如图 2-36 所示。

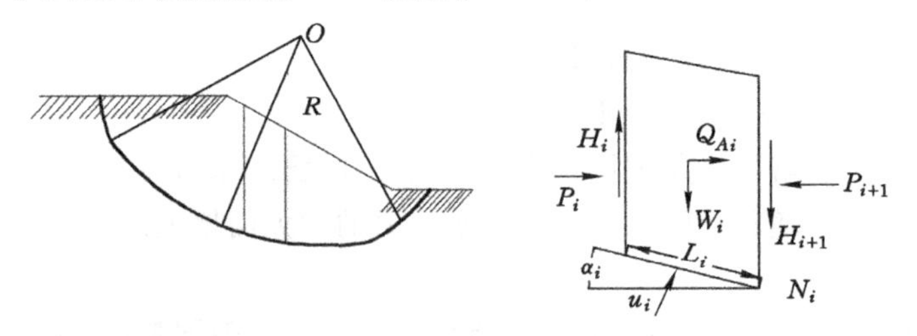

图 2-36 简布法计算模型

简布法计算公式为：

$$F_s=\frac{\sum_{i=1}^{n}[c_iL_i+(W_i+\Delta H_i)\cdot\tan\varphi_i]\cdot\frac{\sec^2\alpha_i}{1+\tan\alpha_i\tan\varphi_i/F_s}}{\sum_{i=1}^{n}(W_i+\Delta H_i)\cdot\tan\alpha_i+\sum_{i=1}^{n}Q_{Ai}} \tag{2-4}$$

式中 F_s ——稳定系数；

c_i ——第 i 个条块的内聚力，kPa；

L_i ——第 i 个条块的滑动面长度，m；

W_i ——第 i 个条块的重量，kN/m；

ΔH_i ——第 i 个条块上的垂直力，即 $\Delta H_i=H_{i+1}-H_i$，kN/m；

φ_i ——第 i 个条块的内摩擦角，(°)；

Q_{Ai} ——第 i 个条块上的水平力，如地震力、条块侧面的法向力(P_i 与 P_{i+1} 之差)等力的合力，kN/m；

α_i ——第 i 个条块滑动面与水平方向的夹角，(°)。

简布法和简化毕肖普法一样，稳定系数需要迭代求解，迭代方法如前所述(参见简化毕肖普法)。

(4) 摩根斯顿-普赖斯法

摩根斯顿-普赖斯法于 1965 年被提出，假设滑动面为曲线形状，其计算模型如图 2-37 所示[26-27]。

取任一微分条块，其重力为 dW，土条底面的有效法向反力为 dN'、切向阻力为 dT，条块两侧的有效法向条间力为 E'、$E'+\mathrm{d}E'$，土条两侧的切向条间力为 X、$X+\mathrm{d}X$，作用于条块两侧的孔隙水压力(应力) 为 U、$U+\mathrm{d}U$，作用于条块底部的孔隙水压力(应力)$\mathrm{d}U_s$，孔隙水压力线高度为 h、$h+\mathrm{d}h$。

对微分条块的底部中点(O 点)取力矩平衡及法向力、切向力平衡，并经一系列整理、化简和积分[27]，最后得到任一条块条间力和力矩为：

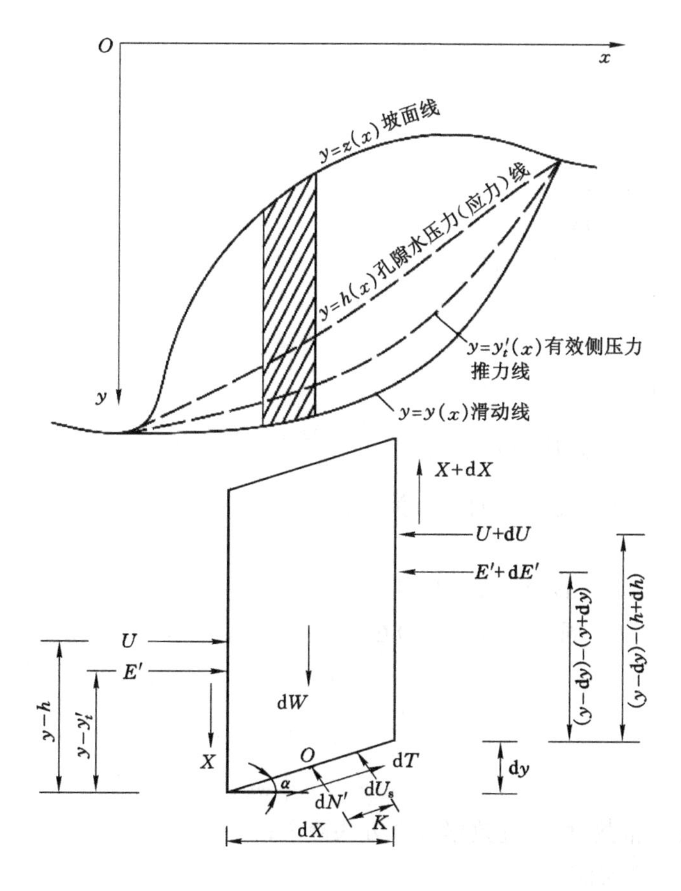

图 2-37　摩根斯顿-普赖斯法计算模型

$$E_{i+1}=\frac{1}{L+K\Delta x}(E_iL+\frac{N\Delta x^2}{2}+P\Delta x) \tag{2-5}$$

$$M_{i+1}=E_{i+1}\ (y-y_t{}')_{i+1}=\int_{x_i}^{x_{i+1}}(X-E\frac{\mathrm{d}y}{\mathrm{d}x})\mathrm{d}x \tag{2-6}$$

当滑动体外部没有其他外力作用时，最后一个条块必须满足：

$$E_n=0 \tag{2-7}$$

$$M_n=\int_{x_0}^{x_n}(X-E\frac{\mathrm{d}y}{\mathrm{d}x})\mathrm{d}x=0 \tag{2-8}$$

式(2-5)～式(2-8)中参数 X、E、K、L、N、P 为：

$$X=\frac{\mathrm{d}}{\mathrm{d}x}(E'\ y_t{}')-y\frac{\mathrm{d}E'}{\mathrm{d}x}+\frac{\mathrm{d}}{\mathrm{d}x}(Uh)-y\frac{\mathrm{d}U}{\mathrm{d}x} \tag{2-9}$$

$$E=E'+U \tag{2-10}$$

$$K=\lambda k\left(\frac{\tan\varphi}{F_s}+A\right) \tag{2-11}$$

$$L=\lambda m\left(\frac{\tan\varphi}{F_s}+A\right)+1-A\frac{\tan\varphi}{F_s} \tag{2-12}$$

$$N = p\left[\frac{\tan \varphi}{F_s} + A - r_u(1 + A^2)\frac{\tan \varphi}{F_s}\right] \tag{2-13}$$

$$P = \frac{c}{F_s}(1 + A^2) + q\left[\frac{\tan \varphi}{F_s} + A - r_u(1 + A^2)\frac{\tan \varphi}{F_s}\right] \tag{2-14}$$

式中　X——切向条间力；

E——法向条间力；

A, p, q, λ, k, m——任意常数；

F_s——稳定系数；

c——条块的内聚力，kPa；

φ——条块的内摩擦角，(°)；

r_u——孔隙水压力(应力)比，$r_u = \dfrac{\mathrm{d}U_s \cos \alpha}{\mathrm{d}W}$。

其中，E 和 X 间存在关于 x 的函数关系：

$$X = \lambda f(x) E \tag{2-15}$$

在每一条块内，由于 $\mathrm{d}x$ 可以取得无限小，使 $y=z(x)$、$y=h(x)$ 及 $y=y(x)$ 在条块 $\mathrm{d}x$ 范围内近似看成一直线，同样，函数 $f(x)$ 在每一条块 $\mathrm{d}x$ 内也可以看成一直线[26-27]，因此：

$$y = Ax + B \tag{2-16}$$

$$\frac{\mathrm{d}W}{\mathrm{d}x} = px + q \tag{2-17}$$

$$f(x) = kx + m \tag{2-18}$$

式中　B——任意常数，可通过数据拟合方法确定；

其他符号意义同前。

在对稳定系数进行具体计算时，可以先假设一个 F_s、λ 值，然后逐个积分得到 E_n 和 M_n，如果不为零，再用一个有规律的迭代步骤不断修正 F_s 及 λ，直到满足式(2-7)及式(2-8)为止，此时得到的 F_s 即为我们计算的稳定系数。

(5)《岩土工程勘察规范(2009 年版)》中方法

根据《岩土工程勘察规范(2009 年版)》(GB 50021—2001)，滑坡稳定性分析需考虑诸多影响因素，当滑动面为折线形时，可采用如下方法计算稳定系数 F_s：

$$F_s = \frac{\sum_{i=1}^{n-1}\left(R_i \prod_{j=i}^{n-1} \phi_i\right) + R_n}{\sum_{i=1}^{n-1}\left(T_i \prod_{j=i}^{n-1} \phi_i\right) + T_n} \tag{2-19}$$

$$\phi_i = \cos(\alpha_i - \alpha_{i+1}) - \sin(\alpha_i - \alpha_{i+1}) \tan \varphi_{i+1} \tag{2-20}$$

$$R_i = N_i \tan \varphi_i + c_i L_i \tag{2-21}$$

式中　F_s——稳定系数；

α_i——第 i 个条块滑动面与水平方向的夹角，(°)；

R_i——作用于第 i 个条块的抗滑力，kN/m；

N_i——第 i 个条块滑动面的法向分力，kN/m；

φ_i——第 i 个条块的内摩擦角，(°)；

c_i——第 i 个条块的内聚力，kPa；

L_i ——第 i 个条块的滑动面长度，m；

ϕ_i ——第 i 个条块的剩余下滑力传递到第 $i+1$ 个条块时的传递系数；

T_i ——作用于第 i 个条块滑动面上的滑动分力，kN/m，出现与滑动方向相反的下滑力时，T_i 取负值。

(6) 油气长输管道滑坡极限平衡法稳定性分析实例

以兰成渝成品油管道甘肃武山段滑坡为例，对其进行稳定性分析，共选取 3 条纵剖面（1 条主滑剖面和 2 条辅助剖面）分别建立计算模型，其中图 2-38 为主滑剖面计算模型。

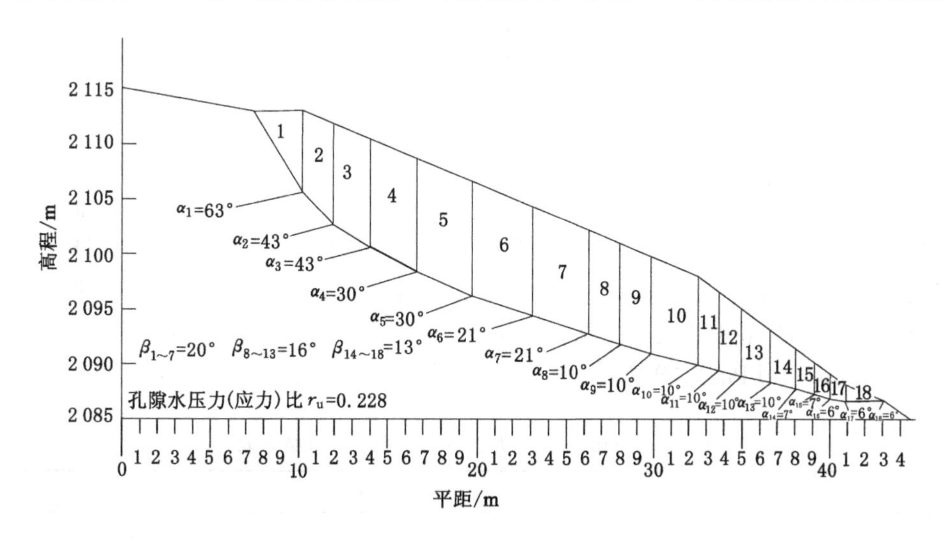

图 2-38　主滑剖面计算模型示意图

滑带土天然容重根据室内试验结果取值为 18.5 kN/m³，饱和容重通过干容重和孔隙率换算取值为 19.6 kN/m³，滑带土抗剪强度参数 c、φ 可按实验室试验结果取值，也可采用经验数据类比，一般常用如下公式进行反演：

$$c = \frac{F_s \sum W_i \sin \alpha_i - \tan \varphi \sum W_i \cos \alpha_i}{L} \tag{2-22}$$

$$\varphi = \arctan \frac{F_s \sum W_i \sin \alpha_i - cL}{\sum W_i \cos \alpha_i} \tag{2-23}$$

稳定系数 F_s 取值方法为：当滑坡处于整体暂时稳定状态至变形状态时取值范围为 1.05～1.00；当滑坡处于整体变形状态至滑动状态时取值范围为 1.00～0.95。需要说明的是，W_i 为第 i 个条块的重量，一定要换算到单宽重量，即单位为 kN/m。一般以土体天然状态和饱和状态两个工况对滑带土抗剪强度参数 c、φ 值进行反演分析。

① 天然容重约为 18.5 kN/m³ 的粉质黏土，天然状态下抗剪强度 c、φ 经验值为：c 值取 8～14 kPa，φ 值取 12°～19°。因此，在此范围内分别选取不同的 c、φ 值，采用瑞典条分法进行稳定系数计算，计算结果见表 2-4。如果将天然状态下滑带土定为暂时稳定状态，取 $F_s=1.05$，则在计算结果表中找到稳定系数最接近 1.05 的值为 1.058，其所对应的 $c=11$ kPa、$\varphi=14°$，因此，将 11 kPa、14°作为天然状态下滑带土抗剪强度 c、φ 的反演值。

表 2-4　滑带土天然状态下稳定系数计算结果表

c/kPa	φ/(°)							
	12	13	14	15	16	17	18	19
8	0.846	0.892	0.938	0.985	1.032	1.087	1.130	1.180
9	0.889	0.935	0.984	1.028	1.076	1.125	1.174	1.224
10	0.932	0.978	1.025	1.072	1.120	1.168	1.218	1.268
11	0.976	1.022	**1.058**	1.115	1.163	1.212	1.262	1.312
12	1.019	1.065	1.112	1.159	1.207	1.256	1.305	1.356
13	1.062	1.108	1.155	1.202	1.251	1.300	1.349	1.340
14	1.106	1.152	1.198	1.246	1.294	1.343	1.393	1.444

② 天然容重约为 18.5 kN/m³的粉质黏土，饱和状态下抗剪强度 c、φ 经验值为：c 值取 4～16 kPa，φ 值取 12°～18°。因此，在此范围内分别选取不同的 c、φ 值，采用瑞典条分法进行稳定系数计算，计算结果见表 2-5。将滑带土在连续暴雨时视为临界状态，稳定系数取 $F_s=1.0$，在计算结果表中找到稳定系数最接近 1.00 的值为 1.003，其对应的 c、φ 值分别为 10 kPa、14°，故将 10 kPa、14°作为暴雨状态下滑带土抗剪强度 c、φ 的反演值。

表 2-5　滑带土暴雨状态下稳定系数计算结果表

c/kPa	φ/(°)						
	12	13	14	15	16	17	18
4	0.665	0.710	0.756	0.803	0.850	0.898	0.947
5	0.706	0.751	0.797	0.844	0.892	0.940	0.989
6	0.747	0.792	0.838	0.885	0.933	0.981	1.030
7	0.788	0.833	0.880	0.927	0.974	1.023	1.072
8	0.829	0.874	0.921	0.968	1.015	1.064	1.113
9	0.869	0.915	0.962	1.009	1.057	1.105	1.155
10	0.911	0.956	**1.003**	1.050	1.097	1.146	1.196
11	0.951	0.996	1.044	1.091	1.139	1.188	1.237
12	0.992	1.038	1.085	1.132	1.180	1.229	1.279
13	1.033	1.079	1.126	1.173	1.221	1.270	1.320
14	1.074	1.120	1.167	1.214	1.263	1.312	1.361
15	1.115	1.161	1.208	1.255	1.304	1.353	1.403
16	1.155	1.202	1.249	1.297	1.345	1.394	1.444

参数选取后，采用传递系数法(折线滑动法)进行稳定性计算，根据《滑坡防治工程勘查规范》(GB/T 32864—2016)，结合滑坡稳定性计算结果对滑坡稳定性进行分析，分析结果如表 2-6 所列。结果表明：在天然状态下，滑坡处于欠稳定状态；在暴雨状态下，滑坡处于不稳定状态。

表 2-6　滑坡稳定性分析表

计算模型	状态	稳定系数 F_s	安全系数 K	推力 $P/(\mathrm{kN/m})$	安全性
1—1′剖面	天然	1.040	1.3	303	欠稳定
	暴雨	0.911	1.2	356	不稳定
2—2′剖面	天然	1.049	1.3	185	欠稳定
	暴雨	0.992	1.2	204	不稳定
3—3′剖面	天然	1.047	1.3	179	欠稳定
	暴雨	0.998	1.2	212	不稳定

目前，大部分勘查单位利用理正软件(图 2-39)或 Slide 软件(图 2-40)进行稳定性分析，两款软件都提供了瑞典条分法、简化简布法、摩根斯顿-普赖斯法、毕肖普法等稳定性分析方法。例如，甘肃省科学院地质自然灾害防治研究所在对兰郑长成品油管道 K4＋000～K4＋310 段 1# 滑坡进行工程勘查时使用 Slide 软件进行稳定性分析。

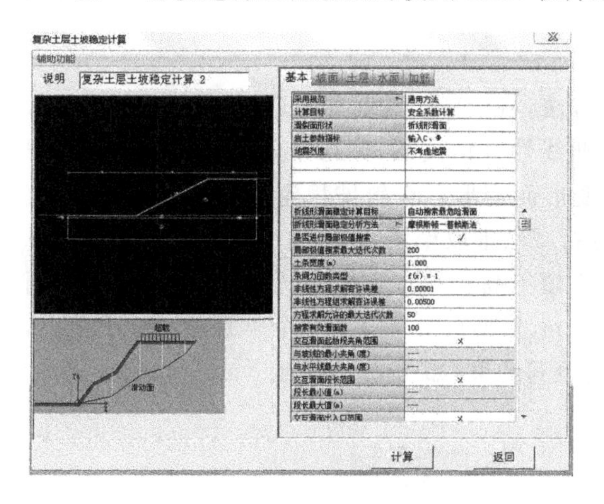

图 2-39　理正软件稳定性分析模块

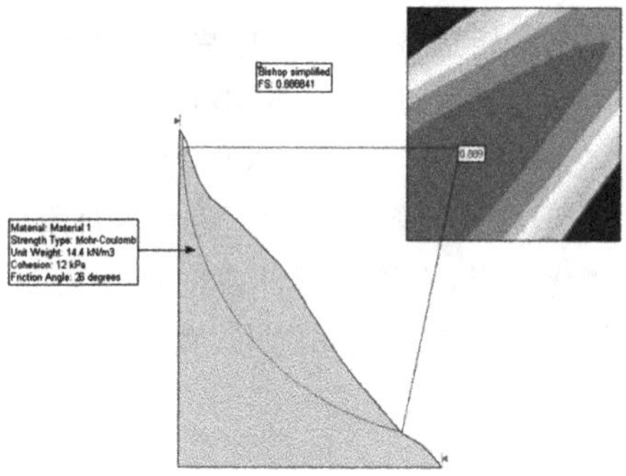

图 2-40　Slide 软件稳定性计算

2. 数值分析法

数值分析法自 20 世纪 60 年代被引入斜坡稳定性分析中，经长期的完善和优化，现已被广泛应用于分析油气长输管道滑坡(不稳定斜坡)稳定性，其突出特点是能够对非线性、非均质、复杂边界斜坡进行处理计算，并且能够给出岩土体应力-应变关系。

(1) 有限元法

有限元法是目前最成熟的数值分析法，其基本原理是将无限自由度的结构体转化为有限个自由度的等价体系，即将结构离散成有限个单元体，用这些离散单元体代替原来的结构，因此，对结构的分析就转化为对单元体的分析。有限元分析不能直接与稳定系数建立关系，只能算出应力、位移与塑性区的大小[16]，但随着有限元强度折减法的提出，可直接求出滑裂面位置和边坡稳定系数。有关有限元强度折减法请读者查阅本书第四章第五节相关内容。

(2) 边界元法

边界元法仅在边界上对潜在滑坡体进行单元划分，适用于变形程度较小的均质连续介质，相对于有限元法，边界元法在对无限域或半无限域问题的处理上更具优势。假设斜坡体内存在一最危险滑动面，即临界滑动面，并将此临界面看作公共边界 Γ_c，当求出 Γ_c 上的面力之后，通过莫尔-库仑准则计算稳定系数，计算模型如图 2-41 所示[28]。

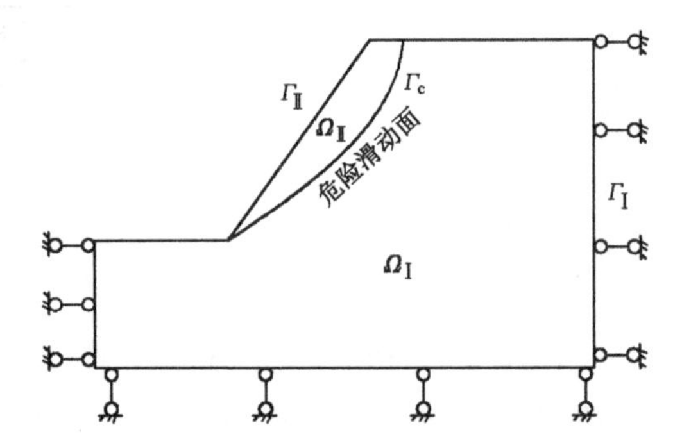

Γ_c—危险滑动面；Ω_{I}—滑动面以下的斜坡体；Ω_{II}—滑动面以上的斜坡体；Γ_{I}，Γ_{II}—Ω_{I}，Ω_{II} 的自由边界。

图 2-41　边坡边界元计算模型

(3) 快速拉格朗日法(有限差分法)

快速拉格朗日法是一种三维显式有限差分法，将计算区域划分为若干个四面体单元，每个单元在给定边界条件下遵循指定的线性或非线性本构关系，如果单元应力使得材料屈服或者产生塑性流动，单元网格可以随材料的变形而变形。在斜坡稳定性分析中，常利用莫尔-库仑准则，以计算不收敛作为判据，用强度折减法求取稳定系数[29]。

以西气东输管道一线宁夏—陕西段某黄土填土高边坡计算模型为例，此模型由实测断面经概化而得，沿管道延伸方向计算宽度为 10 m，模型离散为 7 550 个单元，9 779 个节点，模型侧边界受水平位移约束、底部边界受垂直位移约束，如图 2-42 所示[30]。

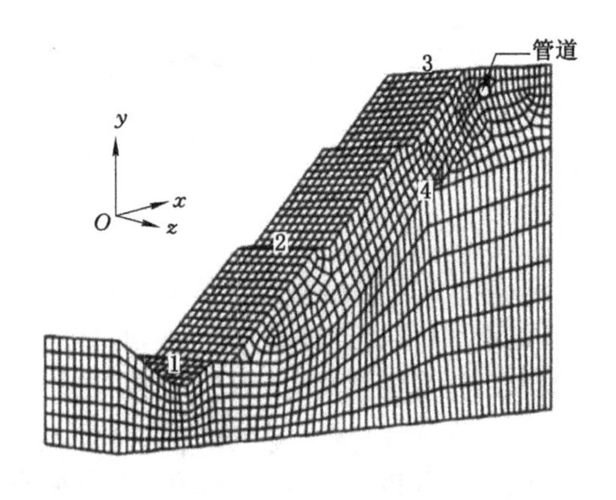

图 2-42　离散后的计算模型

图 2-42 中数字 1、2、3、4 为位移监测点位置，其中 1、2、3 为坡面测点，4 为滑动带测点。由于黄土具有明显非线性特性，用弹塑性本构关系和修正的莫尔-库仑模型对其进行弹塑性分析，填土与自然坡面之间的接触面采用 FLAC^{3D}中 Interface 单元进行模拟，破坏时内聚力 c 或$\tan\varphi$降低的倍数就是稳定系数(强度折减法)，以此求得该填土边坡的稳定系数为1.02，坡体最后不平衡阶段的剪切屈服区分布如图 2-43 所示[30]。

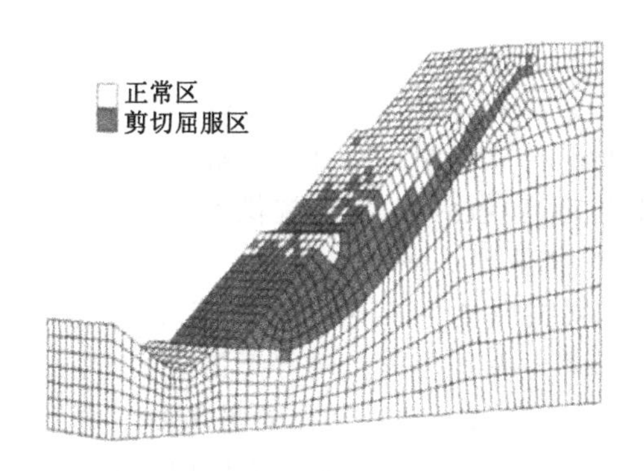

图 2-43　坡体内剪切屈服区分布图

(4) 离散元法

离散元法的基本原理是将斜坡体划分为若干块体，利用时间差分法求解动力平衡方程，对解决节理裂隙发育的块状结构斜坡稳定性分析的问题优势明显。离散元法把斜坡看作由一系列离散独立运动的粒子单元所组成的系统，单元本身具有一定的几何(形状、大小、排列等)和物理、化学特征，单元运动受经典运动方程控制，整个斜坡的变形和演化由各个单元的运动和相互位置来描述。利用离散元法进行分析能反映岩块之间的滑移、分离和倾翻等大位移，也可计算岩体内部的变形与应力。同时，采用离散元强度折减法可求得滑动面以及相应的稳定系数[31]。

(5) 不连续变形分析法

不连续变形分析法解决了岩体的大变形和大位移问题，该方法引入非连续接触和惯性力，将斜坡体假定为由许多节理裂隙切割形成的不连续系统，按最小势能原理对势能泛函取最小值得到系统总体平衡方程，并将边界条件和接触条件等一同代入总体平衡方程组。求解此方程组即可得到块体当前时步的位移场、应力场、应变场及块体间的作用力。反复形成和求解总体平衡方程式，即可得到多个时步后以至最终平衡时块体的位移场与应力场、运动过程中各块体的相对位置与接触关系，从而模拟出岩石块体的移动、转动、张开、闭合等全部过程并据此判断岩体破坏情况[32]。

(6) 流形元法

以拓扑学拓扑流形和微分流形为理论基础，吸收有限元法和不连续变形分析法的优点，应用有限覆盖技术，在每个物理覆盖上建立独立的位移函数，加权求和求出总位移，根据最小势能原理建立多种问题的求解方式，解决连续与非连续变形的力学问题，是目前最常用的数值分析方法之一。采用基于数值流形元法的异步强度折减法，能求解在不同折减系数比值情况下内聚力 c 和内摩擦角 φ 对应的每个物理覆盖上的稳定系数 F_c 和 F_φ 及斜坡整体稳定系数[33]。

(7) 块体理论

块体理论假设斜坡体为节理裂隙等不连续系统，以赤平投影和解析计算为基础，经力学平衡计算分析之后，利用块体之间相互作用找出可能发生滑动的块体和位置。按照单面滑动或双面滑动等不同滑动模式，根据矢量分解，计算块体合力在各滑动面上的法向和滑动方向上的分量，并根据滑动面上摩擦系数 f、内聚力 c 及滑动面面积，计算该块体相应的稳定系数，从而求得整体稳定系数[34]。

（8）无单元法

将计算区域离散成若干节点，采用滑动最小二乘法所产生的光滑函数作为近似场函数，根据每个节点的形函数集成整体方程组进行计算求解。该方法只需节点信息而不需要整个单元信息，处理简单，计算精度高，收敛速度快，提供了场函数的连续可导近似解[35]。

3. 塑性极限分析和模糊极值理论

1952年，杜拉克和普拉格提出塑性极限分析法，其最大优点是考虑了材料应力-应变关系，并利用"极限状态时自重和外荷载所做的功等于滑裂面上阻力所消耗的功"这一基本原理，结合塑性极限分析中上、下限定理，可以求出斜坡极限荷载与稳定系数。由于塑性极限分析所得的解为某一范围内的模糊极值解，孙君实于1984年提出了滑动机构的概念，证明了给定滑动机构的耗散功能定理，并将该定理"模糊化"，得到给定滑动面稳定系数的模糊极大值定理，再把"极大"的概念模糊化为滑坡体内力状态的模糊状态条件，同时构造模糊函数和模糊约束条件，提出稳定系数的模糊解集和最小模糊解集的概念，从而建立稳定分析"极大中极小"问题的模糊极值理论[36]。这一理论使长期以来利用条分法时所出现的在假定多余未知函数方面存在的随意性问题得到了较好的解决。

三、不确定性分析法

1. 模糊综合评判法

模糊综合评判法进行稳定性分析的第一步是建立评判因素集，如土质斜坡的评判因素集可建成为：土的内聚力，土的天然容重，地下水影响系统，坡高，总坡度和内摩擦角；第二步是建立权重值，根据评判因素的重要程度，赋予每类因素相应的权值；第三步是建立评语集，评语组成的集合一般为：$\boldsymbol{V}=\{V_1,V_2,V_3,V_4,V_5\}$＝{稳定，较稳定，一般，不稳定，极不稳定}[37-38]。

一般来说，影响油气长输管道滑坡易发性的因素主要包括地质、地形地貌、气候、水文、植被和人类活动等各种基础条件与诱发条件等，如表2-7所列。对于油气长输管道滑坡灾害易损性，评价指标应包括社会经济和管道工程两方面的易损性评价，尤其要考虑易损性条件，主要包括油气长输管道最小埋深、位置、敷设方式以及工程保护措施等，如表2-8所列[37-38]。

表2-7　油气长输管道滑坡易发性因素评分标准

影响因素	影响程度分级标准		
	大(30分)	中(20分)	小(10分)
地形地貌	坡角25°～45°	坡角10°～25°或45°～70°	坡角＜10°或＞70°
地层岩性	粗粒土	细粒土	岩质
水文条件	雨水充沛，径流强烈，水流急，水位变幅大，属侵蚀岸	存在大雨、暴雨诱发因素	径流微弱，水流少，水位变幅小，属堆积岸
地质构造	新构造活动强烈，地震频繁	新构造活动强烈，地震较少	新构造活动微弱，地层稳定
人类活动	严重破坏，无护坡，人工边坡坡角＞60°	工程开挖形成软基陡崖，坡角40°～60°	人类活动较少，砌石护坡，坡角＜40°

表 2-8　油气长输管道滑坡易损性因素评分标准

影响因素	影响程度分级标准		
	大(30 分)	中(20 分)	小(10 分)
管道位置	滑坡体中	前缘坡脚	后缘或侧壁
管道敷设方式	横穿滑坡	纵穿或斜穿滑坡	不穿滑坡
工程防护措施	管沟回填土未夯实，管道保护层严重受损	管沟回填土部分夯实，管道保护层局部受损	管沟回填土夯实度达标，管道保护层完好

评判时采用“1～9 标度法”，对同一层各指标相对于上一层指标的重要程度进行两两比较，得到判断矩阵 **A**；计算出判断矩阵 **A** 的最大特征根 λ_{max}，对应的特征向量为 **W**，将 **W** 归一化后即为同一层次相应指标对于上一层次某一指标相对重要性的权重 $\boldsymbol{W}_j$。将各因素对油气长输管道滑坡易发性、易损性的影响程度分为 3 个级别：大、中、小，并分配分值（分别为 30 分、20 分、10 分），确定评分标准。

据实际调查的各因素发育状况，对照评分标准，计算各因素的分值，再综合其权重值进行加权相加，计算得到易发性、易损性系数 K'，最后根据确定的分级标准（$K'<15$ 为易发性或易损性小、$15<K'<24$ 为易发性或易损性中等、$K'>24$ 为易发性或易损性大），进行易发性、易损性评判。利用油气长输管道滑坡易发性和易损性评价结果，采用矩阵法，综合确定油气长输管道滑坡灾害危险性等级，如表 2-9 所列。

表 2-9　油气长输管道滑坡灾害危险性等级

危险性		易损性		
		1(小)	2(中)	3(大)
易发性	A(小)	1A(低)	2A(中等)	3A(高)
	B(中)	1B(中等)	2B(高)	3B(高)
	C(大)	1C(高)	2C(高)	3C(极高)

某油气长输管道滑坡的易发性和易损性评价得分如表 2-10 所列，滑坡易发性影响因素重要程度判断矩阵如表 2-11 所列，滑坡易损性影响因素重要程度判断矩阵如表 2-12 所列。经计算，滑坡易发性各评价指标权重集 **W**＝(0.38，0.04，0.16，0.10，0.07，0.25)，易损性各评价指标权重集 **W**＝(0.16，0.54，0.30)。

表 2-10　某油气长输管道滑坡基本情况

灾害等级	评价指标	某油气长输管道滑坡实际参数	对应分值
易发性	地形地貌	坡角 60°～80°，前缘临空	30
	地层岩性	中等风化变质砂岩	10
	岩土体结构	节理裂隙发育，结构面发育	30
	地质构造	受汶川地震影响，构造活动强烈	30
	水文条件	存在大暴雨诱发因素	20
	人类活动	管道工程建设过程中切坡严重	30

表 2-10(续)

灾害等级	评价指标	某油气长输管道滑坡实际参数	对应分值
易损性	管道埋深	1.2 m	20
	管道位置	前缘坡脚	30
	工程防护措施	无防护措施	30

表 2-11 滑坡易发性影响因素判断矩阵

	地形地貌	地层岩性	岩土体结构	地质构造	水文条件	人类活动
地形地貌	1	6	3	4	5	2
地层岩性	1/6	1	1/4	1/3	1/2	1/5
岩土体结构	1/3	4	1	2	3	1/2
地质构造	1/4	3	1/2	1	2	1/3
水文条件	1/5	2	1/3	1/2	1	1/4
人类活动	1/2	5	2	3	4	1

表 2-12 滑坡易损性影响因素判断矩阵

	管道埋深	管道位置	工程防护措施
管道埋深	1	1/3	1/2
管道位置	3	1	2
工程防护措施	2	1/2	1

根据该滑坡各影响因素分值及权重进行加权相加，可以得到易发性系数 $K_f{}'=28.5$，易损性系数 $K_s{}'=28.4$。因此，易发性等级为“大”，易损性等级为“大”，根据表 2-9 的矩阵法综合判定该滑坡的危险性等级为 3C，危险性极高，应绕避，在不能绕避的情况下，应立即治理，并采取监控措施[37]。

2. 可靠度分析法

边坡模糊可靠度分析法是 20 世纪 90 年代从建筑结构可靠度分析基础上引入斜坡稳定性分析中的，将斜坡破坏程度按模糊准则划分为若干等级，并给出各破坏等级的隶属函数，结合斜坡工程的随机性，利用相应计算公式，计算出斜坡工程基于各破坏等级的可靠度[39]。在实际工程中该方法往往作为一种辅助分析手段。

3. 灰色分析理论

灰色分析理论可以在信息不完全的情况下通过一定的数据处理，在随机因素序列中，找出所要分析研究的各因素的关联性，发现主要矛盾，找到主要特性和主要影响因素。选择若干个研究清楚并且有明确结论的斜坡作为母序列，在描述其稳定状态的因素和实测值中选择若干个指标组成参考序列，其余的斜坡作为待分析对象(比较序列)，求取每个参考序列对所有比较序列的关联度，就可得到稳定性分析结论。

4. 人工神经网络

影响斜坡稳定性的因素有 m 项，即 $\boldsymbol{X}=\{x_1,x_2,x_3,\cdots,x_m\}$，斜坡的稳定性状态被分成

n 种，即 $\boldsymbol{Y}=\{y_1,y_2,y_3,\cdots,y_n\}$，可用某一关系式[$Y=f(X)$]来表达稳定状态与影响因素之间的关系，这一关系可由人工神经网络从大量实例中自适应学习获得，在这一关系获得后，即可对其他已知斜坡影响指标的斜坡稳定性进行分析[40]。

第五节　滑坡段油气长输管道应力和位移分析

一、理论分析

1. 油气长输管道受力分析基础[41]

油气长输管道应力分析包括静力分析和动力分析两个部分。静力分析是指在静力载荷作用下，对油气长输管道进行力学分析，并进行相应的油气长输管道安全评价。动力分析是指对具有往复压缩机或往复泵的油气长输管道进行振动分析和地震分析，或者在水锤及冲击载荷作用下，对油气长输管道所受动力载荷进行分析的总称。

油气长输管道破坏形式可分为两类：断裂破坏和流动破坏。相应的强度理论也可分为两类：一类是用来解释油气长输管道断裂破坏问题（包含油气长输管道最大拉应力理论和油气长输管道最大伸长线应变理论）；另一类是用来解释油气长输管道的流动破坏问题（包含油气长输管道最大剪应力理论和油气长输管道形状改变比能理论）。

（1）最大拉应力理论

最大拉应力理论，也称为第一强度理论。油气长输管道最大拉应力 σ_t^{max} 被认为是导致油气长输管道发生断裂破坏的因素，如果把油气长输管道在单向拉伸时发生断裂破坏的应力极值规定为强度极限 σ_b，那么发生油气长输管道断裂破坏的条件为：油气长输管道的最大拉应力 σ_t^{max} 达到强度极限 σ_b。在考虑油气长输管道安全系数之后，油气长输管道最大拉应力理论的强度条件是 $\sigma_t^{max}\leqslant[\sigma]$，$[\sigma]$为油气长输管道许用应力。

（2）最大伸长线应变理论

油气长输管道最大伸长线应变理论，也称为油气长输管道第二强度理论，此理论认为油气长输管道最大伸长线应变 ε_1 是导致油气长输管道发生断裂破坏的因素。在简单拉伸环境中，油气长输管道拉断时的伸长线应变极值为 $\varepsilon_0=\sigma_b/E$，发生油气长输管道断裂破坏的条件为油气长输管道中的最大伸长线应变 ε_1 达到 ε_0。

（3）最大剪应力理论

油气长输管道最大剪应力理论，也称为油气长输管道第三强度理论，此理论认为：油气长输管道最大剪应力是导致油气长输管道发生流动破坏的因素。在单向拉伸环境下，当拉应力与屈服极限 σ_s 相同时，油气长输管道斜面上产生的最大剪应力为：

$$\tau_{max}^0=\frac{\sigma_s}{2} \tag{2-24}$$

在油气长输管道应力条件较复杂的环境下，按照此理论，当油气长输管道最大剪应力 τ_{max} 增大至单向拉伸环境下油气长输管道发生塑性流动破坏时的最大剪应力 τ_{max}^0，油气长输管道就发生流动破坏。考虑安全系数后，得到油气长输管道最大剪应力理论的强度条件：

$$\sigma_1-\sigma_3\leqslant[\sigma] \tag{2-25}$$

式中　σ_1，σ_3——油气长输管道在复杂应力状态下的最大主应力和最小主应力；

$\sigma_1-\sigma_3$——当量应力；

$[\sigma]$——油气长输管道的许用应力。

(4) 形状改变比能理论

形状改变比能理论，也称为第四强度理论，此理论认为：油气长输管道形状改变比能是引起油气长输管道流动破坏的因素，在油气长输管道处于单向拉伸环境时，当油气长输管道截面上的拉应力达到油气长输管道的屈服极限 σ_s 时，油气长输管道就发生流动破坏。考虑油气长输管道安全系数后，油气长输管道形状改变比能理论强度条件为：

$$\sqrt{\frac{1}{2}\left[(\sigma_1-\sigma_2)^2+(\sigma_2-\sigma_3)^2+(\sigma_3-\sigma_1)^2\right]}\leqslant[\sigma] \tag{2-26}$$

式中 σ_2——中间主应力；

其余符号意义同式(2-25)中符号意义。

2. 滑坡段埋地油气长输管道力学基础

(1) 油气长输管道垂直于主滑方向横向敷设[42-46]

忽略油气长输管道轴向变形和轴力后，对滑坡体内油气长输管道受力情况采用结构力学方法求解，对变形体外油气长输管道受力采用弹性地基梁理论计算，并由油气长输管道两端点处的位移与内力协调条件进行联立求解。为简便起见，认为土体性质、油气长输管道的变形和受力关于 C—C 截面对称，如图 2-44 所示。

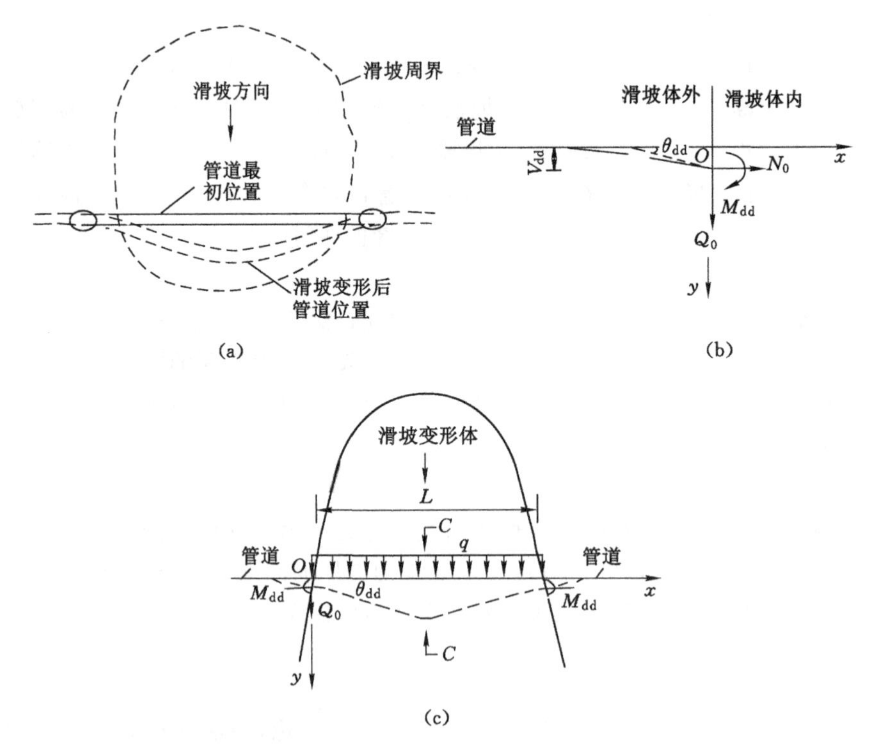

图 2-44 横向敷设油气长输管道受滑坡推力作用示意图[42]

管道在内压和下滑土体的滑坡推力的联合作用下发生变形，因此，滑坡体内油气长输管道所受的剪力 Q_0 为：

$$Q_0 = \frac{1}{2}qL \tag{2-27}$$

式中　q——下滑土体的滑坡推力，N/m；

L——滑坡体内油气长输管道长度，m。

油气长输管道弯曲微分方程为：

$$EI\frac{\mathrm{d}^2 y}{\mathrm{d}x^2} = M_{dd} + \frac{qx^2}{2} + \frac{qLx}{2} \tag{2-28}$$

式中　y——油气长输管道竖向位移，m；

x——距端点 O 的距离，m；

E——油气长输管道的弹性模量，Pa；

I——油气长输管道的惯性矩，m^4，$I = \frac{\pi[(d+2t)^4 - d^4]}{64}$；

d——油气长输管道内径，m；

t——油气长输管道壁厚，m；

M_{dd}——滑坡段油气长输管道在端点处（$x=0$ 或 $x=L$）截面弯矩，N·m。

可以通过变形协调条件，即滑坡体内、外交界处的转角 θ 相等求得 M_{dd}[42-43,45-46]：

$$M_{dd} = \frac{(d+2t)kqL^3 - 24EIqL^2\lambda^3}{96EI\lambda^3 + 12(d+2t)kL} \tag{2-29}$$

式中　λ——油气长输管道柔度特征值，m^{-1}，$\lambda = \sqrt[4]{\frac{k(d+2t)}{4EI}}$；

k——地基基床系数，kN/m^3；

其他符号意义同前。

对式(2-28)进行一次积分可得：

$$y' = \frac{1}{EI}(M_{dd}x + \frac{1}{6}qx^3 - \frac{1}{4}qLx^2) + C \tag{2-30}$$

再次积分可得：

$$y = \frac{1}{EI}\left(\frac{1}{2}M_{dd}x^2 + \frac{1}{24}qx^4 - \frac{1}{12}qLx^3\right) + Cx + D \tag{2-31}$$

其中，C、D 为待定系数，可由 $x=0$ 时，$y = V_{dd}$，以及 $x = \frac{L}{2}$ 时，$y' = 0$ 求出：

$$C = \frac{1}{EI}(\frac{1}{24}qL^3 - \frac{1}{2}M_{dd}L) \tag{2-32}$$

$$D = V_{dd} \tag{2-33}$$

式中　V_{dd}——油气长输管道 $x=0$ 截面处的挠度，m。

$$V_{dd} = M_{dd}\frac{2\lambda^2}{(d+2t)k} + Q_0\frac{2\lambda}{(d+2t)k}$$

基于以上分析后，任意位置油气长输管道弯矩 $M_{(x)}$ 和剪力 $Q_{(x)}$ 可通过下式求取：

$$\begin{cases} M_{(x)} = M_{dd} + \frac{qx^2}{2} + \frac{qLx}{2} \\ Q_{(x)} = qx - \frac{1}{2}qL \end{cases} \tag{2-34}$$

滑坡段油气长输管道在端点处的转角 θ_{dd} 求取公式为：

$$\theta_{dd} = M_{dd} \frac{4\lambda^3}{(d+2t)k} + Q_0 \frac{2\lambda^2}{(d+2t)k} \tag{2-35}$$

油气长输管道竖向位移 y 可以表示为：

$$y = \frac{q}{24EI}(x^4 - 2Lx^3 + L^3x) + \frac{1}{(d+2t)k}(2M_{dd}\lambda^2 + qL\lambda) \tag{2-36}$$

(2) 油气长输管道平行于主滑方向的纵向敷设[42-43,45]

当油气长输管道平行于主滑方向，且滑坡上的全部土体同时下滑。根据滑坡运动特点，纵向穿越滑坡的油气长输管道受力如图 2-45 所示，其中 X 方向沿滑动方向水平面，其垂向为 Y 方向，滑坡坡角为 θ，油气长输管道主要受到土体运动产生的摩擦力，并默认油气长输管道没有接缝。

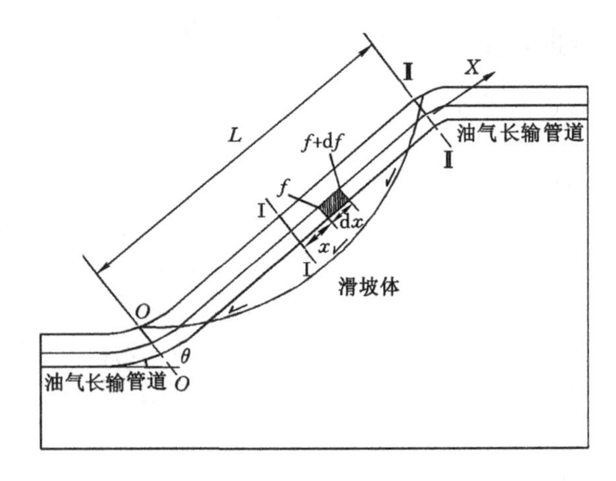

图 2-45　纵向敷设油气长输管道受滑坡推力作用示意图

为求出油气长输管道轴向应力，可以列出单元微分方程：

$$\pi(d+2t)\tau_p \times dx = df \tag{2-37}$$

式中　τ_p——发生滑坡时油气长输管道与土体的表面切应力，Pa；

f——油气长输管道的轴向（即沿管道中心线方向）应力，N。

根据材料力学可知：

$$f = \sigma F, \sigma = \varepsilon E, \varepsilon = du/dx \tag{2-38}$$

式中　σ——轴向应力，Pa；

F——油气长输管道横截面面积，m^2；

ε——轴向应变，无量纲；

E——钢管的弹性模量，Pa；

u——油气长输管道在 x 处的轴向位移，m。

联立式(2-37)和式(2-38)可得：

$$\frac{d^2u}{dx^2} - \frac{\pi(d+2t)\tau_p}{EF} = 0 \tag{2-39}$$

对式(2-39)进行两次积分，可以得到滑坡影响的单根油气长输管道位移方程：

$$u = \frac{\pi(d+2t)\tau_p}{2EF}x^2 + C_1x + C_2 \tag{2-40}$$

式中　C_1,C_2——待定系数。

为确定式(2-40)中方程待定系数,引入水平管段弹性地基梁模型(文克尔地基梁模型),即把该模型滑坡以外的油气长输管道视为水平埋设于弹性土壤中的地基梁。其假定地基上任一点所受的压力载荷与该点的地基沉陷量成正比,也即:

$$p_{dj} = ks \tag{2-41}$$

式中　k——地基基床系数,kN/m^3,可根据不同场地采用现场荷载试验、固结试验或室内三轴试验成果获得,也可查取相应的经验数据手册,同时文献[45]也给出了很多参考值:黄土及黄土类粉土取 $4\times10^4\sim5\times10^4$ kN/m^3,硬黏土及人工夯实土取 $1\times10^5\sim2\times10^5$ kN/m^3[45];

p_{dj}——地基某一点所受的压力强度值,kPa;

s——地基沉陷量,m。

根据梁的挠曲微分方程以及基础梁的挠曲变形协调条件 $s=w$,可以求得管道挠度 w 为:

$$w = e^{\lambda x}(C_1\cos\lambda x + C_2\sin\lambda x) + e^{-\lambda x}(C_3\cos\lambda x + C_4\sin\lambda x) \tag{2-42}$$

式中　λ——油气长输管道柔度特征值,m^{-1};

C_1,C_2,C_3,C_4——待定系数。

如果将坐标原点设在受力一端,则 x 趋近于 ∞ 时 w 趋近于 0,于是 $C_1=C_2=0$,因此挠度 w 为:

$$w = e^{-\lambda x}(C_3\cos\lambda x + C_4\sin\lambda x) = e^{-\lambda x}(A\cos\lambda x + B\sin\lambda x) \tag{2-43}$$

据此可以得到,油气长输管道截面转角为:

$$\theta_j = \frac{dw}{dx} = \lambda e^{-\lambda x}[(B-A)\cos\lambda x - (B+A)\sin\lambda x] \tag{2-44}$$

弯矩为:

$$M = -EI\frac{d^2w}{dx^2} = -EI\lambda^2 e^{-\lambda x}[A\sin\lambda x - B\cos\lambda x] \tag{2-45}$$

剪力为:

$$Q = -2EI\frac{d^3w}{dx^3} = -2EI\lambda^3 e^{-\lambda x}[(B+A)\cos\lambda x - (B-A)\sin\lambda x] \tag{2-46}$$

利用油气长输管道水平段与滑坡连接处 $X_L=0$(即距端点的距离为 0),则 $M|_{x=0}=0$ 和 $Q|_{x=0}=-f\sin\theta$,可得 $A=\dfrac{f\sin\theta}{2EI\lambda^3}$,$B=0$,将其代入式(2-45)和式(2-46)中,则得到斜坡与水平交界点(即 $X_L=0$ 和 $X_L=L$)处方程的边界条件为:

$$y = \frac{2\lambda P\sin\theta}{k(d+2t)} \tag{2-47}$$

式中　P——由于温度和压力而产生的油气长输管道内部力,N。

y——油气长输管道的竖向位移,m。

油气长输管道轴向位移为:

$$u = \frac{y}{\sin\theta} = \frac{2\lambda P}{k(d+2t)} \tag{2-48}$$

现假定滑坡上下水平段的地基基床系数不相等,分别为 k_2,k_1,代入式(2-48)中,可以得到上下两段水平段的边界条件，下段为 $u_1 = \frac{y}{\sin\theta} = \frac{2\lambda_1 f_1}{k_1(d+2t)}$，上段为 $u_2 = \frac{y}{\sin\theta} = \frac{2\lambda_2 f_2}{k_2(d+2t)}$，$f_1$ 和 f_2 分别为下段和上段的轴向应力(kN)。将边界条件代入式(2-40)，可以得到常数 C_1 和 C_2，再反代入式(2-40)中可以得到油气长输管道在滑坡体内的轴向位移：

$$u = \frac{\pi(d+2t)\tau_p}{2EF}x^2 + \left[\frac{2\lambda_2 f_2}{k_2(d+2t)L} - \frac{2\lambda_1 f_1}{k_1(d+2t)L} - \frac{\pi(d+2t)\tau_p L}{2EF}\right]x + \frac{2\lambda_1 f_1}{k_1(d+2t)} \tag{2-49}$$

油气长输管道在 x 处截面的位移是在轴向力 $f(x)$ 作用下产生的，由材料力学可知：

$$f(x) = EF\frac{\mathrm{d}u}{\mathrm{d}x} \tag{2-50}$$

两端都固定时，边界条件是 $x=0$、$u=0$，$x=L$、$u=0$，并且地基基床系数都为无穷大(固定相当于没有变形，所以 k 值为无穷大值)，代入式(2-40)可得：

$$u = \frac{\pi(d+2t)\tau_p}{2EF}(xL - x^2) \tag{2-51}$$

根据式(2-51)可以求得油气长输管道任意界面处的轴向力 $f(x)$ 为：

$$f(x) = -\frac{\pi(d+2t)\tau_p}{2}(L-2x) \tag{2-52}$$

(3) 油气长输管道与主滑方向斜交敷设[46-47]

在工程实践中，经常出现这种情况，即滑坡推力对油气长输管道的作用不垂直于管轴也不沿管轴方向，而是与油气长输管道的轴心成一定的角度 γ，如图 2-46 所示。在这种情况下，按以上两种受力形式的综合作用来考虑，把作用力 q 分解为垂直于油气长输管道轴心方向的地滑力 q_1 和平行于油气长输管道轴心方向的地滑力 q_2。

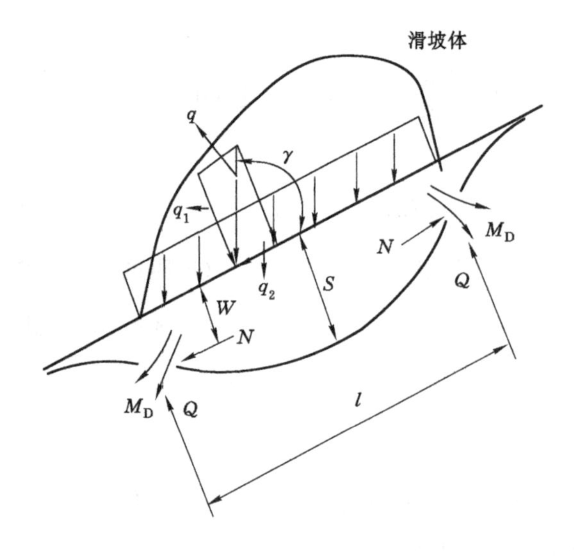

q—滑坡推力；M_D—油气长输管道受滑坡推力部分端部扭矩；N—水平剪力；
Q—竖向剪力；W—油气长输管道端部初始位移；S—油气长输管道受滑坡推力段中部位移；l—受滑坡推力地段长度。

图 2-46　斜交敷设油气长输管道受滑坡推力作用示意图

油气长输管道受滑坡推力部分端部扭矩 M_D 为：

$$M_D = \frac{\frac{ql}{2P} - \frac{\lambda^2 ql}{(d+2t)k_0} - \frac{q}{\delta P}\operatorname{th}\frac{\delta l}{2}}{\frac{4\lambda^3}{(d+2t)k_0} + \frac{\delta}{P}\operatorname{th}\frac{\delta l}{2}} \tag{2-53}$$

式中　k_0——受压时的土质参数，N/m³；

　　δ——过渡参数，m^{-1}，用下式计算：

$$\delta = \sqrt{\frac{P}{EI}} \tag{2-54}$$

油气长输管道受滑坡推力部分端部位移(初始位移) w_D 为：

$$w_D = \frac{2\lambda}{(d+2t)k_0}\left(\frac{ql}{2} + \lambda M_D\right) \tag{2-55}$$

油气长输管道受滑坡推力段中部位移 S 为：

$$S = \frac{ql^2}{8P} - \left(\frac{M_D}{P} + \frac{q}{\delta^2 P}\right)\frac{\operatorname{ch}\frac{\delta l}{2} - 1}{\operatorname{ch}\frac{\delta l}{2}} + w_D \tag{2-56}$$

当 $P \leqslant P_j$(P 的极限值，$P_j = \frac{\beta EF}{k_y}\tau_\gamma$，其中 τ_γ 为油气长输管道受到的极限径向剪力，k_y 为竖向位移方向上的土质参数)，在内力 P 的作用下油气长输管道沿轴心方向的竖向位移 y_0 为：

$$y_0 = \frac{P}{\beta EF} \tag{2-57}$$

其中 β 为过渡参数，其计算公式为：

$$\beta = \sqrt{\frac{\pi(d+2t)k_y}{EF}} \tag{2-58}$$

式中　F——油气长输管道横截面面积，m²；

　　其余符号意义同前。

当 $P > P_j$ 时，在内力 P 的作用下油气长输管道沿轴心方向的竖向位移 y_0 为：

$$y_0 = \frac{\tau_\gamma}{k_y} + \frac{P^2 - P_j^2}{2\pi(d+2t)\tau_\gamma EF} \tag{2-59}$$

其中中部位移 S 与竖向位移 y_0 存在如下关系：

$$S = \frac{2}{\pi}\sqrt{\frac{Pl^2}{EF} + 2y_0 l + y_1 l} \tag{2-60}$$

式中　y_1——油气长输管道的竖向补充位移(每 100 m 油气长输管道长度取 10～15 mm)，m。

油气长输管道管壁应力可用下式计算：

$$\sigma = \frac{P}{F} + \frac{M_D}{W} \tag{2-61}$$

式中　σ——油气长输管道管壁应力，Pa；

　　W——油气长输管道管壁的材料强度系数，m³。

二、数值计算模型及参数

对于横向滑坡、纵向滑坡、斜穿滑坡的油气长输管道力学行为分析比较复杂，一般需要采用数值计算方法，如有限元法、有限差分法及离散元法等，目前使用较多的是有限元数值模拟分析法，同时，较为常用的数值模拟软件是 ABAQUS 和 ANSYS 软件。

根据有限元数值模拟分析，能够建立滑坡段油气长输管道三维模型，如陈利琼等在 2017 年就建立了滑坡段油气长输管道模型，如图 2-47 所示[48]。在 Z 轴方向上，山体长 AB=60 m；在 Y 轴方向上，山体前后高度分别为 AE=5 m 和 DF=26.5 m；在 X 轴方向上，山体斜坡部分前后距离为 DC=37.5 m，平坦部分前后距离为 AC=25 m。斜坡倾角约为 30°，滑坡体上沿宽度 GH=12 m，下沿宽度 IJ=22 m，下沿高度 IK=3 m，滑坡体沿斜坡长 25 m。整个计算物理模型底面在 XOZ 平面，侧面都垂直于 XOZ 平面。计算模型中管道为埋深 1.5 m，直径 1 018 mm 的 X80 油气长输管道，管道内压设为 6 MPa[47-48]。

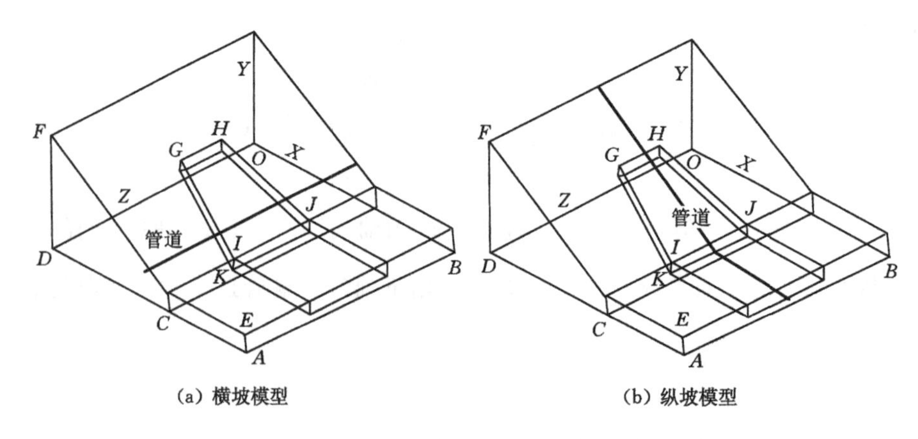

图 2-47　数值计算模型示意图

对于直径与壁厚之比小于 100 的油气长输管道而言，采用梁单元分析的精度已经足够[44-45]；也可采用 SOLID45 壳单元模拟油气长输管道；使用接触单元 CONTA174 和目标单元 TARGE170 共同组成的面-面三维接触来模拟油气长输管道和土体之间的接触；用非线性土弹簧模拟管周土体。横坡敷设油气长输管道划分网格时分别沿着油气长输管道圆周方向和轴向划分网格，采用扫掠(Sweep)方法生成六面体单元；纵坡敷设的油气长输管道存在弯管，无法使用六面体划分网格，可采用智能网格划分工具，使用 Improved Tets 工具提升网格划分质量，避免奇异单元[49]。油气长输管道(X70)、基岩及土体的物理力学参数如表 2-13 所列。

表 2-13　管道及岩土体物理力学参数

项目	管道	土体	岩体
弹性模量/MPa	2.1×10^5(容许)	32.50	45 650
泊松比	0.30	0.40	0.23
密度/(kg/m³)	7 850	2 010	2 920
内摩擦角/(°)	—	22.50	43.95
内聚力/kPa	—	350	22 750
容许应力/MPa	482	—	—
容许应变	0.002 4	—	—

三、数值模拟结果分析

1. 滑坡规模对油气长输管道应变和位移的影响[45]

滑坡规模是影响油气长输管道变形的重要参数，当滑坡区域范围比较大时，油气长输管道变形的区域也比较大，同时其产生的滑坡推力以及土体位移也比较大。为研究滑坡规模对油气长输管道应力应变的影响，以埋深为 1.5 m，直径为 1 000 mm，壁厚为 20 mm 的 X60 管道为例，建立横向穿越滑坡模型（滑坡模型宽度为 100 m，长度为 100 m，厚度为 10 m）。当仅改变滑坡宽度，分别为 30 m、40 m、50 m、60 m 时，油气长输管道沿滑坡方向的轴向位移和弹性应变值如图 2-48、图 2-49 所示。

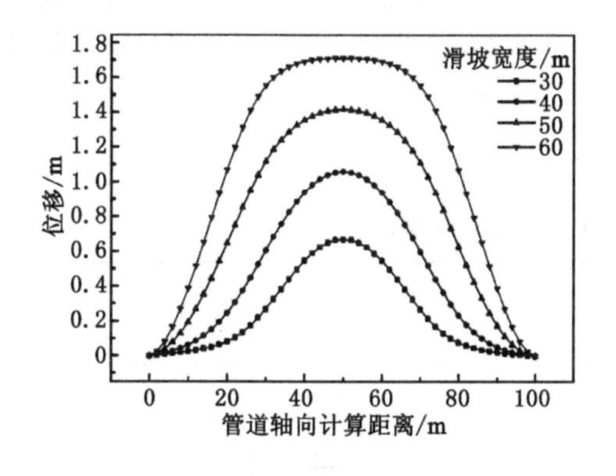

图 2-48　不同滑坡规模下油气长输管道的位移

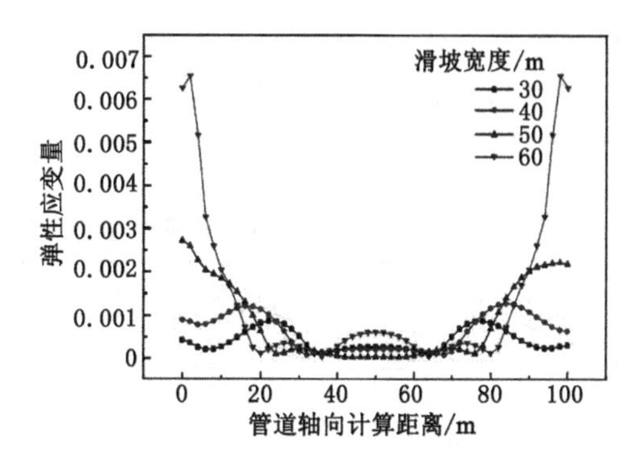

图 2-49　不同滑坡规模下油气长输管道的弹性应变量

数值模拟结果显示：滑坡规模越大，油气长输管道轴向位移越大，无论规模大小，滑坡轴向计算距离在 50 m 左右，也就是在滑坡体的中部位置时，轴向位移较大；但弹性应变量与滑坡宽度关系就要复杂得多，两者不存在线性关系，在滑坡体中部位置，弹性应变量相差无几，30 m 和 40 m 滑坡宽度的弹性应变量线基本重合。

2. 滑体土体性质对油气长输管道应力和位移的影响[49]

在油气长输管道其他分析参数相同的情况下，通过在杜拉克-普拉格模型中输入不同参数以模拟不同类型滑坡土体性质，如表 2-14 所列。

表 2-14　两种不同滑坡体土体材料参数

土体类型	弹性模量/MPa	泊松比	密度/(kg/m³)	内摩擦角/(°)	内聚力/kPa
粉土	11	0.42	1 900	32	10
黏土	13	0.35	2 110	22	20

建立有限元模型求解后，计算结果如表 2-15 所列。滑坡体土体性质对于油气长输管道最大 Mises 等效应力和最大 Mises 等效应变的影响微乎其微，这是因为管道与粉土或黏土之间的摩擦系数相差不大。而油气长输管道最大位移量差异较大，黏土组成的滑坡体中油气长输管道最大位移量大于粉土组成的滑坡体中油气长输管道最大位移量，主要是因为黏土的弹性模量、内聚力、密度均较大。

表 2-15　两种不同土体材料下滑坡体中油气长输管道力学指标

土体类型	最大 Mises 等效应力/MPa	最大 Mises 等效应变	最大位移量/m
粉土	213	0.000 964	0.094 877
黏土	212	0.000 961	0.119 395

3. 油气长输管道结构参数对应力和位移的影响[45]

(1) 油气长输管道直径

油气长输管道直径直接影响到管道的强度以及管道输送油气的效率。当油气长输管道横向穿越滑坡，材质为 X80，管道周围土体为均质黏土，滑坡位移为 5 m 时，分别计算管道直径为 0.6 m、1.0 m、1.2 m 及 1.6 m 情况下管道位移及应力应变峰值特征，如表 2-16 所列。

表 2-16　不同管道直径下管线的力学指标峰值统计表

管道直径/mm	600	1 000	1 200	1 600
Mises 等效应力/MPa	458.00	454.45	451.20	435.45
位移/cm	177.52	174.53	173.10	164.45
S_{xy} 剪应力/MPa	26.26	27.12	25.96	24.21
主应变/%	0.31	0.29	0.30	0.26

随着油气长输管道直径的增加，在材料强度不变的情况下，油气长输管道各项数值都在下降，说明直径越大横向穿越滑坡的油气长输管道就越安全。

(2) 管道径厚比

对纵向穿越滑坡的 1 条油气长输管道在直径为 1 m、内压为 6 MPa、滑坡宽度为 5 m 时，壁厚分别为 10 mm、14 mm、16 mm、20 mm 情况下的管道应力应变进行计算，计算结果如图 2-50、图 2-51 所示。

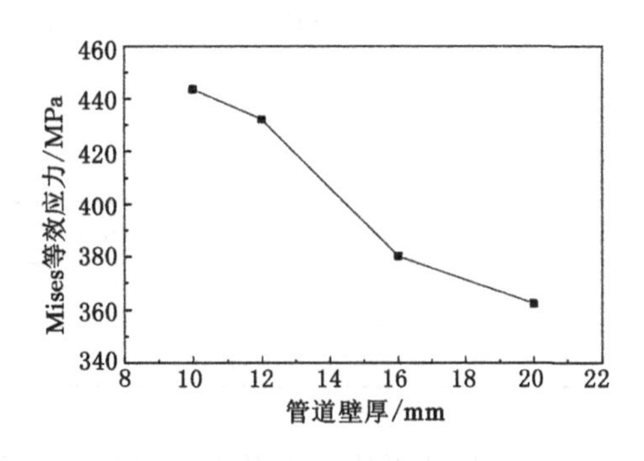

图 2-50　管道 Mises 等效应力随壁厚的变化

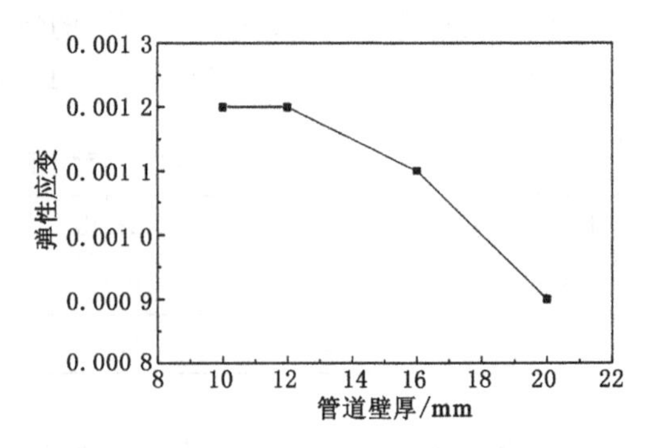

图 2-51　管道弹性应变随壁厚的变化趋势

计算结果显示：油气长输管道 Mises 等效应力、弹性应变均随着壁厚增加而减小，因此，在油气长输管道纵向穿越潜在滑坡区时，可以通过加厚管壁的方式来提高油气长输管道工程抗灾能力，不过需要进行技术经济对比，最终确定方案，毕竟壁厚增加，造价也要增加不少。

参考文献

[1] 张伯君.山体滑坡区域内长输埋地油气管道强度研究[D].杭州:浙江大学,2013.
[2] 刘晓娟,袁莉,刘鑫.地质灾害对油气管道的危害及风险消减措施[J].四川地质学报,2018,38(3):488-492.
[3] 席莎,文宝萍.西气东输甘-陕-晋段滑坡对管道的破坏特点[J].人民长江,2018,49(2):62-68.
[4] 夏炜.川东北山区滑坡地质灾害条件下天然气管道安全评估[D].成都:西南石油大学,2015.
[5] 国土资源部.滑坡防治工程勘查规范:GB/T 32864—2016[S].北京:中国标准出版社,2016.
[6] 王念秦,张倬元.黄土滑坡灾害研究[M].兰州:兰州大学出版社,2005.
[7] 吴玮江,杨军,姚正学,等.涩宁兰输气管道地质灾害调查及整治规划报告[R].兰州:甘肃省科学院地质自然灾害防治研究所,2013.
[8] 薛辉,杨学青.中缅管道途经典型地质灾害影响区域的设计与建设[J].油气储运,2013,32(12):1320-1324.
[9] 张忠平,屈有智,李荷生.滑坡滑动面位置、形态的确定与工程对策[J].路基工程,1997(5):8-11.
[10] 罗红.南山地质灾害预测及应急对策研究[D].重庆:重庆交通大学,2009.
[11] 张倬元,王士天,王兰生.工程地质分析原理[M].北京:地质出版社,1981.
[12] 李效萌,刘廷,黄志强.中缅油气管道安顺—贵阳段地质灾害类型及其成因分析[J].安全与环境工程,2012,19(3):11-14.
[13] 李志源.中缅油气管道工程堆积层滑坡灾害区施工风险评价研究[D].北京:北京交通大学,2017.
[14] 张洪涛.忠武输气管道地质灾害风险控制研究[D].青岛:中国石油大学(华东),2015.
[15] 王恭先,徐峻龄,刘光代,等.滑坡学与滑坡防治技术[M].北京:中国铁道出版社,2004.
[16] 韩侠.油气管道敷设方式对含管边坡稳定性影响的研究[D].兰州:兰州理工大学,2017.
[17] 张佳璐.兰成渝输油管道剑阁段滑坡稳定性及治理监测研究[D].成都:西南石油大学,2017.
[18] 穆树怀,王腾飞,霍锦宏,等.长输管道施工诱发地质灾害防治:以中缅管道云南段为例[J].油气储运,2014,33(10):1047-1051.
[19] 黄润秋,许强,等.中国典型灾难性滑坡[M].北京:科学出版社,2008.
[20] 齐洪亮.公路路基地质灾害评价及防治对策研究[D].西安:长安大学,2008.
[21] 长江勘测规划设计研究院.忠武输气管道湖北长阳白氏坪滑坡治理工程施工总结[R].武汉:长江勘测规划设计研究院,2005.
[22] 林冬,许可方,黄润秋,等.油气管道滑坡的分类[J].焊管,2009,32(12):66-68.

[23] 刘慧.滑坡作用下埋地管线反应分析[D].大连:大连理工大学,2008.
[24] 邓钟敏,徐世光,郭婷婷.边坡稳定性分析评价方法综述[J].矿业工程,2010,8(1):14-16.
[25] 沈良峰,廖继原,张月龙.边坡稳定性分析评价方法综述[J].矿业研究与开发,2005,25(1):24-27.
[26] 湛来.一种广义 Morgenstern-Price 法及其应用[D].武汉:湖北工业大学,2017.
[27] 削丞民.用摩根斯坦-普赖斯法分析滑坡体的稳定性[J].工程勘察,1989(1):16-20.
[28] 李建平,熊传治.岩石边坡安全系数的边界元解[J].岩石力学与工程学报,1990,9(3):238-243.
[29] 孙书伟,林杭,任连伟. $FLAC^{3D}$ 在岩土工程中的应用[M].北京:中国水利水电出版社,2011.
[30] 孙书伟,朱本珍,谭冬生.黄土地区管道沿线填土边坡滑坡发生机理和防治对策[J].中国铁道科学,2008,29(4):8-14.
[31] 孔不凡,阮怀宁,朱珍德,等.边坡稳定的离散元强度折减法分析[J].人民黄河,2013,35(4):120-123.
[32] 强天驰.不连续变形分析方法(DDA)在边坡稳定分析中的应用[J].岩土工程界,2004,7(6):40-42.
[33] 陈依琳,王媛.基于数值流形元法的异步强度折减边坡稳定性分析[J].水电能源科学,2015,33(3):115-119.
[34] 邬爱清,朱虹,李信广.一种考虑块体侧面一般水压分布模式下的块体稳定性计算方法[J].岩石力学与工程学报,2000,19(增刊):936-940.
[35] 陈开圣,方琴,熊岚,等.路基边坡稳定性评价方法研究[J].公路,2008(1):11-14.
[36] 孙君实.条分法的数值分析[J].岩土工程学报,1984,6(2):1-12.
[37] 钟威,高剑锋.油气管道典型地质灾害危险性评价[J].油气储运,2015,34(9):934-938.
[38] 林冬,张锦涛.油气管道滑坡灾害风险评价指标体系的建立[J].焊管,2017,40(1):1-5.
[39] 李建华.边坡工程的模糊破坏可靠度分析[J].贵州工学院学报,1993,22(4):8-14.
[40] 夏元友,李新平,朱瑞赓.基于人工神经网络的边坡稳定性工程地质评价方法[J].岩土力学,1996,17(3):27-33.
[41] 车福利.输气管道滑坡段风险评价与监测技术研究[D].大庆:东北石油大学,2017.
[42] 吴锐,梅永贵,邓清禄,等.滑坡作用下输气管道受力分析[J].建筑科学与工程学报,2014,31(3):105-111.
[43] 李杭杭.基于 DEM-FEM 耦合的滑坡作用下管道力学响应分析[D].成都:西南石油大学,2017.
[44] 刘金涛.管道横穿滑坡相互作用大尺度模型试验研究[D].成都:成都理工大学,2012.
[45] 赵连,辜利江,康盛,等.油气管道纵向穿越滑坡受力特征分析[J].工程勘察,2016(增刊):166-174.
[46] 张东臣,БЫКОВ Л И.滑坡条件下埋地管道受力分析[J].石油规划设计,2001,12

(6):1-3,6.
[47] 许小路.滑坡地区油气管线力学效应数值模拟分析[D].北京:中国地质大学(北京),2015.
[48] 陈利琼,宋利强,吴世娟,等.基于有限元方法的滑坡地段输气管道应力分析[J].天然气工业,2017,37(2):84-91.
[49] 王学龙.基于有限元分析的滑坡段输气管道应力分析[D].成都:西南石油大学,2016.

第三章　油气长输管道滑坡灾害防治

油气长输管道滑坡灾害防治主要包括滑坡监测、勘查以及治理措施等。油气长输管道滑坡监测主要是对滑坡变形、物理与化学场、水文环境、诱发因素、管道位移和管道力学变化进行监测。油气长输管道滑坡勘查工作要特别阐明滑坡对油气长输管道的危害情况、滑坡的发展趋势及对油气长输管道的危害性预测评估，一般包括滑坡调查、可行性论证阶段勘查、设计阶段勘查、施工阶段勘查等，可根据实际情况合并勘查阶段，简化勘查程序。油气长输管道滑坡灾害治理措施主要有绕避改线、截排水、减重、滑带土改良以及抗滑措施(反压、抗滑挡土墙、抗滑桩等)5 大类。

第一节　油气长输管道滑坡灾害监测

一、油气长输管道滑坡监测技术概述

油气长输管道沿线滑坡灾害监测需要完成两大任务，其一要监测滑坡灾害时空演变信息(包括形变、地球物理场、化学场、诱发因素等)，最大程度获取连续的空间变形数据[1]；其二要监测受滑坡影响的油气长输管道受力、形变和材料性能方面的信息[2-3]。滑坡监测的主要目的是对滑坡稳定性进行评价及预测预报，合理选取防治工程，选择管道敷设方案，检查与分析运行期间管道的安全状况等。依据监测参数的不同，油气长输管道滑坡监测技术方法可分为 6 大类：变形监测、物理与化学场监测、水文环境监测、诱发因素监测、管道位移监测和管道应力应变监测[1]。

1. 变形监测

滑坡体的变形是滑坡发育演化最直观的表现，滑坡体变形监测是所有监测技术中最为重要和最具说服力的手段。目前滑坡体变形监测措施主要是进行位移监测，包括相对位移监测、绝对位移监测和深部滑动带位移监测[1-3]。其中，相对位移监测主要是监测重点变形部位的裂缝、滑带两侧点与点之间的相对位移量，包括张开、闭合、错动、抬升、下沉等；绝对位移监测主要是监测滑坡三维位移量、位移方位与位移速率；深部滑动带位移监测目前主要是通过测定 PVC 测斜管的弯曲变形，实现对滑坡深部位移的监测。有学者设计了光纤光栅钢筋模型实现对滑坡表部位移监测，如图 3-1 所示，其是将贴有光纤光栅的钢筋浇筑在混凝土梁中，然后在垂直滑坡变形方向上埋设混凝土梁，滑坡表部岩土体滑动时会推挤混凝土梁使其弯曲变形，由于混凝土梁两端被固定，所以其伸长变形程度和位置可以表现滑坡表部的变形程度及位置，通过光纤光栅钢筋模型上的光纤光栅传感器即可测量出相应数值[3-5]。另有学者给出滑坡深部位移光纤光栅监测模型，如图 3-2 所示，其是在垂直于滑坡体上打钻孔放入固定保护管，再将带有光纤光栅传感器的 PVC 测斜管放入保护管中，通过检测 PVC 管的弯曲变形挠度就可以来推测滑坡深部位移量[5]。例如陕京二线井陉大梁山隧道不稳定斜

坡处采用集数据采集、无线传输、数据处理、预警物联网云服务平台为一体的智能监测站，具体包括一体化地表位移监测站和一体化深部位移监测站，如图 3-3 所示[6]。

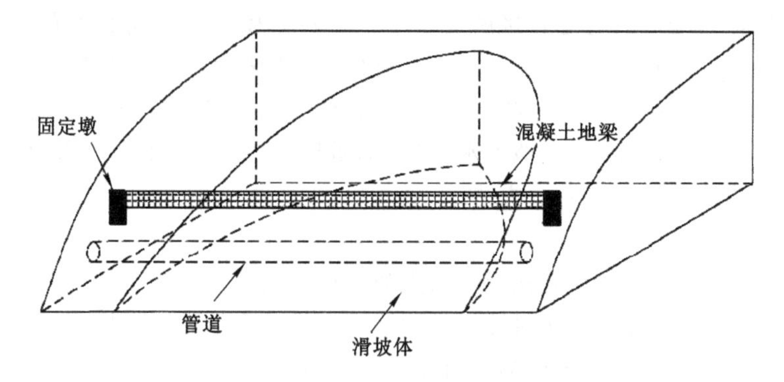

图 3-1 滑坡表部位移监测示意图

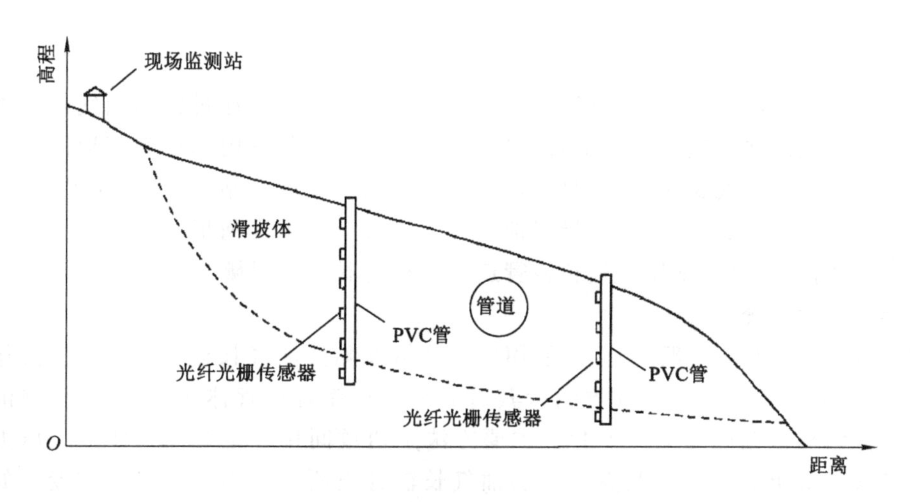

图 3-2 滑坡深部位移监测示意图

图 3-3 监测设备现场安装照片

2. 物理与化学场监测

物理与化学场监测主要是监测滑坡体的地球物理场、化学场方面信息变化的技术方法，如滑坡体应力监测、地声监测、放射性元素(氡气、汞气)含量和迁移测量以及地脉动测量等。目前多用于监测滑坡等地质灾害体所含放射性元素母体和子体浓度、化学元素及其物理场的变化。

3. 水文环境监测

水是对滑坡体的变形失稳起直接诱发作用的最主要因素，大部分滑坡的形成、发展均与坡体或周围的地表水、地下水活动关系密切。此外，在滑坡发育演化的整个过程中，地下水的本身特征也相应发生变化，如孔隙水压力、地下水渗流量等。所以对滑坡周围的降雨特征、地表水的径流特征、地下水位、地下水含量、水质特征、孔隙水压力等参数的长期监测是分析评价滑坡形成演化过程的有效方法之一。

4. 诱发因素监测

除水对滑坡的影响外，气象变化、地震、人类工程活动等也是诱发滑坡产生的主要因素，如区域群发性的地震，除可以直接对油气长输管道造成较大危害外，其诱发的一系列次生灾害同样是油气长输管道沿线灾害监测中所需关注的重点；人类不合理的工程建设活动会造成滑坡易发区周围场地条件的变化。因此对这些诱发因素的监测是滑坡监测中重要的组成部分。

5. 管道位移监测

油气长输管道位移监测有间接法和直接法两种途径：一是通过监测油气长输管道部位地表位移间接反映油气长输管道管体位移，管道沿线小范围内的地表变形监测在一定程度上可以反映出油气长输管道的位移，常用的监测手段如全站仪测量、GPS 测量、水准测量等；二是通过特殊仪器直接测量埋地油气长输管道管体几何形状的改变以反映油气长输管道管体位移，目前常用油气长输管道几何检测器进行测量。

6. 管道应力应变监测

管道应力应变监测一般思路为：使用应力分析仪测量油气长输管道管体应力作为初始应力，再使用应变计等常规仪器测量其后的油气长输管道管体应变变化，根据油气长输管道管体结构特点计算应力变化。主要方法是通过间接测定管周土体的土压力来反映油气长输管道所受压力以及直接监测油气长输管道所受应力和相应的应变。如北京科力华安地质灾害监测技术有限公司在对西气东输一线陕西子长市余家坪滑坡(DD282)进行监测时，采用 3 个监测截面，将 3 支应变计安装于抛光后的油气长输管道钢体表面，可获得油气长输管道轴向拉伸应力、轴向压缩应力和弯曲应力变化情况，如图 3-4、图 3-5、图 3-6 所示。

图 3-4　监测设备现场安装照片

图 3-5　应变计现场安装照片

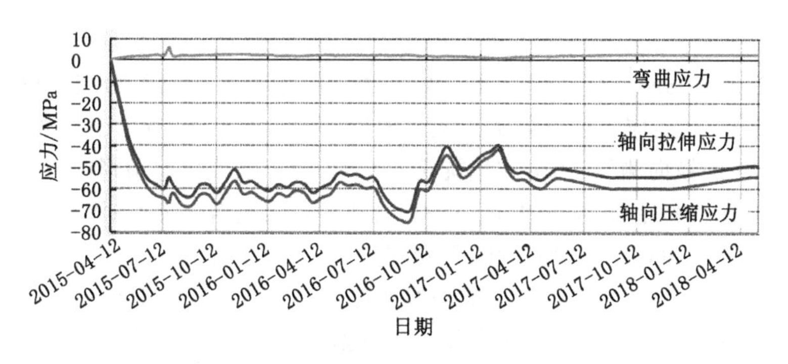

图 3-6　某油气长输管道截面应力实测图

二、油气长输管道滑坡监测方法体系建设

在油气长输管道滑坡灾害监测系统建设中，应按照经济、有效、可行的原则，根据监测目的、灾害规模和油气长输管道的特点，选用合理的监测手段。首先应考虑滑坡规模的大小及风险等级的高低，如表 3-1 所列。对于小～中型规模、低～中风险等级的滑坡，监测必要性不大，只需要安排定期巡查即可；对于较大型～大型规模、较高～高风险等级的滑坡，应考虑从地表到地下、从变形场到多场、从滑体到油气长输管道的多项目综合监测，并应采取多种方法监测，使所取得的数据、资料互相联系、互相校核、互相验证，以便做出综合分析，取得可靠的结论[1-2]。

表 3-1　油气长输管道滑坡监测内容及方法

选用依据	低风险	较低风险	中等风险	较高风险	高风险
规模小	不监测	巡查	巡查	巡查、GPS 或全站仪、管道应力应变	巡查、GPS 或全站仪、管道应力应变
规模中等	巡查	巡查	巡查、GPS 或全站仪	巡查、GPS 或全站仪、降雨、管道应力应变	巡查、GPS 或全站仪、降雨、管道应力应变
规模较大	巡查	巡查、GPS 或全站仪	巡查、GPS 或全站仪、水位、管道应力应变	巡查、GPS 或全站仪、测斜仪、分布式光纤、降雨、管道应力应变	巡查、GPS 或全站仪、测斜仪、分布式光纤、降雨、管道应力应变
规模大	巡查	巡查、GPS 或全站仪	巡查、GPS 或全站仪、降雨、水位、管道应力应变	巡查、GPS 或全站仪、测斜仪、分布式光纤、遥感、降雨、管道应力应变	巡查、GPS 或全站仪、测斜仪、分布式光纤、遥感、降雨、管道应力应变

油气长输管道滑坡监测系统是考虑滑坡的地质特征、滑坡体与油气长输管道的空间关系和相互作用形式、施测条件和施测要求等多种因素后，综合布设由监测线（监测点）、监测网组成的三维立体监测体系。监测网的布设范围应能达到系统监测滑坡的变形量、变形方向和油气长输管道应力，掌握其时空动态和发展趋势，满足预测预报精度要求。监测内容确定后，需本着先进适用、精度适宜、易于实施、结果可靠、经济合理的原则，根据监测内容、监测精度、监测周期和现场交通、水电、通信等条件确定监测仪器和技术[1-2]。

一般来说，油气长输管道滑坡监测应重点考虑监测滑坡变形场和油气长输管道管体应力应变[1-2]：

(1) 滑坡变形监测网形：十字形、方格形、三角(或放射形)形、任意形和对称形。

(2) 滑坡变形测线：应穿过滑坡不同变形地段(部位)或块体，有两个或两个以上变形方向时，应布设相应的横向测线；当滑坡呈旋转变形时，纵向测线可呈扇形或放射形布设，横向测线一般与纵向测线相垂直，应至少有一条与管道平行或重合的测线；测线应充分利用勘探剖面和稳定性计算剖面，充分利用钻孔、平硐、竖井等勘探工程。

(3) 滑坡变形测点布设：在测线上或测线两侧宜布设以监测绝对位移为主的监测点；在沿测线地带的裂缝、滑带、软弱带上布设相对位移监测点；测点不要求平均布设，而对如下提到的部位应增加测点和监测项目：管道敷设带；变形速率较大或不稳定块段；初始变形地段(滑坡主滑段、推移滑动段)；对滑坡稳定性起关键作用块段(滑坡阻滑段)；易变形部位(剪出口、裂缝、临空面等)；控制变形部位(滑带、软弱带、裂缝等)。

(4) 管体应力应变监测截面：主要考虑滑坡边缘、滑坡中部、局部变形突出位置等管道受影响可能较严重地段及测线与管道交汇处。

三、滑坡监测技术实际工程应用

1. 忠武输气管道刘家坳滑坡监测[7-8]

刘家坳滑坡位于忠武输气管道经过的湖北长阳县白氏坪境内，根据该滑坡体的形态特征、变形特征、动力因素及监测预报信息等具体要素(变形方位、变形量、变形速率、时空动态、施工动态、发展趋势等)确定变形监测点位，且这些点位能真实地反映滑坡体变形敏感部位，点位位于阻滑段前缘、下滑段前后缘、牵引段前缘和滑坡体的剪出口，能构成1～2条监测剖面，监测点距基准点的平均距离为1 180.729 m，最长边长为1 960.556 m，最短边长为399.744 m。其监测点布置如图3-7所示。

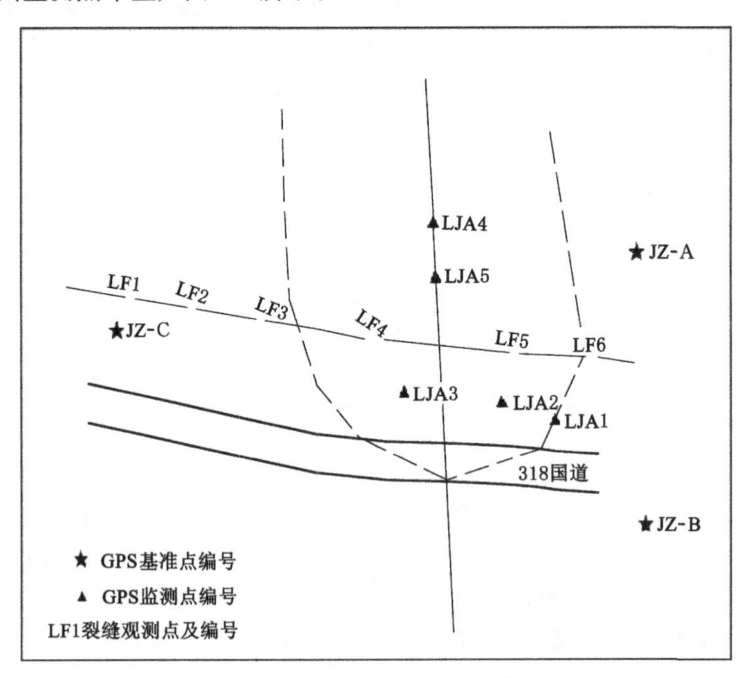

图3-7 忠武输气管道刘家坳滑坡监测点点位分布图

刘家坳滑坡共有5个监测点，由累积位移变化量分析表3-2可以看出，刘家坳滑坡主滑剖面中点LJA4的累积位移已达到$\sum\Delta X=3\ 010$ mm、$\sum\Delta Y=-711$ mm、$\sum\Delta H=-785$ mm，现场可以发现该点周围出现了明显裂缝，监测墩也出现倾斜现象。另外，LJA2（$\sum\Delta X=30$ mm，$\sum\Delta Y=-20$ mm，$\sum\Delta H=-22$ mm）和LJA3（$\sum\Delta X=23$ mm，$\sum\Delta Y=-9$ mm，$\sum\Delta H=-26$ mm）两个监测点的累积位移也有些偏大，但位于抗滑桩顶部的监测点LJA5（$\sum\Delta X=-2$ mm，$\sum\Delta Y=3$ mm，$\sum\Delta H=18$ mm）一直表现稳定，表明抗滑桩作用明显。

表3-2　忠武输气管道刘家坳滑坡累积位移变化量分析表

点号	位移累计变化量/mm		
	$\sum\Delta X$	$\sum\Delta Y$	$\sum\Delta H$
LJA1	18	−18	−1
LJA2	30	−20	−22
LJA3	23	−9	−26
LJA4	3 010	−711	−785
LJA5	−2	3	18

刘家坳滑坡监测主要手段为GPS地表大地变形监测法，同时配合坡体地表巡查的方法。

（1）GPS监测系统建设

在GPS监测中，选用了平面精度指标为±（5 mm＋基线长度×10^{-6}）的3套Trimble 4700双频接收机，6套中海达82006接收机。坡体埋设监测墩9个（其中基准点2个，监测点7个），监测墩按国家标准和变形监测规范制作。

（2）地表巡查

油气长输管道滑坡地表巡查对滑坡的预测预报及防治效果检测有着至关重要的作用，其主要内容为宏观地质调查与宏观滑坡后缘拉裂缝的简易监测。宏观地质调查是采用常规滑坡变形形迹追踪地质调查方法，进行人工巡视，了解、掌握滑坡变化情况。宏观滑坡后缘拉裂缝简易监测是针对坡体出现拉张、挤压裂缝的地方，建立裂缝监测标志，并用钢圈尺或千分尺等相应测量仪器进行读数监测。如对白氏坪滑坡加油站围墙顶部中发育的4条裂缝进行简易监测，如图3-8所示。

2. 陕京输气管道S2b-0254滑坡监测[5-6]

S2b-0254滑坡顺气流方向分为1#滑坡和2#滑坡。1#滑坡前缘位于公路下方约45 m处，后缘以危房后侧错动陡壁为界，左右两侧以剪切错落形成的台坎为界，整体呈较为明显的圈椅状；后缘有一个高2～4 m的滑落陡壁，滑坡体相对高差为20 m；滑坡滑动方向320°，滑体坡度15°～20°，前缘最大宽度约115 m，滑体平均厚度约5 m，如图3-9所示。2#滑坡后缘位于公路下方10 m位置处，前缘至成品油管道临空面处，顺坡长约40 m，宽97 m，滑坡滑动方向30°，滑体坡度15°～20°，滑坡体相对高差约为12 m，中前部较厚，厚度为4～7 m，平均厚度约6 m，整体呈圈椅状；滑体主要由黏土和含碎石粉质黏土层组成，下伏全风化泥岩地层相对致密，透水性差，形成一个相对阻水面，如图3-10所示。

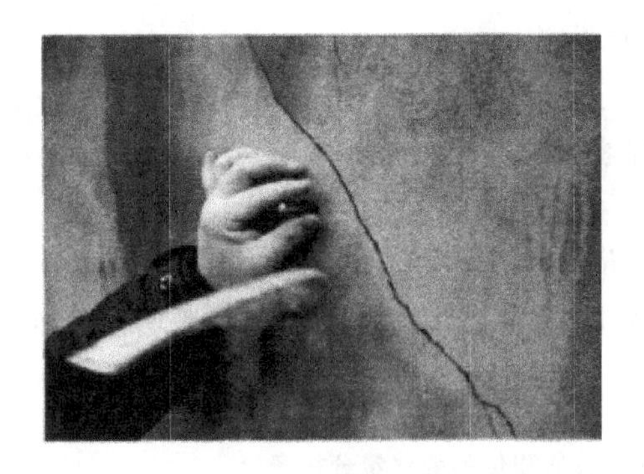
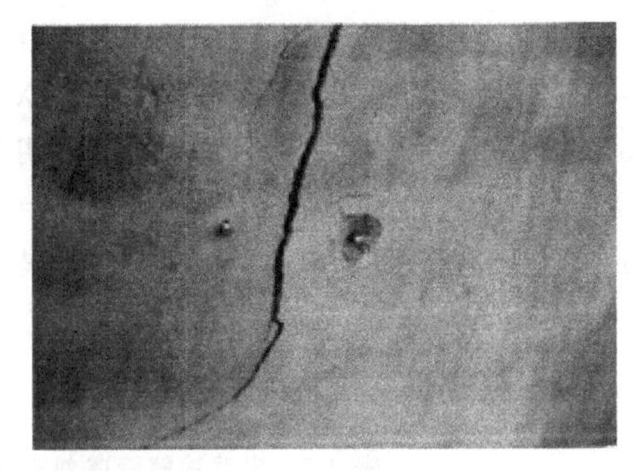

图 3-8　白氏坪滑坡裂缝监测

图 3-9　1# 滑坡

图 3-10　2# 滑坡

根据滑坡的发生机理和发展趋势，对 1# 滑坡，主要进行地表位移和主滑面 4 m 深度处的孔隙水压力监测；对 2# 滑坡，则进行了地表位移的监测。在此过程中，安装了一体化渗压站及一体化土体位移站，如图 3-11、图 3-12 所示。

图 3-11　1# 滑坡一体化渗压站

图 3-12　2# 滑坡一体化土体位移站

3. 忠武输气管道 5 处滑坡监测[8-9]

忠武输气管道在 K048＋745、K155＋908、K182＋423、K184＋040、K379＋857 等 5 处分别设立监测单元，如表 3-3 所列，在监测单元内设有若干个监测截面。监测仪器选用英国岩土仪器有限公司的 ST1 型振弦式传感器作为主要部件，并与定制的内嵌激励线圈的传感器隔力罩一并组装为管道轴向应变计。

表 3-3　忠武线 5 处滑坡监测点监测单元布置情况

监测点名称	监测截面/个	应变传感器/个	自动采集装置/个	线缆井/个	管体位移监测	
					基准点/个	观测点/个
K048+745	3	9	2	2	3	3
K155+908	4	12	3	3	3	4
K182+423	4	12	3	3	3	4
K184+040	3	9	3	3	3	3
K379+857	3	9	2	2	3	3

第二节　油气长输管道滑坡灾害勘查

油气长输管道滑坡勘查工作内容主要包括以下 7 个方面：① 滑坡区自然地理-地质环境条件；② 滑坡规模、性质、特点、类型及其危害状况，特别要阐明滑坡对油气长输管道的危害情况；③ 滑坡的形成条件及影响因素（自然的、人为的）；④ 滑坡的稳定性评价；⑤ 滑坡的发展趋势及其对油气长输管道的危害性评估；⑥ 实施治理工程的必要性及意义；⑦ 滑坡治理工程方案比选与防治措施[10-11]。

对应于滑坡防治工程的立项、可行性论证、设计、施工等阶段，可将油气长输管道滑坡灾害的勘查分为滑坡调查、可行性论证阶段勘查、设计阶段勘查、施工阶段勘查 4 个阶段。由于油气长输管道在选线阶段往往已经绕避大型滑坡区，油气长输管道沿线滑坡一般来说规模较小、结构较简单、治理工期较短，因此可根据实际情况合并勘查阶段，简化勘查程序。各阶段的勘查任务和技术要求应依据任务书或合同要求确定，由油气长输管道运营维护单位与勘查单位在现场进行具体勘查任务和内容的确定。

一、油气长输管道滑坡勘查技术方法

滑坡勘查技术方法主要包括工程地质测绘、钻探、井探、地球物理勘探等方法[10-11]。

1. 工程地质测绘

油气长输管道滑坡勘查应进行工程地质测绘，并应满足表 3-4 的要求。如果油气长输管道距离滑坡周界有一定距离，但由于滑坡可能危及油气长输管道，测绘范围必须包括油气长输管道。当采用排水工程进行滑坡防治时，应对滑坡外围拟设置的地面排水沟或地下廊道洞口等防治工程所在的区域进行工程地质测绘。当滑坡危及剪出口下部建筑物或可能对下部河流造成堵江危害，工程地质测绘范围应包括危害区的纵向控制性剖面。

表 3-4　油气长输管道滑坡工程地质测绘比例尺基本要求

滑坡长度或宽度/m	平面测绘比例尺	剖面图比例尺
≤500	1∶500～1∶100	1∶500～1∶100
500～1 000	1∶1 000～1∶250	1∶1 000～1∶250
≥1 000	1∶2 500～1∶500	1∶2 500～1∶500

一般来说，工程地质测绘包括地形地貌测绘和岩（土）体工程地质结构特征测绘两大部分。

地形地貌测绘又包括宏观地形地貌(地面坡度与相对高差、沟谷与平台、鼓丘与洼地、阶地及堆积体、河道变迁及冲淤等)和微观地形地貌(滑坡后壁的位置、产状、高度及其壁面上擦痕方向;滑坡两侧界线的位置与性状;前缘出露位置、形态、临空面特征及剪出情况;后缘洼地、反坡、台坎、前缘鼓胀、侧缘翻边埂等),尤其是要准确描述油气长输管道所在位置的宏观和微观地形地貌。岩(土)体工程地质结构特征测绘应包括周边地层、滑床岩(土)体结构;滑坡岩体结构与产状,或堆积体成因及岩性;软硬岩组合与分布、层间错动、风化与卸荷带;黏性土膨胀性、黄土柱状节理;滑带(面)层位及岩性。滑坡后缘和前部常分布有雁羽状裂缝,常需要对其进行专门测绘,一般来说,滑坡裂缝测绘应包括分布、长度、宽度、形状、力学属性及组合形态,并应对油气长输管道附属设施及其他建筑物开裂、鼓胀或压缩变形情况进行专门测绘,特别是对油气长输管道本体变形需要进行精确的量测,并在现场做出与滑坡的关系判断。

2. 钻探

钻探孔可分为地质孔(控制孔和一般孔)和水文试验孔(抽水孔和观测孔)两种。钻探孔位的布置应在工程地质调查和测绘的基础上,沿确定的纵向或横向勘探线布置,针对要查明的滑坡地质结构或问题确定具体孔位。但如果滑坡还未破坏油气长输管道,油气长输管道仍然在运行,为保证油气长输管道安全,油气长输管道与光缆附近 3 m 范围内不要布置钻探孔。对于较大型的滑坡,应编制典型钻孔设计书以指导钻探施工。

在滑体地下水位以上的黏性土、粉土、人工填土和不易塌孔的砂土内应采用干法钻进;在地下水位以下的岩土层内,以及在滑带及其上下 5 m 范围内应采用单动双管钻进技术钻进;严重缩孔或塌孔时应采用跟管钻进或泥浆护壁技术。钻孔斜度偏差应控制在 2%之内。钻孔终孔孔径不宜小于 110 mm,在滑带及其上下 5 m 范围内,每回次进尺不得大于 0.3 m,同时应及时编录岩芯,确定滑动面位置。钻孔勘探作业现场如图 3-13 所示。

(1) 孔深误差及分层精度技术要求

① 在钻遇主要裂缝、软弱夹层、滑带、溶洞、断层、涌水处、漏浆处、换径处或在下管前和终孔时,需要校正孔深。

② 终孔后按班报表校核孔深,孔深最大允许误差不得大于 0.1%。在允许误差范围内可不修正,超过误差范围要重新丈量孔深并及时修正报表。

③ 钻进深度和岩土分层深度的量测精度,不应低于±5 cm。

④ 应严格控制非连续取芯钻进的回次进尺,使分层精度符合要求。

(2) 孔斜误差技术要求

① 每钻进 50 m 后、换径后 3~5 m 内、出现孔斜征兆时或终孔后均应测量孔斜;

② 顶角最大允许弯曲度,每百米孔深内不得超过 2°。

(3) 钻孔岩芯采取技术要求

① 不应超管钻进。重点取芯地段(如破碎带、滑带、软弱夹层、断层等)应限制回次进尺,每回次进尺不应超过 0.3 m,并提出专门的取芯和取样要求,看钻地质技术人员跟班取芯、取样、记录和封装,封装岩芯、土样如图 3-14 所示。

② 松散地层潜水位以上孔段,宜采用干钻;在砂层、卵砾石层、硬脆碎地层和松散地层中以及滑带、重要层位和破碎带等部位宜采用岩芯采取率高的钻进及取样工艺。

③ 长度超过 35 cm 的残留岩芯,应进行打捞,残留岩芯取出后,可并入上一回次进尺的岩芯中进行计算。

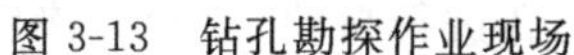

图 3-13　钻孔勘探作业现场

图 3-14　封装岩芯、土样

④ 不同部位岩芯采取率要求分别为滑体＞75％、滑床＞85％、滑带＞90％，同时应满足钻孔设计书指定部位取样的要求。

(4) 钻孔简易水文地质观测技术要求

① 开孔应采用无冲洗液钻进，孔中一旦发现水位，应立即停钻，并进行初见水位和稳定水位的测定，每隔 10～15 min 观测一次，三次水位相差小于 2 cm 时，可视为稳定水位。

② 清水钻进时，提钻后、下钻前各测一次动水位，间隔时间不小于 5 min；长时间停钻，每 4 h 测一次水位。

③ 准确记录漏水、涌水位置并测量漏水量、涌水量及水头高度。

④ 接近滑带时，应停钻测定滑坡体的稳定水位；终孔时应测定全孔稳定水位。对设计要求分层观测水位的钻孔，应严格进行分层水位观测。

⑤ 观测记录钻进过程中的其他异常情况，如破碎、裂隙、裂缝、溶洞、缩径、漏气、涌砂和水色改变等。

钻孔验收后对不需保留的钻孔应进行封孔处理。土体中的钻孔一般用黏土封孔，岩体中的钻孔宜用水泥砂浆封孔。

勘查报告验收前，各钻孔全部岩芯均要妥善保留。勘查报告验收后按业主要求，对代表性钻孔及重要钻孔，应全孔保留岩芯；其他钻孔岩芯可分层缩样存留；对有意义的岩芯，应切片留样。

(5) 钻孔地质编录技术要求

① 钻孔地质编录必须在现场真实、及时和按钻进回次逐次记录，不得将若干回次合并记录或事后追记。

② 编录时要注意回次进尺和残留岩芯的分配，以免人为划错层位。

③ 在完整或较完整地段，可分层计算岩芯采取率；对于断层、破碎带、裂缝、滑带和软夹层等，应单独计算。

④ 钻孔地质编录应按统一的表格记录。其内容一般包括日期、班次、回次孔深（回次编号、起始孔深、回次进尺）、岩芯（长度、残留、采取率）、岩芯编号、分层孔深及分层采取率、地质描述、标志层面与轴心线夹角、标本（取样号码、位置和长度）、备注等。

⑤ 岩芯的地质描述应客观、准确、详细。滑带、软夹层、岩溶、裂缝等重要地质现象应详细描述，并用素描及照片辅助说明。注意对滑带擦痕的观察与编录；重视水文地质观测记录、钻进异常记录和取样记录。

⑥ 对岩芯拍照时要垂直向下拍，除特殊部位特写镜头外，每箱岩芯拍一张照片，并配有标注孔深、岩性的岩芯标牌。

(6) 钻孔施工记录技术要求

① 每班必须如实记录各工序及钻进情况，不得追记、伪造。原始记录均用钢笔填写，要求字迹清晰、整洁。记录员、班长、机长必须签名备查。

② 每孔施工结束后原始报表应及时整理成册，存档备查。

(7) 钻孔验收技术要求

① 钻孔完工后勘查单位应及时组织自验，按设计书要求的孔径、孔深、孔斜、取芯、取样、简易水文地质观测、地质编录、封孔 8 项技术要求对钻孔进行自验，自验合格后报监理单位现场验收。监理单位应出具钻孔验收意见书。

② 对于未能取到滑带岩芯的或水文地质观测未能满足要求的，应定为不合格钻孔。对于不合格钻孔，应补做未达到要求的部分或者予以报废重新施工。

(8) 钻探成果技术要求

钻孔终孔后应及时进行钻孔资料整理并提交该孔钻探成果，包括钻孔综合柱状图、钻孔地质小结、岩芯数码照片、简易水文地质观测记录、取样送样单等。

① 钻孔综合柱状图基本要求为：绘图比例尺以能清楚表示该孔的主要地质现象为标准来确定，宜为 1∶100～1∶200；对于岩性简单或单一的厚岩层，可以用缩减法断开表示；柱状图图名处应标示：勘探线号、孔号、开孔日期、终孔日期、孔口坐标、钻孔倾角及方位；柱状图底部应标示责任签；柱状图包括下列栏目：回次进尺、换层深度、层位、柱状图(包括地层岩性及地质符号、花纹、钻孔结构)、标志面与轴心线夹角、岩芯描述、岩芯采取率、取样位置及编号、地下水位和备注等。

② 钻孔地质小结：编写内容主要为钻孔周围地质概况、钻孔日的任务、孔位、施工日期、施工方法、钻孔质量、钻进过程中的异常现象、主要地质现象和地质成果分析及建议等。

如甘肃省科学院地质自然灾害防治研究所对兰郑长输油管道关山站滑坡(不稳定斜坡)勘查时使用了钻探的方法。

3. 井探、洞探、槽(坑)探

滑坡主剖面宜采用钻探与井探相结合的方法进行勘探。大型规模以上的滑坡井探数量不得少于 2 个；中型规模滑坡井探数量不得少于 1 个。探井位置确定后，应编制典型探井设计书以指导挖掘施工，设计书内容包括：目的、类型、深度、结构、施工流程、地质要求、封井要求。矩形探井断面短边长宜大于 1.5 m，圆断面探井直径宜大于 1 m，如图 3-15 所示。应根据地质测绘和露头剖面，合理推测探井地质柱状图，建立探井结构理想柱状图，内容包括探井断面形状、井径、深度、井壁支护方式等，同时在图中标出挖掘过程中可能遇到的重要层位深度、岩性、断层、裂隙、裂缝破碎带、岩溶洞穴带、滑带、软弱夹层、可能的地下水位、含水层、隔水层和可能的漏水部位等；在图的注意事项中标出：探井开挖应避免诱发滑坡滑动，并针对可能诱发滑坡滑动的情况，提出挖掘中应采取的有效防止措施。

在滑坡体前缘、后缘、侧缘部位及勘探线上地质露头不清时，应布置必要的槽(坑)探，并及时进行探井、探槽(坑)展示图和工程地质说明编录，特别注意对软弱夹层，破裂结构面，岩(土)体结构面和滑动面(带)的位置和特征的编录，同时进行照(录)像。应按要求配合进行滑动面(带)力学抗剪强度的原位试验，同时在预定层位按要求采取岩、土、水样。勘探完成后的探井不得裸露或直接废弃，可作为滑坡监测井或浇筑钢筋混凝土形成抗滑桩。如甘肃省科学院地质自然灾害防治研究所在对兰成渝成品油管道 K468＋500 处滑坡勘查时就采用了坑探的方法，如图 3-16、图 3-17 所示。

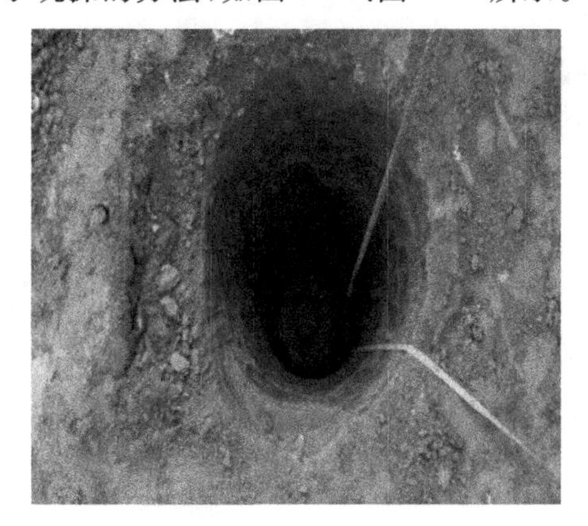

图 3-15　探井

图 3-16　兰成渝成品油管道 K468＋500 处滑坡前缘探坑

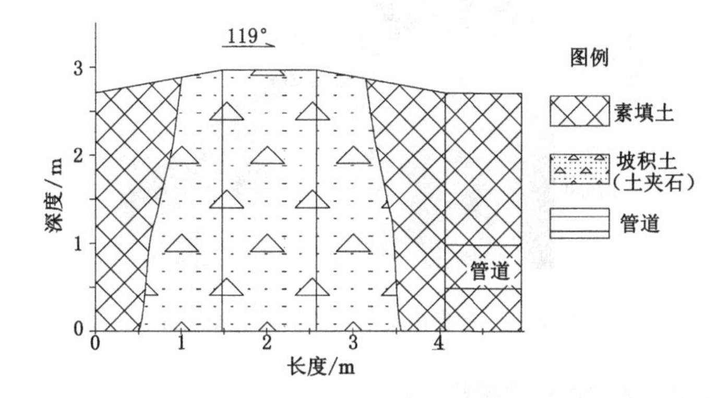

图 3-17　兰成渝成品油管道 K468＋500 处滑坡探坑剖面图

4. 地球物理勘探

地球物理勘探方法可用于探测滑坡范围、结构、形态变化和滑面埋深；判断介质异常体的存在，提供地球物理参数，并进行物理力学参数经验分析。地球物理勘探可作为辅助勘探手段，与钻孔、探井和探槽相结合，可用于推断勘探点之间的地质界线及异常，但其结果不宜单独直接作为防治工程设计依据。一般来说，一个滑坡，须根据实际情况布置 2～3 条物探剖面，剖面测深应达滑动面以下 20 m，物探线的布设应与滑坡主要勘探线相叠合；进行地球物理勘探前，应通过现场试验，研究方法有效性以确定最佳的野外观测系统和仪器工作参数。当物探反映有重大异常时，应补充钻探、井探和槽探予以验证；当滑坡前缘位于地表水面以下时，须开展水上物探工作。就地球物理勘探方法选择来说，一般同时使用两种或者多种方法以相互验证，如甘肃省科学院地质自然灾害防治研究所对兰成渝成品油管道 K468＋500 处滑坡进行勘查时就使用了电阻率层析成像法和高密度电法等视电阻率反演法，如图 3-18、图 3-19 所示。

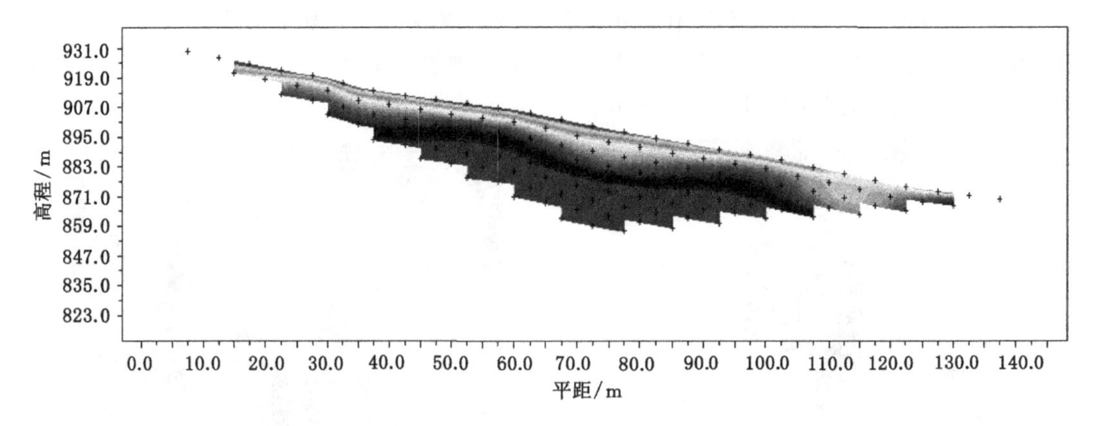

图 3-18　电阻率层析成像剖面图

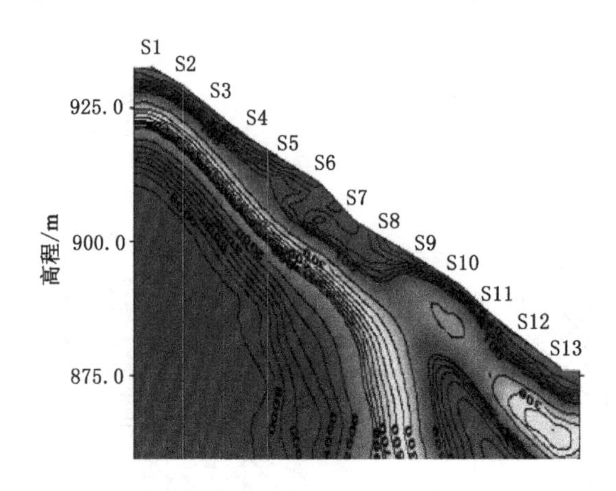

图 3-19　高密度电法等视电阻率反演图

二、油气长输管道滑坡勘查勘探线的布设

油气长输管道滑坡勘查可采用主-辅剖面法，不少于一条纵、横剖面布置勘探线。勘探线应由钻探、井探、槽探及物探等勘探点构成。纵向勘探线的布置应结合滑坡分区进行，不同滑坡单元均应由主勘探线控制，在其两侧可布置辅助勘探线。横向勘探线宜布置在滑坡中部至前缘剪出口之间。勘探点间距应根据滑坡结构复杂程度和规模确定，如表 3-5 所列。主勘探线与辅助勘探线间距为 40～100 m，主勘探线勘探点一般不宜少于 3 个，点间距可为 40～80 m；辅助勘探线勘探点间距一般为 40～160 m。勘探点之间可用物探方法进行验证连接[10-14]。

主勘探线应布设在主要变形（或潜在变形）的块体上，纵贯整个滑坡体，宜与初步认定的滑动方向平行，其起点（滑坡后缘以上）应在稳定岩（土）体范围内 20～50 m。主勘探线上所投入的工程量及点位布设，应满足主剖面图绘制、试验及稳定性评价的要求，并选用适当的钻探、井探、槽探方法。主勘探剖面上投入的工程量和点位布设，应兼顾到地下水观测和变形长期监测的需要，以充分利用勘探工程进行监测。对于主要变形块体在两个以上、面积较大或后缘出现两个弧顶的滑坡，主勘探线不可少于两条。主勘探线上不宜少于 3 个勘探点。其中，作稳定性分析的块体内至少有 3 个勘探点，后缘边界以外稳定岩（土）体上至少有 1 个勘探点。

表 3-5　勘探点间距布置要求

勘察地质条件类型	勘探线	主勘探线间距/m	主勘探线勘探点间距/m	辅勘探线勘探点间距/m
简单	纵向	60～100	60～100	80～160
	横向	60～100	60～100	80～160
复杂	纵向	40～80	40～80	40～120
	横向	40～80	40～80	40～120

辅助勘探线分布在主勘探线两侧，线间距可根据勘查阶段要求而定。在主勘线以外有次级滑坡时，辅助勘探线应沿其中心布设。辅助勘探线上的勘探点一般应与主勘探线上的勘探点位置相对应(或隔 1 个勘探点相对应)，使横向上构成垂直于勘探线的横勘探剖面，形成控制整个滑坡体的勘探网。工程轴线勘探剖面布设应按防治工程方案，有针对性地进行布设。对于实行一次勘查的情况，应及时与设计方沟通配合，其点线应服从设计工程布置要求。

勘探点应布设在重点勘查和设计的治理工程部位，除反映地质情况外，应兼顾采样、现场试验和监测。勘探点的布设应限制在勘探线的范围内，若由于地质或其他重要原因必须偏离勘探线时，宜控制在 10 m 范围之内，对于必须查明的重大地质问题，可以单独投入勘探点而不受勘探线的限制。

勘探线应尽量平行或者垂直于油气长输管道，同时管道应处于勘探线组成的网络内，如果滑坡位置距离油气长输管道具有一定距离，应该根据滑坡发展趋势预测结果确定是否将勘探点延伸至油气长输管道处。勘探点应位于油气长输管道轴线两侧 5 m 范围内，并做专门设计，特别是要使用专门探测设备，准确确定油气长输管道和通信光缆位置，以防止在勘探过程中出现安全事故。

三、油气长输管道滑坡勘查测试

在油气长输管道滑坡灾害勘查过程中，应系统地采取岩石、土体、地下水等样品进行分析鉴定，以获得必要的参数[10-11,15]。应专门针对油气长输管道管沟回填土体进行取样，测试回填土体性质，并与周边原状土体进行对比测试。在地面测绘和钻探过程中，应系统采取原状岩(土)样和扰动岩(土)样，采样点的位置和密度应符合勘测任务书的规定。试样可以在地表露头、探槽(坑)或钻孔中采取，所取岩样应有代表性，能正确反映勘探工作范围内岩体和岩石性质的基本情况及主要特征(矿物成分、结构构造、节理裂隙发育程度、胶结物及风化程度等)。采样时，必须保证岩石的原始结构不受或少受破坏，严禁用爆破法采样。管沟回填土体取样应在准确确定光缆位置、管道埋深等基本参数后，采用人工开挖探坑(槽)，再根据具体情况进行取样。对于油气长输管道沿线一些重要设施，特别是危及油气长输管道安全的设施，例如要在管道地面跨越河沟道两侧管墩(桥)处取样，一定要做专门论证，论证取样探槽(坑)开挖是否会危及管墩(桥)的安全。不同地质单元和不同岩层岩性的试样，不应合并为一组，每组试样的规格和数量，应按测试项目满足表 3-6 的要求[10]。

表 3-6　各项试验需用试样的规格和数量

试验项目	试样规格	数量	备注
颗粒密度	块体、松散状即可。如同时进行力学强度试验，可不另取样	>300 g	1. 本表所列强度和变形试验所需试样的数量是就一种含水状态、一种受力方向而言。如需做两种或两种以上的含水状态和受力方向试验时，试样数量需成倍增加。 2. 本表所列规则试样尺寸，均为试验时的标准试样，采样应大于此规格，需留有加工余量。 3. 不均匀和强烈风化岩石的采样数量应相应增加
含水率			
块体密度	形状不限，试样块度不小于 110 cm^3，如同时进行力学强度试验，可不另取样	>300 g	
空隙率			
吸水率			
肖氏硬度	80 mm×50 mm×20 mm	>1 块	
耐磨硬度	φ25 mm×80 mm	>3 块	
光泽度	100 mm×70 mm×20 mm	>1 块	
光热	块状、松散状即可	>50 g	
热导率	φ40 mm×120 mm	1～2 块	
击穿电压	100 mm×100 mm×(5～7) mm	5 块	
电阻率	100 mm×100 mm×(5～7) mm	5 块	
耐崩解性	大致呈球状，每块 40～60 g	>10 块	
膨胀率、膨胀力	φ50 mm×20 mm	>3 块	
溶蚀	5 mm×10 mm×40 mm	>3 块	
耐酸度、耐碱度	40 mm×40 mm×20 mm	>3 块	
单轴抗压强度	圆柱体：φ50 mm×100 mm；正方柱体：50 mm×50 mm×100 mm	>3 块	
单轴变形	同单轴抗压强度试验	>3 块	
抗拉强度	φ50 mm×50 mm 或 50 mm×50 mm×50 mm	>3 块	
抗剪断强度	50 mm×50 mm×50 mm	12 块	
抗剪切强度	60 mm×40 mm×20 mm	>3 块	
直剪(中型剪)	150 mm×150 mm×100 mm～300 mm×300 mm×15 mm 或 φ(150～300) mm×100 mm	>5 块	
抗剪	φ(25～100) mm×(25～100) mm 或 φ(25～100) mm×80 mm×50 mm	15 块	
抗折强度	120 mm×40 mm×20 mm	>3 块	
三轴强度	φ50 mm×(100～125) mm 或 φ90 mm×(180～220) mm	>5 块	
声波传播速度	同单轴抗压强度试验	>3 块	

采样后，应立即在试样上注明编号、产状及深度等。对于干缩湿胀、易于风化的岩石，取样速度应快，尽量缩短试样在空气中的暴露时间，以避免温度和湿度变化对试样产生影响。要求在天然含水状态下测试的试样，采取后应立即进行蜡封或装铁筒蜡封，并尽快送实验室测试。在运输过程中，要防止猛烈振动和碰撞。试样送至实验室时，应填写试验任务委托书，其内容包括：试验目的说明、岩样编号、取样位置、野外定名、取样方法、取样深度及岩性描述，以及要求的测试项目、试验状态和受力方向等。钻孔、探井及具代表性的泉(水井)均

需取样，并进行水质全分析。取样后需要测试的项目如表 3-7 所列[10-11,15]。

表 3-7　滑坡岩(土)体物理力学性质试验项目

试验项目		黏性土滑坡			黄土滑坡			堆积层滑坡			填土滑坡			破碎岩石滑坡			岩体滑坡		
		滑面土	滑坡体	滑坡床	滑面土	滑坡体	滑坡床	滑面土	滑坡体	滑坡床	滑面土	滑坡体	滑坡床	滑面土	滑坡体	滑坡床	滑面土	滑坡体	滑坡床
天然含水量 ω_0		+	+	+	+	+	+	+	+	+	±	+	+	+	+	+	+	+	+
天然密度 ρ		+	+	+	+	+	+	+	+	+	±	+	+	+	+	+	+	+	+
重度 G_0		+	+	+	+	+	+	+	+	+	±	+	+	+	+	+	+	+	+
天然孔隙比 e		+	+	+	+	+	+	+			+	+	+	+			+		
饱和度 S_r		+	+	+	+	+	+	+	±	±	+	+	+	+		±	+		
塑限 ω_P		+	+	+	+	+	+	+	±	±	+	+	+	+		±	+		
液限 ω_L		+	+	+	+	+	+	+	±	±	+	+	+	+		±	+		
塑性指数 I_P		+	+	+	+	+	+	+	±	±	+	+	+	+		±	+		
液性指数 I_L		+	+	+	+	+	+	+	±	±	+	+	+	+		±	+		
颗粒分析		±	±	±	±	±	±	±	±		+	+	+	±	±		±		
自由膨胀率 K_0		±	±	±														+	+
渗透系数	垂直 K_a	±	±	±			+	±		±	±	±			±				
	水平 K_b		±	±				+		±	±	+	±	±	+		±		
剪切试验	快剪 τ_q	+	+	+	+	+	+	±		+	±	±	+		±		+		
	固结快剪 τ_{0q}	+			±		+			+			+		+		+		
	残余强度剪 τ_r	+			±		+	±		+			+	±	+		+		
	浸水饱和剪 τ_{CH}	+			+		+			+					+				
	重合剪 τ_{OH}	+			+		+			+			+		+		+		
压缩试验	压缩系数 a_V			+					±			±				±			
	压缩模量 E_0			+					±			±				±			
原位试验	旁压试验	±	±	±	±		±		±	±		±							
	大面积剪切试验	±		±	±		±		±			±	±						
	静力触探	±	±	±	±														
岩石抗剪试验	干 τ_d			±											±	±		±	±
	湿 τ_w			±											±	±		±	±
崩解性		±	±	±			±	±			±			±	±	±	±	±	±
易溶盐含量		±	±	±										±	±	±	±	±	±
矿物分析		±	±	±				±			±			±			±		

注：1. “±”表示根据需要确定，本表所列项目均按照定测要求考虑；

2. 此表引自《铁道工程不良地质勘察规程》(TB 10027—2012)。

第三节　油气长输管道滑坡灾害防治措施

一、滑坡防治意义及原则

1. 防治意义[16]

滑坡是威胁油气长输管道完整性的主要地质灾害类型之一，滑坡导致的油气长输管道失效事故往往会带来巨大的经济损失和恶劣的社会影响。一旦油气长输管道发生断裂，泄漏的油气极易起火爆炸，造成人员伤亡，并对自然环境和公共卫生造成不可逆转的负面影响。

对油气长输管道滑坡开展防治工作的重要性不言而喻，其不仅为油气长输管道的安全运行保驾护航，对保障油气长输管道辐射区的工业、生活用油(气)供应意义重大，同时，也有利于防止油气泄漏，避免给油气长输管道沿线自然环境带来严重污染，从而为推动国家的安全稳定、经济发展坚守底线。

2. 防治原则[12-15,17]

(1)“一次根治、不留后患”的原则

对油气长输管道本体和附属设施以及相关人员生命财产安全危害较大的滑坡，必须查清性质，一次根治，不留后患。首先是要对油气长输管道滑坡危害性质有较充分的认识，不仅需要有地质勘察资料，同时还需要滑坡动态监测和地下水变化的资料，以便对油气长输管道滑坡的动态过程做出正确的判断。其次是对于治理油气长输管道滑坡的措施力度要大，“宁稍过而不能不及”，即使今后出现了不利因素的组合作用，油气长输管道滑坡也能保持稳定。不少滑坡，或因对其性质认识不准，或受经济条件限制，经多次治理仍不稳定，使得一次次治理工程被破坏，滑坡继续扩大和恶化，结果多次治理的费用总和远大于一次根治的投资，而且也造成了更大的间接损失。

(2)“以防为主”的原则

预防油气长输管道滑坡包括两方面的内容：一是对自然滑坡的预防，即对由于自然环境改变而形成的斜坡失稳滑动的预防；二是对人为滑坡的预防，主要指对由于油气长输管道建设、运营维护活动过程中造成的边坡失稳滑动的预防。

一般来说，若滑坡规模较大或经济条件不许可，油气长输管道规划设计时就予以避让；对人为滑坡应采取必要措施，恢复坡体固有状态；对不可避让的滑坡，应采取监测预报手段，减小灾害损失。

(3)“治早、治小，讲究经济效益”的原则

对不可避免、必须根治的油气长输管道滑坡，应遵循“治早、治小”的原则。大部分滑坡，尤其是土质滑坡都具有牵引性质，滑坡规模会不断扩大，滑动带强度具有从峰值强度向残余强度过渡的特点，当滑带土强度接近其残余强度值后，就会滑动。因此，滑坡防治应尽量在滑带土具有较高强度时进行，此时，不仅滑坡规模小，而且治理难度小。另外，一般滑坡的勘测、设计费占整治总费用的5%～8%，若能事先查清大中型滑坡的危害并做处理，便可以事半功倍，节约支出。

(4)“综合治理”的原则

对油气长输管道滑坡的综合治理应包括两方面的内容：一是由于油气长输管道滑坡常

常是在多种因素作用下发生的，而具体到每个滑坡又有其不同的主要作用和诱发因素，因此在滑坡治理时，应采取工程措施消除或控制主要因素所带来的影响，同时辅以其他措施进行综合治理，以限制其他因素的作用；二是综合考虑实际情况，使油气长输管道滑坡治理工程在保证治理有效性的前提下，最大限度地降低其对当地生态环境的危害和影响，并辅以相应的美化设计和施工。

(5)"科学施工"的原则

鉴于油气长输管道滑坡灾害的特殊性，其治理工程的施工过程不同于房屋建设、道路修筑等工程，施工程序（顺序）若不符合相关施工要求，便会造成不可估量的损失。如抗滑挡土墙基础施工，应采取"跳槽开挖，分段施工"的顺序，如果拉槽大开挖，就有可能使滑坡失去支撑，造成灾害发生。故应遵循"科学施工"的原则，即根据滑坡性质，决定滑坡施工顺序，除了保证施工质量，还必须遵循"充分保证油气长输管道安全""先施工排水系统工程，再施工主体工程"原则，切忌使用"砍脚压头"及"盲目开挖"等错误施工顺序进行施工。

(6)"全面规划、分期治理"的原则

对于规模巨大、性质复杂、短期内危害不大的油气长输管道滑坡，应做出规划，分期治理。滑坡防治本身是一项较复杂的系统工程，一般先做应急工程，再做永久治理工程。防治工程施工过程从勘查、设计、施工到运营是环环相扣、有机联系的一个整体，应随勘查工作的加深，逐步设计和治理，分阶段做出规划，提出要求，保证质量，分步实施，以使应急工程和永久治理工程统一规划、互相衔接、互为补充，形成统一的整体。

(7)"动态设计、信息化施工"的原则

动态设计是指利用施工开挖进一步查清油气长输管道滑坡的地质情况和特征，从而据实调整或变更设计。信息化施工是指根据滑坡的动态调整施工顺序和方法。滑坡勘查常因滑坡自身的复杂性而难以达到准确无误，常给设计的精确性带来困难，因此有必要遵循"动态设计、信息化施工"的原则，即根据施工开挖情况，发现与勘查情况不符时，及时修改设计，保证设计的准确性，达到根治滑坡的目的。

(8)"加强治理工程维修保养"的原则

油气长输管道滑坡治理工程的完成，并不意味着滑坡隐患能被彻底消除，必须对治理工程进行定期监测和维修保养两方面的工作，通过定期监测和维修保养（至少监测一个水文年），确定治理工程的效果及滑坡的变形情况，并及时发现问题，并及时解决问题，以保证治理工程效能的充分发挥，避免因治理工程失效而造成更大灾害。

二、油气长输管道滑坡常见治理措施

滑坡灾害往往会对油气长输管道产生较大的威胁与破坏，因此，如何有针对性地进行滑坡灾害的预防与治理成为油气长输管道运营企业迫切关注的问题。实际工程中，常结合油气长输管道滑坡的形态变形特征、成因机制和主控因素，将多种治理措施结合使用，以达到最合理、最经济、效果最佳的治理效果。以下简要介绍油气长输管道滑坡灾害常用的防治措施[11-13,17]。

1. 绕避

在油气长输管道选线规划期，设计部门应认真做好规划和拟建油气长输管道沿线的滑坡灾害危险性评估工作，进而对线路的选择做出多方案比选。对于大型滑坡，应采取改线、跨桥、隧道穿越滑体等方式绕避。对于规模不大的滑坡，应综合考虑技术、经济因素，采取减滑、阻滑或油气长输管道保护措施后，选择远离变形区中心的位置穿越滑坡。

2. 截排水工程

水在滑坡的形成和演化中扮演着重要的角色。由于地表水和地下水的渗入，不同岩性交界面或土体薄弱面逐渐松软，达到中塑或软塑程度，即可形成滑带，从而引起坡体的滑动。因此，排水既是预防滑坡的有力手段，也是滑坡发生后的应急治理措施。排水分为地表排水与地下排水。地表排水工程主要是拦截、引离滑坡范围外的地表水，防止其进入滑坡体，以及排除降落或出露在滑坡范围内的雨水、泉水以及封闭洼地积水，其常见措施包括填堵地表裂缝、修建截排水沟、疏通自然沟等方法。地下排水工程常见措施包括修建盲沟、集水孔、集水井、排水隧洞等。

例如兰郑长成品油输送管道 K103＋022 处位于兰州市榆中县，垂直穿越一个典型的黄土冲沟，在开阔的沟台中间，形成一个深约 50 m 的 U 形冲沟，两侧坡度较陡，稳定性差，敷设油气长输管道时的扰动引起管沟两侧滑坡，如图 3-20(a)所示。

由于村内排水系统的不完善，村内汇水基本上以路面排水为主，油气长输管道穿越路面处，水流顺坡面排泄而下，因此在管道穿越的村道边设置Ⅱ型排水渠，排水渠阔口宽 0.6 m，渠底宽 0.3 m，渠深 0.3 m，渠壁和渠底厚 0.3 m，总长 60 m，使用 M10 浆砌块石砌筑，将路面上的水汇流至涵洞所在的支沟，减少汇水对油气长输管道的影响。从涵洞出水口开始，沿支沟沟底设置Ⅰ型排水渠，排水渠阔口宽 2.0 m，渠底宽 1.0 m，渠深 1.0 m，渠壁和渠底厚 0.3 m，总长 200 m，使用 M10 浆砌块石砌筑。Ⅰ型和Ⅱ型排水渠，每隔 10 m 设置一道伸缩缝，缝宽 0.02 m，缝内使用沥青麻丝塞填，如图 3-20(b)所示。

(a) 冲沟两侧的管沟滑坡

(b) 涵洞出水口及排水渠

图 3-20　兰郑长成品油输送管道 K103＋022 处排水工程

3. 减重

减重即通常所说的削方减载，通过铲去滑坡体后部岩土体以达到卸载的目的。减重多应用于滑坡后缘倾角较陡且滑坡厚度较大的斜坡，削方产生的弃土又可堆积于滑坡前缘，进一步对滑体进行支挡，再配合坡面排水等措施，将获得良好的治理效果。如涩宁兰输气管道 K760＋333 处滑坡后缘应用了坡顶削坡减载措施，如图 3-21 所示；K851＋050 处翠泉砖厂滑坡也采取了在输气管道以上滑坡主滑区削坡减重措施，如图 3-22 所示。

4. 滑带土改良

滑带土改良是通过化学或物理的方法对滑动带物质进行置换与填充，一般使用注浆加固手段将填充剂加入滑带土中，从而提高滑带土的力学参数，达到稳定滑坡的目的。但尚未

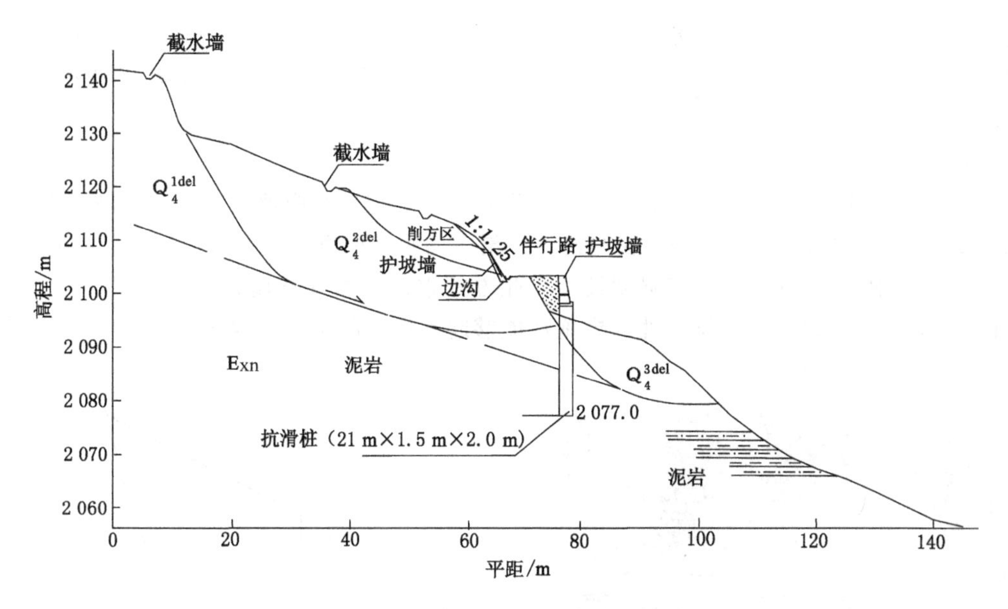

图 3-21　涩宁兰输气管道 K760＋333 处滑坡削方工程剖面图

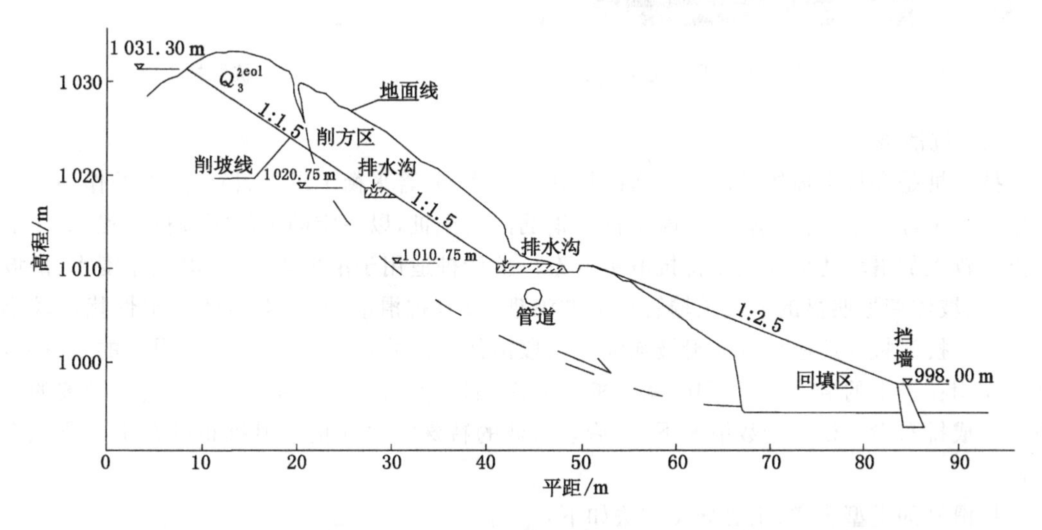

图 3-22　涩宁兰输气管道 K851＋050 处翠泉砖厂滑坡削坡工程剖面图

见到这一技术在油气长输管道滑坡治理中尝试的报道。

5. 抗滑措施

抗滑措施是指采用一系列的支挡措施，增大抗滑力以稳定滑坡，主要措施有：

（1）反压

反压是指在滑坡体前缘抗滑段及以外填筑土石增加抗滑力，也叫作压脚。反压作用原理明确、效果明显，目前经常作为滑坡治理的主要手段之一，在实际工程中应用广泛。实施反压时应注意清除填土基底的软弱土层，压密填土增大抗滑能力，填土的高度也应进行滑坡推力验算，以滑体不能从其顶部剪出为原则。如涩宁兰输气管道 K851＋050 处翠泉砖厂滑坡在管道以下坡脚处采取了填方反压的措施。该工程措施简单易行，在短时间内消除了滑坡直接威胁管道安全的险情，有效地保证了输气管道的正常运营，该工程于 2005 年 11 月完成，经过多年的观测，滑坡的蠕动变形已经停止，对管道的危害和威胁已消除，治理效果良好，如图 3-23 所示。

(2) 抗滑挡土墙

在滑坡前缘修建的墙式支挡结构，一般依靠自身重量与地基摩擦阻力抵抗滑坡下滑力，如图 3-24 所示。抗滑挡土墙应修建在与滑坡主滑方向垂直的方向上，基础设于滑带以下一定深度的稳定地层中，并进行挡墙强度校核。此方式常作为油气长输管道沿线中小型滑坡治理的主体工程，配以一定的排水处理措施后能够起到良好的抗滑稳定作用。

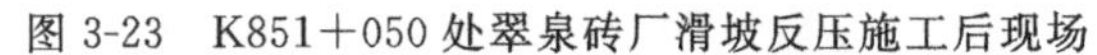

图 3-23　K851＋050 处翠泉砖厂滑坡反压施工后现场

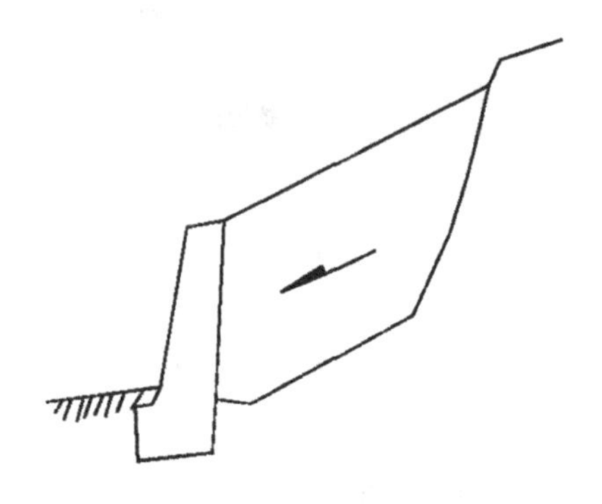

图 3-24　抗滑挡土墙

(3) 抗滑桩

抗滑桩是穿过滑坡体并深入滑床的柱状构筑物，起着平衡下滑力、稳定边坡的作用。可根据施工条件选用木桩、钢桩、混凝土桩及钢筋混凝土桩，以一定的桩间距进行布置，对于下滑推力较大的滑坡还可采用多排抗滑桩方案。抗滑桩适用于滑坡规模大、滑坡厚度大、滑坡推力大、坡体变形明显的油气长输管道滑坡治理，具有抗滑能力强、对滑体稳定性扰动较小等优点。抗滑桩一般应设置在滑坡前缘抗滑段滑体较薄处，以便充分利用抗滑段的抗滑力，减小作用在桩上的滑坡推力，同时减小桩的截面和埋深，降低工程造价，并应垂直滑坡的主滑方向成排布设。仅在少数情况下，因治理滑坡的特殊需要才把抗滑桩布设在主滑段或牵引段。

抗滑桩的类型多样，主要分类方法如下：

① 按桩身材质分有：木桩、钢管桩、钢筋混凝土桩等；

② 按桩身截面形式分有：圆形桩、管桩、方形桩、矩形桩等；

③ 按成桩工艺分有：钻孔桩和挖孔桩等；

④ 按桩的受力状态分有：全埋式桩、悬臂桩、埋入式桩等；

⑤ 按桩身刚度与桩周岩土强度对比及桩身变形分有：刚性桩和弹性桩等；

⑥ 按桩体组合形式分有：单桩、排架桩、刚架桩等；

⑦ 按桩头的约束条件分有：普通桩和锚索桩等。

常用的抗滑桩的基本形式如图 3-25 所示。其中(a)和(b)是使用最多的全埋式桩和悬臂桩；(c)为埋入式桩，即在滑体较厚且较密实的情况下，只要滑坡不会形成新滑面从桩顶剪出，桩可以不做到地面以节省圬工；(d)是承台式桩，为使两排桩协调受力和变形，在桩头用承台连接，这样可使桩间土体与桩共同受力；(e)、(f)和(g)实际上都是刚架桩，仅形式不同但都能有效发挥两桩的共同作用，从而减少桩的埋深和圬工，节省造价，只是施工较为复杂，尤其是排架桩中部横梁施工不便，故应用不多；(h)为锚索桩，在桩头或桩的上部加若干束锚索锚固于滑动面以下的稳定地层中，等于在桩上增加了一个或几个横向支点和抗力，减小了桩的弯矩和剪力，从而减小桩身截面和埋深。

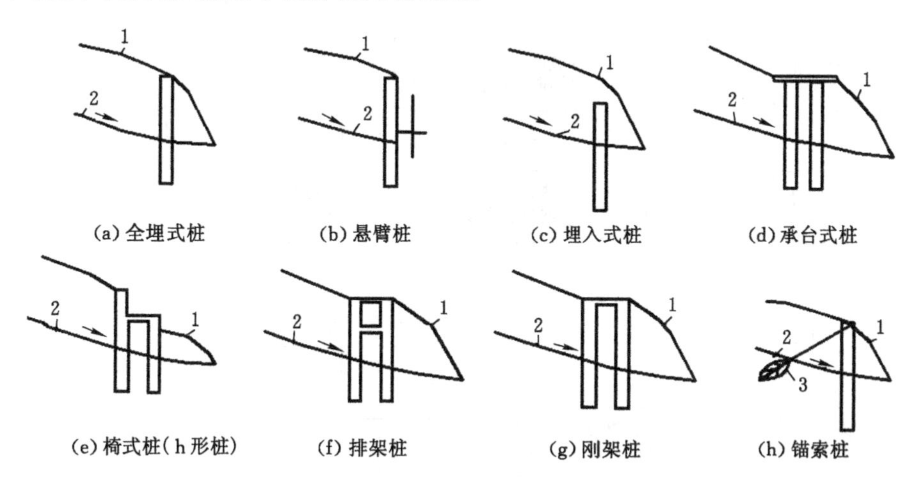

1—原地面；2—滑动面；3—锚索。

图 3-25　抗滑桩基本形式

实际工作中应根据滑坡的类型、规模和地质条件以及滑床(桩的锚固段)的岩土性质、施工条件和工期要求来选用具体的桩型。

抗滑桩的设置应使滑坡体的稳定系数提高到规定的安全值，并使滑坡体不越过桩顶或绕桩滑移，不产生新的深层滑动。在两桩之间能形成土拱的条件下，土拱的支撑力和桩侧摩擦力之和应大于一根桩所能承受的滑坡推力。

锚固深度内岩土体不得出现强度破坏，即在桩受侧向位移作用条件下，桩前岩土体的弹性抗力不得大于其容许抗压强度，桩底的最大压应力不得大于地基的容许承载力。

三、油气长输管道滑坡主要治理措施工程设计

1. 地表排水工程的设计[11-14]

(1) 地表汇水量的确定

地表截排水工程设计的关键是要确定地表汇水量，也就是计算设计径流量。地表汇水量计算方法很多，如推理法、统计分析法、地区分析法、现场评判法等，其中推理法应用最多，其设计流程可参见图 3-26 执行。

① 设计汇水量(径流量)计算公式

滑坡体外或滑坡体内的地表水设计汇水量可按下式计算确定：

$$Q = 16.67\psi qF \tag{3-1}$$

式中　Q——地表水设计汇水量，m^3/s；

ψ——径流系数；

q——设计重现期和降雨历时内的平均降雨强度，mm/min；

F——汇水面积，km^2。

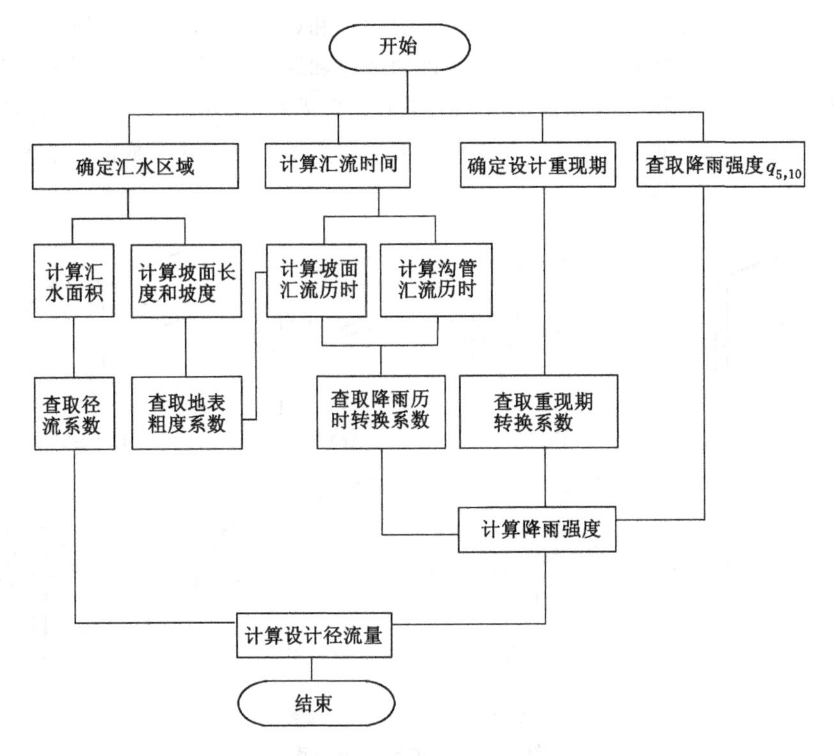

图 3-26　设计径流量的计算过程

② 计算汇水面积，查取径流系数

汇水面积是指雨水流向同一山谷地面的受雨面积。要确定汇水面积首先要利用地形图画出汇水面积边界线（通常由一系列的山脊线和道路、堤坝连接而成），再计算边界线所包围的面积。确定汇水面积边界线要注意三点：一是边界线应与山脊线一致，且处处与等高线垂直；二是边界线要经过一系列的山脊线、山头和鞍部，并在河谷的指定断面（公路或水坝的中心线）闭合；三是只有在山顶和鞍部才会出现较大的变化。

径流系数按汇水区域内地表种类确定，当汇水区域内有多种地表类别时，应根据每种类别选取径流系数，并按相应面积大小取加权平均值，径流系数如表 3-8 所列。

表 3-8　径流系数

地表种类	径流系数 ψ	地表种类	径流系数 ψ
粗粒土坡面	0.10～0.30	平坦的草地	0.40～0.65
细粒土坡面	0.40～0.65	平坦的耕地	0.45～0.60
硬质岩石坡面	0.70～0.85	落叶林地	0.35～0.60
软质岩石坡面	0.50～0.75	针叶林地	0.25～0.50
陡峻的山地	0.75～0.90	水田、水面	0.70～0.80
起伏的山地	0.60～0.80		

③ 量测坡面长度和坡度，查取地表粗度系数，计算坡面和沟、管汇流历时

在地形图上量测坡面长度和坡度，按式(3-2)计算坡面汇流历时：

$$t_1 = 1.445\left(\frac{sL_p}{\sqrt{i_p}}\right)^{0.467} \quad (L_p \leqslant 370\ \text{m}) \tag{3-2}$$

式中 t_1——坡面汇流历时，min；

L_p——坡面长度，m；

i_p——坡度，(°)；

s——地表粗度系数，按表 3-9 查取。

表 3-9 地表粗度系数

地表状况	地表粗度系数 s	地表状况	地表粗度系数 s
光滑不透水地面	0.02	牧草地、草地	0.40
光滑压实土地面	0.10	落叶林地	0.60
稀疏草地、耕地	0.20	针叶林地	0.80

计算沟、管内汇流历时时，应在断面尺寸、坡度变化点或者有支沟（支管）汇入处分段，分别计算各段的汇流历时，再叠加而得，并按式(3-3)计算：

$$t_2 = \sum_{m=1}^{n_1}\left(\frac{l_m}{60\,v_m}\right) \tag{3-3}$$

式中 t_2——沟、管内汇流历时，min；

l_m——第 m 段的长度，m；

n_1, m——分段数和分段序号；

v_m——第 m 段沟、管的平均流速，m/s，可按下式计算：

$$v_m = \frac{1}{n}R^{\frac{2}{3}}I^{\frac{1}{2}} \tag{3-4}$$

式中 R——水力半径，m，根据断面形状按表 3-10 所列公式进行计算；

n——粗糙系数（也称糙率），可利用表 3-11 进行选取；

I——水力坡降，其根据截排水纵向坡度和长度的比值逐段加权平均后取值。

表 3-10 断面面积及水力半径计算方法

断面形状	断面图	断面面积 A	水力半径 R
矩形	b, h	$A = bh$	$R = \frac{bh}{b+2h}$
梯形	b_1, h, m_1, m_2, 1, 1	$A = 0.5(b_1+b_2)h$	$R = \frac{0.5(b_1+b_2)h}{b_1+h(\sqrt{1+m_1^2}+\sqrt{1+m_2^2})}$

表 3-11　水力计算中常用的粗糙系数

水流边壁类型及其表面特征	粗糙系数 n
1. 混凝土衬砌	
(1) 壁面顺直,有抹光的水泥浆面层或经磨光表面光滑	0.010～0.012
(2) 壁面顺直,采用钢模且拼接良好	0.012～0.013
(3) 壁面顺直,采用木模拼接且缝间凹凸度在 3～5 mm 之内	0.013～0.014
(4) 壁面不够顺直,木模拼接不良,缝间凹凸度达 5～20 mm	0.014～0.016
(5) 粗糙的混凝土	0.016～0.018
2. 喷混凝土	
(1) 围岩表面平整	0.020～0.025
(2) 围岩表面高低不平整	0.025～0.030
3. 喷浆护面	0.016～0.025
4. 水泥浆砌块石护面	
(1) 渠底、壁面较顺直,砌石面较平整,拼接良好,1 m^2内不平整度为 5～30 mm	0.015～0.020
(2) 平整度较差	0.020～0.030
5. 干砌块石或乱石护坡	
(1) 渠底、壁面欠顺直,干砌石拼接一般	0.021～0.023
(2) 干砌块石平整度较差或乱石护坡	0.023～0.035
6. 岩石	
(1) 经过良好修整的	0.025～0.030
(2) 经过中等修整的	0.030～0.033
(3) 未经修正,凹凸度较大	0.035～0.045
7. 土	
(1) 平整顺直,养护良好	0.020～0.023
(2) 平整顺直,养护一般	0.023～0.025
(3) 渠面多石,杂草丛生,养护较差	0.025～0.028

v_m 也可按式(3-5)近似估算:

$$v_m = 20\,(i_m)^{0.6} \tag{3-5}$$

式中　i_m——第 m 段沟、管的平均坡度。

当沿程有旁侧入流时,第一段沟、管的平均流速可用该段沟、管的末断面流速乘折减系数(一般取 0.75)计算,其余各段可用上、下端断面流速的平均值计算。

④ 查取降雨历时转换系数、设计重现期等参数,计算降雨强度 q

当地气象站有 10 a 以上雨量记录资料时,宜利用气象站观测资料,经系统分析,确定相关参数后可按式(3-6)计算设计重现期和降雨历时内的平均降雨强度。

$$q_{\mathrm{p},t} = \frac{a_{\mathrm{p}}}{(t+b)^n} \tag{3-6}$$

其中:

$$a_{\mathrm{p}} = c + d\lg P \tag{3-7}$$

式中　t ——降雨历时(为坡面汇流历时和管、沟汇流历时之和),min;

P ——重现期,a;

b,n,c,d ——回归系数。

若当地缺乏雨量记录资料时,可利用标准降雨强度等值线图和有关转换关系,按式(3-8)计算降雨强度:

$$q = C_P C_t q_{5,10} \tag{3-8}$$

式中　C_P ——重现期转换系数,为设计重现期降雨强度 q_t 与标准重现期降雨强度 q_5 的比值 (q_P/q_5),可按地区从表 3-12 中查取;

C_t ——降雨历时转换系数,为降雨历时 t 的降雨强度 q_t 与 10 min 降雨历时的降雨强度 q_{10} 的比值 (q_t/q_{10}),可按地区的 60 min 转换系数 (C_{60}),从表 3-13 中查取,或者根据我国 60 min 降雨强度转换系数 (C_{60}) 等值线图查取;

$q_{5,10}$ ——5 a 重现期和 10 min 降雨历时的标准降雨强度,mm/min,可按地区根据我国 5 a 一遇 10 min 降雨强度 ($q_{5,10}$) 等值线图查取。

表 3-12　重现期转换系数

地　区		重现期 P/a			
		3	5	10	15
海南、广东、广西、云南、贵州、四川东、湖南、湖北、福建、江西、安徽、江苏、浙江、上海、台湾		0.86	1.00	1.17	1.27
黑龙江、吉林、辽宁、北京、天津、河北、山西、河南、山东、四川西、西藏		0.83	1.00	1.22	1.36
内蒙古、陕西、甘肃、宁夏、青海、新疆	非干旱区	0.76	1.00	1.34	1.54
	干旱区	0.71	1.00	1.44	1.72

注:干旱区约相当于 5 a 一遇 10 min 降雨强度小于 0.5 mm/min 的地区。

表 3-13　降雨历时转换系数

C_{60}	降雨历时 t/min										
	3	5	10	15	20	30	40	50	60	90	120
0.30	1.40	1.25	1.00	0.77	0.64	0.50	0.40	0.34	0.30	0.22	0.18
0.35	1.40	1.25	1.00	0.80	0.68	0.55	0.45	0.39	0.35	0.26	0.21
0.40	1.40	1.25	1.00	0.82	0.72	0.59	0.50	0.44	0.40	0.30	0.25
0.45	1.40	1.25	1.00	0.84	0.76	0.63	0.55	0.50	0.45	0.34	0.29
0.50	1.40	1.25	1.00	0.87	0.80	0.68	0.60	0.55	0.50	0.39	0.33

(2) 布设排水体系,确定设计流量,选用截排水沟断面形状并计算过流断面面积

进行地表水排水体系设计时,应根据滑坡区域地貌、地形特点,充分利用自然沟谷,在滑坡体内外修筑截排水沟和树杈状、网状排水系统,以快速引排坡面雨水。

环形截排水沟可以沿滑坡体周围,根据水流汇聚情况在滑坡可能发展的边界以外不小于 5 m 处设置,其设置数量可根据山坡汇水面积、降雨量(尤其是暴雨量)和流速等计算而得的汇水量大小确定,可设置一条或多条。当设置多条时,间距一般以 50～60 m 为宜。根

据设计地表汇水量大小和沟道条数与长度，确定出每条截排水沟的设计流量 Q_n。

截排水沟断面形状可采用矩形、梯形、复合型及U形，如图3-27所示，油气长输管道滑坡治理的截排水沟选用梯形断面的较多。

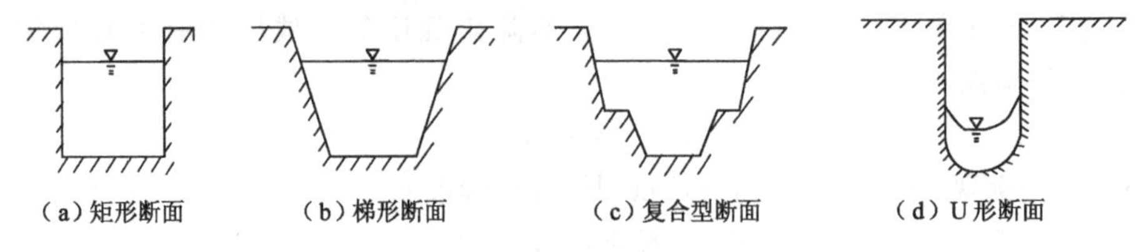

（a）矩形断面　（b）梯形断面　（c）复合型断面　（d）U形断面

图 3-27　截排水沟断面形式

截排水沟过流量（Q_c，也称为校核流量）必须大于设计流量（Q_n），据此确定出过流量，再根据过流量确定过流断面面积 W：

$$W = \frac{Q_c}{C\sqrt{RI}} \tag{3-9}$$

式中　W——过流断面面积，m^2；

Q_c——过流量，m^3/s；

C——流速系数，m/s，一般采用下面两个公式之一进行计算。

① 巴普洛夫斯基公式：

$$C = R^y/n \tag{3-10}$$

式中　y——与 n、R 有关的指数。

$$y = 2.5\sqrt{n} - 0.13 - 0.75\sqrt{R}(\sqrt{n} - 0.10) \tag{3-11}$$

② 满宁公式：

$$C = R^{1/6}/n \tag{3-12}$$

式(3-9)至式(3-12)中，R 为水力半径，计算方法如表3-10所列；n 为粗糙系数，利用表3-11进行选取；I 为水力坡降。截排水沟的纵向坡度不宜小于0.5%，应根据其控制面积（需水量或者流量）和现场的实际地形来确定，当自然纵坡大于1∶20或局部高差较大时，可设置陡坡或跌水；当跌水高差在5 m以内，应采用单级跌水；当高差大于5 m时，宜采用多级跌水。

(3) 确定截排水沟断面具体尺寸，进行抗冲刷计算

在确定截排水沟断面时应考虑坡面截排水沟的堵塞，取堵塞系数为1.5，即最终断面面积应该为过水断面面积的1.5倍，并根据上一步选择的断面形式设计出具体尺寸[如梯形沟渠的主要尺寸为：下底宽、上顶宽（阔口）、坡比、水深和沟深]，并选取修筑材料类型：宜采用浆砌片石或块石砌成，宜选用M7.5或M10水泥砂浆，并用比砌筑砂浆高1级标号的砂浆进行勾缝。地质条件差，如坡体松软段，可用毛石混凝土或素混凝土修建，标号常采用C10或C15。

当截排水沟内的水流速过大，将会使截排水沟遭水流冲刷而侵蚀破坏，不同结构截排水沟的允许不冲流速如表3-14所列；当截排水沟内的水流速过小，容易造成截排水沟淤堵，一般最小流速不应小于0.4 m/s。流速计算方法为：

$$v = \frac{Q}{A} \tag{3-13}$$

式中　Q——流量，m^3/s；

A——有效断面面积，m^2。

弯曲段的弯曲半径，不应小于最小容许半径及沟底宽度的5倍，最小容许半径可按下式计算：

$$R_{min} = 1.1v^2A^{1/2} + 12 \tag{3-14}$$

式中　R_{min}——最小容许半径，m；

其余符号意义同前。

表 3-14　允许不冲流速

结构类型		允许不冲流速/(m/s)
砌石	干砌卵石	2.5～4.0
	单层浆砌石	2.5～4.0
	双层浆砌石	3.0～5.0
	浆砌料石	4.0～6.0
混凝土	现浇混凝土	<8.0
	预制混凝土铺砌	<5.0

(4) 其他技术要求

截排水沟、跌水进出口段宜采用喇叭口或八字形导流翼墙，导流翼墙长度一般取设计水深的3～4倍；当截排水沟断面变化时，应采用渐变段衔接，衔接段长度可取水面宽度之差的5～20倍；截排水沟的安全超高(沟深减去水深)不宜小于0.4 m，最小不应小于0.3 m；对弯曲段凹岸，应考虑水位壅高的影响。陡坡和缓坡段沟底及边墙，每隔10～15 m应设一道伸缩缝，伸缩缝处的沟底，应设齿前墙，伸缩缝内应设止水或反滤盲沟或同时采用；滑坡体上若有水田，应改为旱地耕作。

2. 地下排水工程设计

地下排水工程措施有渗沟、支撑盲沟、渗井、排水洞、排水孔、集水井、盲洞等。现场应用较多的是渗沟和支撑盲沟。其中，渗沟按作用不同可分为支撑渗沟、边坡渗沟和截水渗沟三种[11,13,15,18]。

支撑渗沟用于支撑不稳定的滑坡体，并起排除和疏干滑坡体内地下水的作用，有主干沟和分支沟两种。主干沟平行于滑动方向，一般布置在地下水露头处或者由土中水形成坍塌的地方。分支沟应根据坡面汇水情况合理布置，可与滑动方向呈30°～40°交角，也可伸展到滑坡范围以外，以拦截地下水。支撑渗沟的平面形状一般有“Ⅲ”和“YYY”两种，如图3-28所示。支撑渗沟横向间距可视土质情况而定，具体采用表3-15所列数据。支撑渗沟宽度一般为2～4 m，深度一般为2～10 m，基底应埋入滑动面以下0.5 m，排水纵坡为2%～4%，当滑动面较陡时，可修筑台阶，台阶宽度一般不小于4 m。为加强支撑作用，可在台阶底部设置浆砌片石石牙，石牙形状为一个角为30°的直角三角形。支撑渗沟进水侧壁及顶端应设置反滤层，在寒冷地区，渗沟出口应设置防冻措施，如图3-29所示[11-14,18-19]。

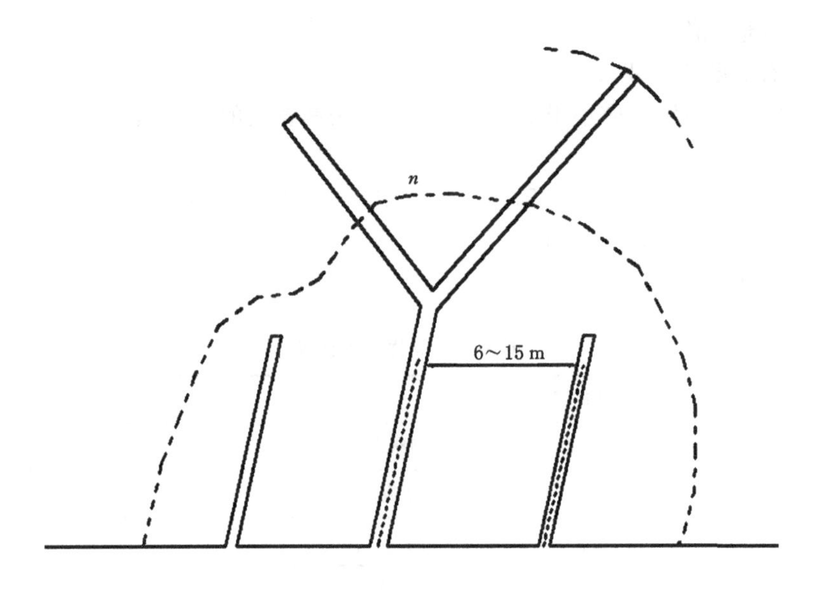

图 3-28　支撑渗沟平面布置图

表 3-15　支撑渗沟横向间距

土质	渗沟横向间距/m	土质	渗沟横向间距/m
黏土	6～10	亚黏土	10～15
重亚黏土	8～12	破碎岩层	15

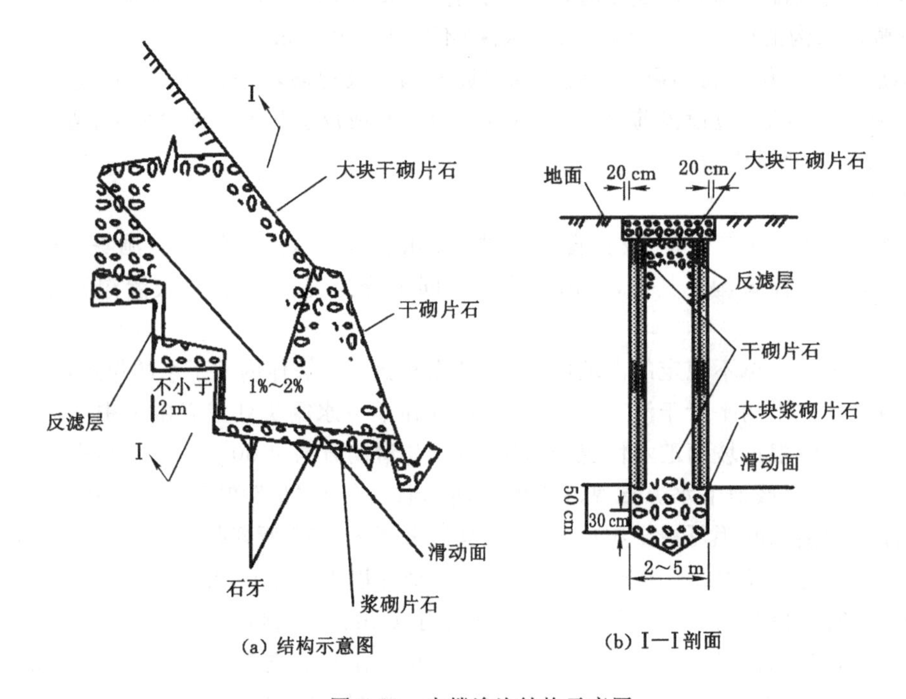

图 3-29　支撑渗沟结构示意图

当滑坡坡面上有大面积潮湿区域时，可修建边坡渗沟，渗沟平面形状有垂直形、分支形和拱形，可相互连接成网状，如图 3-30 所示。边坡渗沟间距取决于地下水的分布、流量和边坡土质等因素，长度一般为 6～10 m，深度一般不小于 2 m，宽度为 1.5～2.0 m，基底应设置于边坡湿土层以下的稳定土层中，并铺设防渗层。

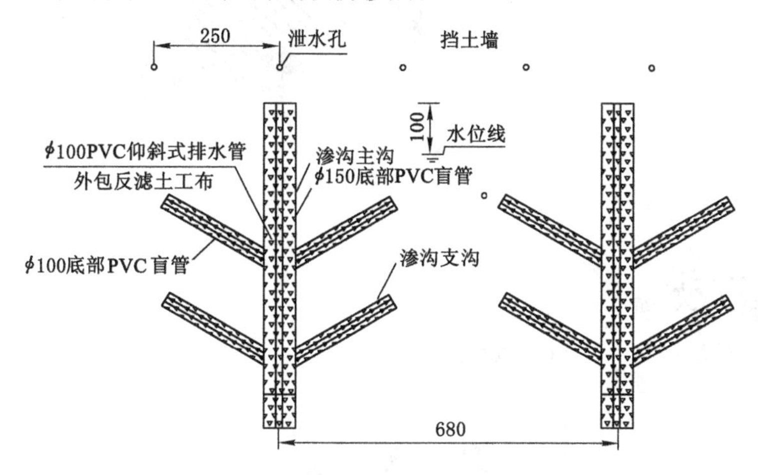

图 3-30　网状边坡渗沟布置示意图

当有丰富的地下水进入滑坡体时，可在垂直于地下水水流方向上设置截水渗沟，并将其修筑在滑坡体可能发展范围 5 m 以外的稳定土体上，平面上呈环形或折线形，其基底应埋入最低含水层下的不透水层或基岩内，当基底未埋入完整基岩时，应采用浆砌片石修筑沟槽，渗沟的迎水沟壁应设反滤层，背水沟壁应设隔渗层。截水渗沟的排水管高度不应小于 1 m，以便养护人员进入检查、疏通，截水渗沟一般深而长，为便于维修与疏通孔道，在直线段每隔 30～50 m 或渗沟的转弯、变坡处应设置检查井，检查井井壁设泄水孔，以排除附近地下水。

支撑盲沟利用其透水性将地下水汇集到沟内，并沿沟排至指定地点。盲沟要求底部置于滑动面以下 0.5 m 处的稳定土层中，并修成坡度为 4% 的排水纵坡，横断面一般为矩形，也可以做成上宽下窄的梯形。支撑盲沟的沟底设计成台阶形(图 3-31)，台阶的宽度根据实际开挖情况而定，一般位于滑体后部的较窄，前部的较宽，并不小于 2 m，底部用浆砌片石铺砌 0.3 m 厚，以保持自身的稳定并加强支撑作用，如图 3-32 所示。为防止地下水携带的泥砂逐渐淤积在盲沟内，在盲沟两侧设置反滤层。反滤层一般分两层，每层厚度100 mm，外层可选粒径为 1～2 mm 砾砂，内层可选粒径 4～20 mm 的中砾。支撑盲沟的内部用干砌石堆砌，渗沟顶部采用浆砌片石封顶，厚 0.3 m，并使中间凸起，以防止土粒落入盲沟填料中，但两端都不封堵，后端设置反滤层，前端设挡土墙，以增加支撑作用。挡土墙用浆砌石砌筑，截面比盲沟稍大即可，底部设 100 mm×150 mm 排水孔与盲沟相连，以排除盲沟内积水。

支撑盲沟长度可按下式进行计算：

$$L = \frac{KT\cos\alpha - T\sin\alpha\tan\phi}{\gamma hb\tan\phi} \tag{3-15}$$

式中　L ——支撑盲沟长度，m；

K ——设计安全系数，取值 1.3；

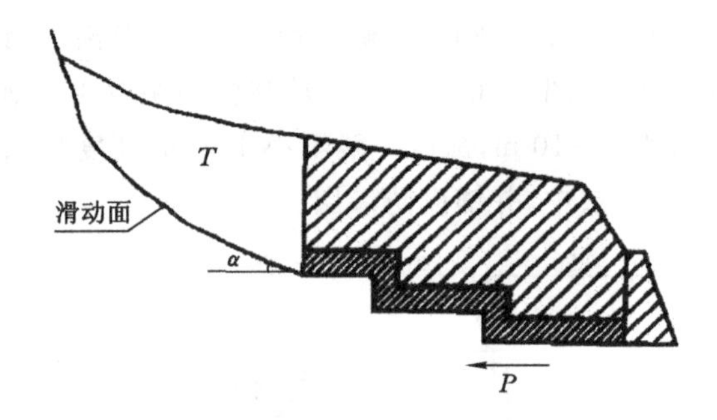

图 3-31　支撑盲沟台阶

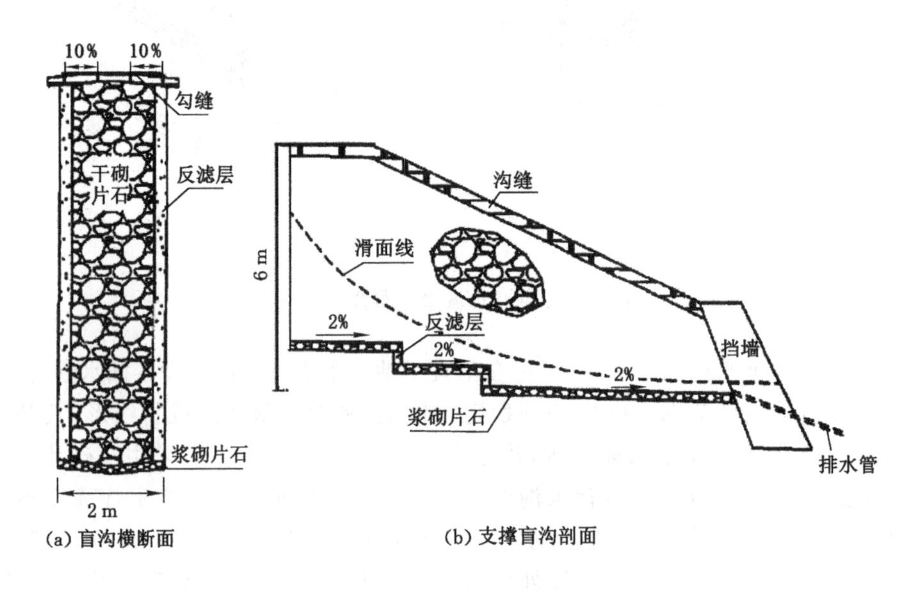

图 3-32　支撑盲沟沟底做法

T——作用于盲沟上的滑坡推力,kN;

α——支撑盲沟后的滑坡滑动面倾角,(°);

ϕ——盲沟基础与地基内摩擦角,(°);

γ——盲沟内填料容量、采用浮容量,kN/m^3;

h,b——支撑盲沟的高、宽,m。

当盲沟设计长度大于 50 m 时,支撑盲沟排除地下水的出水量按下式计算:

$$Q = LK\frac{H^2 - h^2}{2R} \tag{3-16}$$

式中　Q——盲沟出水量,m^3/d;

L——盲沟长度,m;

K——渗透系数,m/d;

H——含水层厚度,m;

h——动水位至含水底板的高度,m;

R——影响半径,m。

当长度小于 50 m 时,则按下式计算[7]:

$$Q = 0.65K \frac{H^2 - h^2}{\lg\left(\frac{R}{0.25L}\right)} \tag{3-17}$$

每条盲沟的支撑力计算公式为[12-15,20]：

$$P = v\gamma f = hbL\gamma f \tag{3-18}$$

式中　P——每条支撑盲沟的支撑力，kN；

v——每条支撑盲沟的体积，m^3；

γ——支撑盲沟填料的容重，kN/m^3；

h——支撑盲沟断面平均高度，m；

b——支撑盲沟断面宽度，m；

L——每条支撑盲沟的长度，m；

f——支撑盲沟底与地基间的摩擦系数。

3. 抗滑挡土墙设计

抗滑挡土墙与一般挡土墙的主要区别在于所受土压力的大小、方向、分布和合力作用点的不同。一般挡土墙所承受的主动土压力按库伦土压力理论或朗肯土压力理论求算，土压力的大小随墙的高度和墙背形状变化而变化，方向与墙背成一定角度，并与墙背形状及粗糙度有关，土压力按三角形分布，其合力作用点在墙底以上三分之一处；而抗滑挡土墙滑坡推力方向与墙后较长一段滑动面（带）平行，滑坡推力的分布不是三角形，合力的作用点在滑动面至墙顶的二分之一处。滑坡推力大小由滑坡推力计算确定。计算方法大致可归纳为以下三种[11-14]：

① 当滑动面（带）是单一的平面或可简化成单一的平面时，如图 3-33 所示，可假定滑动面上的内聚力为零，因此其稳定系数 K_0 为：

$$K_0 = \frac{\tan\varphi}{\tan\alpha} \tag{3-19}$$

式中　φ——滑动面（带）土体的内摩擦角，（°）；

α——滑动面（带）的倾角，（°）。

滑坡推力 E 为：

$$E = W \cdot \cos\alpha \cdot (K \cdot \tan\alpha - \tan\varphi) \tag{3-20}$$

式中　W——滑坡土体的自重，kN；

K——安全系数；

其余符号意义同前。

② 当滑动面为圆弧或可简化为圆弧时，如图 3-34 所示，其稳定系数 K_0 为：

$$K_0 = \frac{\sum N\tan\varphi + \sum cL + \sum R}{\sum T} \tag{3-21}$$

式中　$\sum T$——作用在滑动面上的滑动力之和，kN；

$\sum N$——作用在滑动面上的法向力之和，kN；

$\sum R$——抗滑部分的阻滑力之和，kN；

c——滑动面上土体的单位内聚力，kN/m；

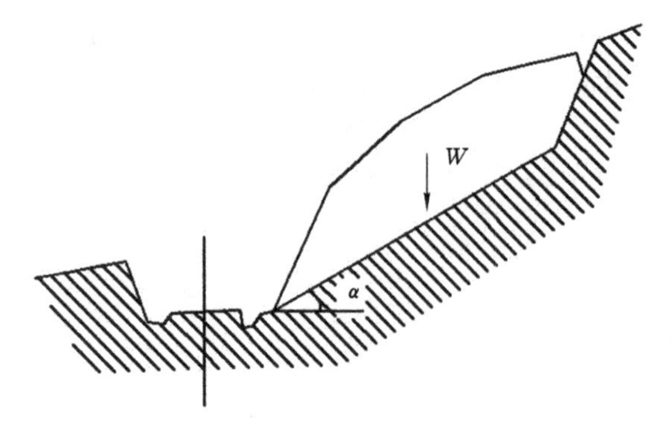

图 3-33　单一平面式滑动面

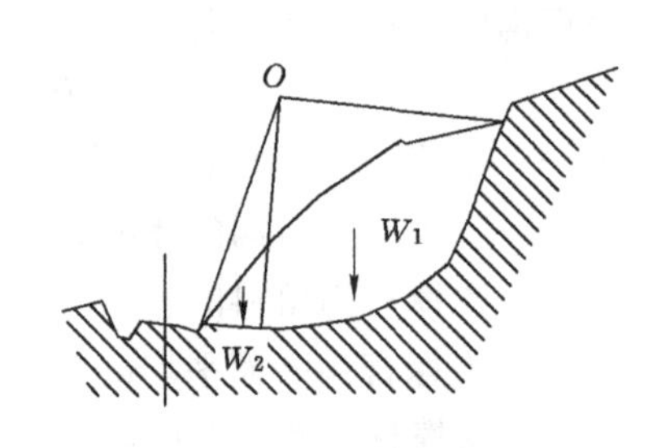

图 3-34　圆弧滑动面

L ——滑动面长度，m。

滑坡推力 E 为：

$$E = \sum KT - \sum N\tan\varphi - \sum cL - \sum R \tag{3-22}$$

式中　K——安全系数；

其余符号意义同前。

③ 如果平行滑动面方向取 1.0 m 宽的土条作为计算基本断面，其两侧摩擦阻力不计，假设每一计算段整体滑动且每一段滑动面为直线，整个滑动面在断面上为折线，则滑坡推力作用的方向平行于滑动面，滑坡推力的应力分布为矩形，如图 3-35 所示。

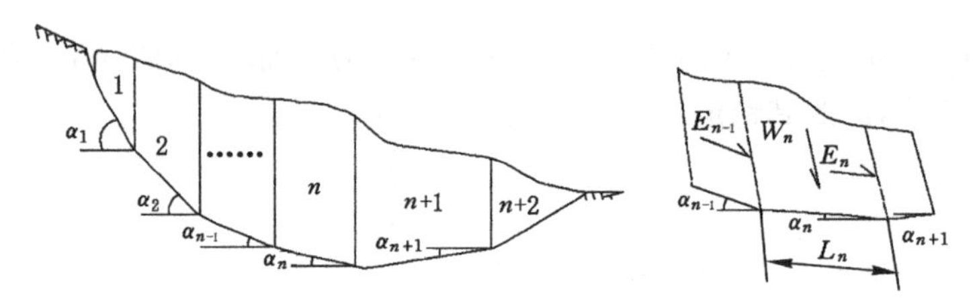

图 3-35　滑坡力系示意图

此时，滑坡推力为：

$$E_n = K \cdot W_n \cdot \sin\alpha_n - W_n \cdot \cos\alpha_n \cdot f_n - c_n \cdot L_n + E_{n-1}\,\psi_n \tag{3-23}$$

第一块滑动面上经常出现拉张裂缝，因此一般认为 c_1 为 0，因此有：

$$E_1 = K \cdot W_1 \cdot \sin\alpha_1 - W_1 \cdot \cos\alpha_1 \cdot f_1 \tag{3-24}$$

上述两式中，$f_n = \tan\varphi_n$，为任一块滑体的滑动面上土的摩擦系数；ψ_n 为滑动块体之间的传递系数，其计算方法为：

$$\psi_n = \cos(\alpha_{n-1} - \alpha_n) - \sin(\alpha_{n-1} - \alpha_n) \cdot f_n \tag{3-25}$$

在计算过程中，需要确定的参数有滑坡体的土体容重(W)，滑动面(带)的内聚力(c)与内摩擦角(φ)、安全系数(K)。土体容重值变化不大，可通过试验或凭经验确定，而且选用值的误差给滑坡推力带来的误差也远不如 c、φ 大。滑动面 c、φ 值一般用滑动面重合剪切试验、重塑土多次直剪试验、环状剪力仪变形剪切试验、三轴切面剪切试验等进行确定，当然也可以用反算方法或者经验方法确定。

一般情况下，滑坡推力要比土压力大得多，往往根据它来进行设计，但对有些中小型滑坡，滑坡推力还应与一般土压力进行比较，取其大者进行设计。抗滑挡土墙常见结构形式如图 3-36 所示。

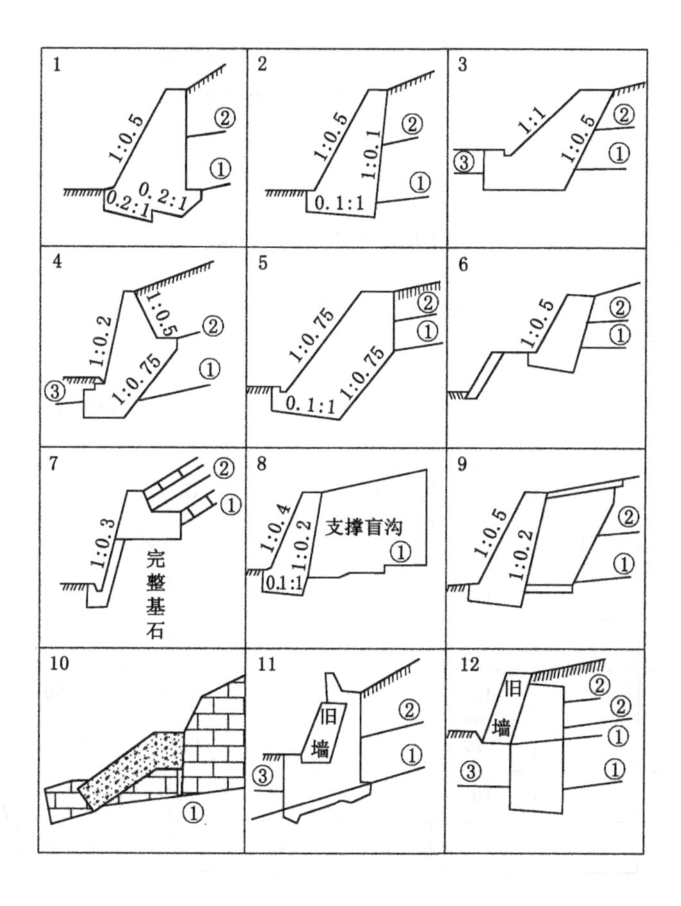

①—滑动面；②—滑坡推力；③—被动土压力。

图 3-36　抗滑挡土墙结构形式

（1）确定设墙位置及范围

综合考虑油气长输管道和滑坡的位置关系后布置挡土墙，对于中小型滑坡，一般将抗滑挡土墙设置于滑坡前缘，如图 3-37 所示。根据滑坡平面、剖面形态以及设墙位置的具体地形，确定抗滑挡土墙的墙长。一般来说，抗滑挡土墙应垂直于主滑方向。

（2）确定墙高

一般是根据滑坡体情况先假定一个适当的墙顶标高，按下述步骤检算：

① 过假定墙顶后缘点 A 向下作与水平线成 $45°-\frac{\varphi}{2}$ 夹角的线 Aa，交滑面 SZ 于 a 点，检算滑坡沿 aA 虚拟滑面滑出的可能，即计算滑坡体剩余下滑力，如无正值下滑力，说明不会沿该面滑出；然后再向上（和向下）每隔 5°绘出 Ab、Ac ……等线，求算出这些虚拟滑面的剩余下滑力，并列于表 3-16 中，直至出现负值下滑力的最低峰值时，即停止绘线和检算。

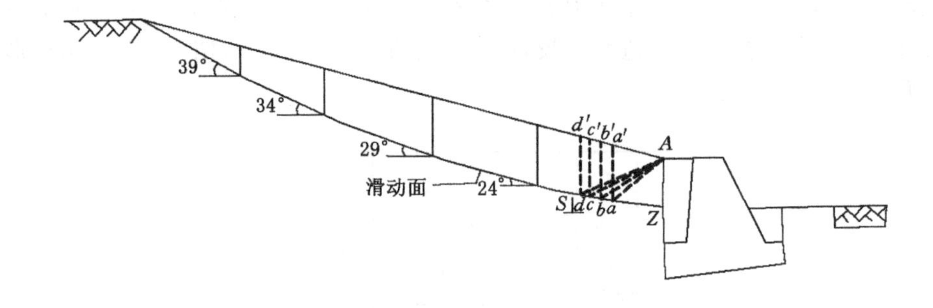

图 3-37　抗滑挡土墙布置位置及安全墙高计算示意图

表 3-16　安全墙高计算表

某滑坡自墙顶滑出的验算表（$K=1.3$）									
虚拟滑面	滑面面积 $S_{滑}/m^2$	重度 γ /(kN/m³)	滑动面倾角 α/(°)	抗剪强度		下滑力 T_i /(kN/m)	阻滑力 R_i /(kN/m)	传递系数	剩余下滑力 /(kN/m)
				c/kPa	φ/(°)				
Sa	4.24	21	10	0	12	15.46	18.64	0.978	113.19
aA	1.81	21	−39	25	40	−23.92	83.86	0.023	−112.38
Sb	3.76	21	10	0	12	13.71	16.53	0.978	113.02
bA	2.07	21	−34	25	40	−24.31	93.56	0.136	−109.74
Sc	3.14	21	10	0	12	11.45	13.80	0.978	112.81
cA	2.43	21	−29	25	40	−24.74	107.05	0.249	−11.11
Sd	2.22	21	10	0	12	8.10	9.76	0.978	112.49
dA	2.98	21	−24	25	40	−25.45	126.77	0.360	−119.38

② 当出现正值下滑力时，说明墙高不足，当最小的负值下滑力数值过大时，说明墙高太大，均需重新调整，每次调整 1 m，直至安全合理为止。

③ 确定较为合适的墙高后，如为 *SbA* 控制，则过 *A* 点向 *Ab* 两侧绘线，相邻两线夹角为 1°，直至与 *Aa* 或 *Ac* 重合为止，逐个检算，找出真正最大下滑力的位置 *SOA*。

④ 以 *SOA* 角平分线上的点为圆心绘出多个可能的圆弧滑面，逐个计算其下滑力，其中最危险者不能为正值，否则需再次调整墙高。

实际工作中，为简化计算，可将③、④两步省略，使沿折线滑动面 *SbQ* 的负值下滑力稍大一些，以保安全。

⑤ 若墙后有卸荷平台，亦应过平台后缘点向下作线。

一般来说，重力式抗滑挡土墙墙高不宜超过 8 m，否则应采用特殊形式抗滑挡土墙。

(3) 拟定断面尺寸，确定墙基埋置深度及尺寸

重力式抗滑挡土墙结构形式如图 3-38 所示，其选择宜根据滑坡稳定状态、施工条件、土地利用经济效益等因素确定，在地形地质条件允许的情况下，宜采用仰斜式；施工期间滑坡稳定性较好且土地价值低，宜采用直立式；施工期间滑坡稳定性较好但土地价值高，宜采用

俯斜式。根据墙型和墙高，确定墙顶宽、墙底宽、墙背坡坡度、墙胸（面）坡坡度等参数。一般来说，墙顶宽不宜小于 0.6 m，墙胸坡坡度宜在 1∶0.5～1∶0.3 之间，墙高小于 4.0 m 时，可采用直立墙胸，地面较陡时，墙面坡度宜在 1∶0.2～1∶0.3 之间；墙背可设计成倾斜式、垂直式、台阶式，但整体坡度不宜小于 1∶0.25[11]。

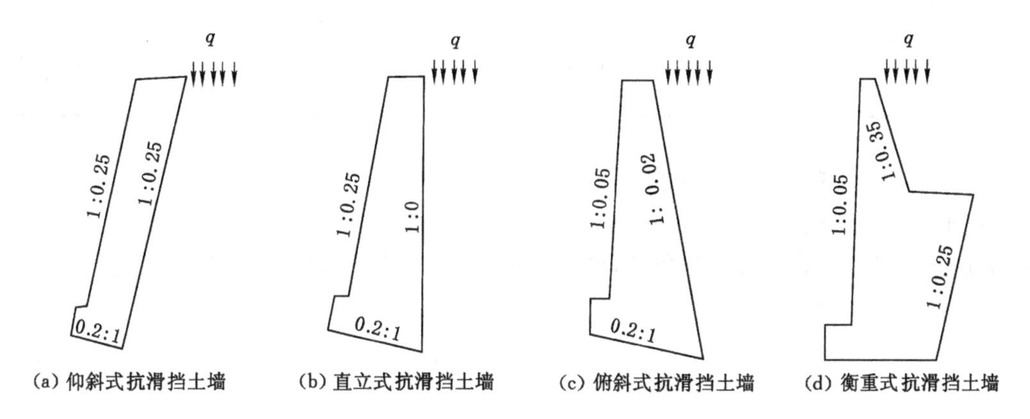

(a) 仰斜式抗滑挡土墙　(b) 直立式抗滑挡土墙　(c) 俯斜式抗滑挡土墙　(d) 衡重式抗滑挡土墙

图 3-38　重力式抗滑挡土墙结构形式

抗滑挡土墙基础埋置深度应根据地基变形、地基承载力、地基抗滑稳定性、挡土墙抗倾覆稳定性、岩石风化程度以及流水冲刷程度计算确定。土质滑坡抗滑挡土墙埋置深度应置于滑动面以下且不小于 1 m[11-14]。除此之外，抗滑挡土墙基础埋置深度还应符合以下要求：

① 应保证基底土层的容许承载力大于基底可能出现的最大应力。不同深度的土层具有不同的承载力。基底应力分布因基础埋置深度不同而有所差异，对于埋入土中的基础，其基底应力分布比置于地面的均匀。所以，应将基础置于具有足够承载力的土层上，以避免地基产生剪切破坏，保证基础稳定。

② 应保证基础不受冲刷。在墙前地基受水冲刷地段，如未采取专门的防冲刷措施，应将基础埋到冲刷线以下，以免基底和墙趾前的土层被水淘蚀。

③ 在季节性冻土地区，应将基础埋置到冻土线以下，以防止地基因冻融而破坏。

针对上述要求，一般来说：

① 设置在土质地基上的挡墙，基底埋置深度一般应在天然地面以下至少 1.0 m；受水冲刷时基底应在冲刷线以下至少 1.0 m；受冻胀影响时，基底应在冻结线以下不少于 0.25 m，当冻土深度超过 1.0 m 时，埋置深度仍采用 1.25 m，但基底应夯填一定厚度的砂砾或碎石垫层，垫层底面亦应位于冻结线以下不少于 0.25 m。

② 设置在石质地基上的挡土墙，应清除表面风化层，当风化层过厚难以全部清除时，可根据地基风化程度及其容许承载力，将基底埋入风化层中。基础嵌入岩层的深度，可参照表 3-17 确定。墙趾前地面横坡较陡时，基底埋深必须满足墙趾前的安全襟边宽度 L，以防止地基剪切破坏。

③ 在挡土墙位于地质不良地段，地基内可能出现滑动面时，应进行地基抗滑稳定性验算，将基底埋置在滑动面以下，或采用其他措施防止挡土墙滑动。

表 3-17　挡墙基础嵌入岩石地基深度

岩层种类	基础埋深 h/m	襟边宽度 L/m	嵌入示意图
较完整的坚硬岩石	0.25	0.25～0.5	
一般岩石(如砂页岩互层等)	0.6	0.6～1.5	
松散岩石(如千枚岩等)	1.0	1.0～2.0	
砂夹砾石	≥1.0	1.5～2.5	

(4) 计算可以利用的被动土压力

挡土墙前部的被动土压力，一般可不考虑。但当基础埋置较深、地层稳定、不受水流冲刷和扰动破坏时，结合墙身位移条件，可选用1/3～1/2被动土压力值或静止土压力。被动土压力可按下式进行计算：

$$P_P = \frac{1}{2}\gamma K_P H^2 \tag{3-26}$$

$$K_P = \frac{\cos^2(\varphi+\varepsilon)}{\cos^2\varepsilon\cos(\varepsilon-\delta)\left[1+\sqrt{\dfrac{\sin(\varphi+\delta)\sin(\varphi+\beta)}{\cos(\varepsilon-\delta)\cos(\varepsilon-\beta)}}\right]} \tag{3-27}$$

式中　P_P——被动土压力，kN/m；

K_P——被动土压力系数，无量纲；

H——墙高，m；

γ——土体容重，kN/m^3；

φ——土体的内摩擦角，(°)；

β——墙顶土坡坡度，(°)；

ε——墙背与铅垂方向的夹角，(°)；

δ——土体与墙背间的摩擦角，(°)，其值可参见表3-18选取。

表 3-18　土对挡土墙墙背的摩擦角

挡土墙情况	摩擦角 δ/(°)
墙背平滑，排水不良	0～0.33φ(不含0.33φ)
墙背粗糙，排水良好	0.33φ～0.50φ(不含0.50φ)
墙背很粗糙，排水良好	0.50φ～0.67φ(不含0.67φ)
墙背与填土间不可能滑动	0.67φ～1.0φ

(5) 抗滑挡土墙的抗滑、抗倾覆、基底应力和墙身截面强度检验

① 抗滑检验

重力式抗滑挡土墙滑动稳定性方程为：

$$[1.1G+\gamma_{Q1}(E_y+E_x\tan\alpha_0)-\gamma_{Q2}E_P\tan\alpha_0]\mu+(1.1G+\gamma_{Q1}E_y)\tan\alpha_0-\gamma_{Q1}E_x+\gamma_{Q2}E_P>0 \tag{3-28}$$

式中　G——作用于基底以上的重力(浸水挡土墙的浸水部分应计入浮力)，kN；

E_y ——墙后主动土压力的竖向分量，kN；

E_x ——墙后主动土压力的水平分量，kN；

E_P ——墙前被动土压力的水平分量，kN，当为浸水挡土墙时，$E_P = 0$；

α_0 ——基底倾斜角，(°)，基底为水平时，$\alpha_0 = 0$；

γ_{Q1}，γ_{Q2} ——主动土压力分项系数、墙前被动土压力分项系数，可按表 3-19 的规定进行选用[11]；

μ ——基底与地基间的摩擦系数，当缺乏可靠试验资料时，可按表 3-20 的规定进行选用[11]。

表 3-19　承载能力极限状态作用(或荷载)分项系数

情况	荷载增大对抗滑挡土墙结构起有利作用时		荷载增大对抗滑挡土墙结构起不利作用时	
组合	Ⅰ，Ⅱ	Ⅲ	Ⅰ，Ⅱ	Ⅲ
垂直恒载分项系数γ_G	0.90		1.20	
恒载或车辆载荷、人群载荷的主动土压力分项系数γ_{Q1}	1.00	0.95	1.40	1.30
被动土压力分项系数γ_{Q2}	0.30		0.50	
水浮力分项系数γ_{Q3}	0.95		1.10	
静水压力分项系数γ_{Q4}	0.95		1.05	
动水压力分项系数γ_{Q5}	0.95		1.20	

表 3-20　基底与地基间的摩擦系数

地基土的分类	摩擦系数 μ	地基土的分类	摩擦系数 μ
软塑黏土	0.25	碎(卵)石类	0.50
硬塑黏土	0.30	软质岩石	0.40～0.60
砂类土、黏砂土、半干硬黏土	0.30～0.40	硬质岩石	0.65～0.70
砂类土	0.40		

抗滑稳定系数 K_c 按下式计算：

$$K_c = \frac{[N + (E_x - E_P')\tan \alpha_0]\mu + E_P'}{E_x - N\tan \alpha_0} \tag{3-29}$$

式中　N ——作用于基底上合力的竖向分力(浸水挡土墙应计浸水部分的浮力)，kN；

E_P' ——墙前被动土压力水平分量的 30%，kN；

其余符号意义同前。

重力式抗滑挡土墙的抗滑稳定性按下式进行验算：

$$K_c = \frac{\mu(G_n + E_{an})}{E_{at} - G_t} \geqslant 1.3 \tag{3-30}$$

$$G_n = G\cos \alpha_0 \tag{3-31}$$

$$G_t = G\sin \alpha_0 \tag{3-32}$$

$$E_{at} = E_a \sin(\alpha - \alpha_0 - \delta) \tag{3-33}$$

$$E_{an} = E_a \cos(\alpha - \alpha_0 - \delta) \tag{3-34}$$

式中 G——抗滑挡土墙的自重,kN;

E_a——抗滑挡土墙墙背的主动岩土压力合力,kN;

α——抗滑挡土墙墙背倾角,(°);

δ——岩土对抗滑挡土墙墙背摩擦角,(°),可参照表3-18选用;

其余符号意义同前。

② 抗倾覆检验

抗滑挡土墙的倾覆稳定方程为:

$$0.8GZ_G+\gamma_{Q1}(E_yZ_x-E_xZ_y)+\gamma_{Q2}E_PZ_P>0 \tag{3-35}$$

式中 Z_G——墙身重力、基础重力、基础上填土的重力及作用于墙顶的其他荷载的竖向力合力重心到墙趾的距离,m;

Z_x——墙后主动土压力的竖向分量到墙趾的距离,m;

Z_y——墙后主动土压力的水平分量到墙趾的距离,m;

Z_P——墙前被动土压力的水平分量到墙趾的距离,m;

其余符号意义同前。

抗倾覆稳定系数 K_0 按下式计算:

$$K_0=\frac{GZ_G+E_yZ_x+E_P'Z_P}{E_xZ_y} \tag{3-36}$$

重力式抗滑挡土墙的抗倾覆稳定性按下式进行验算:

$$K_0=\frac{G_{x_0}+E_{az}x_f}{E_{ax}z_f}\geqslant 1.6 \tag{3-37}$$

$$E_{ax}=E_a\sin(\alpha-\delta) \tag{3-38}$$

$$E_{az}=E_a\cos(\alpha-\delta) \tag{3-39}$$

$$x_f=b-z\cot\alpha \tag{3-40}$$

$$z_f=z-b\cot\alpha \tag{3-41}$$

式中 z——岩土压力作用点至墙踵的高度,m;

x_0——挡墙重心至墙趾的水平距离,m;

b——基底的水平投影宽度,m;

其余符号意义同前。

③ 基底应力及合力偏心距检算

基底合力的偏心距 e_0 可按下式计算:

$$e_0=\frac{M_d}{N_d} \tag{3-42}$$

式中 M_d——作用于基底形心的弯矩组合设计值,kN·m;

N_d——作用于基底上的垂直力组合设计值,kN。

计算抗滑挡土墙地基时,各类作用(或荷载)组合下,作用效应组合设计值计算式中的作用分项系数,除被动土压力分项系数 $\gamma_{Q2}=0.3$ 外,其余作用(或荷载)的分项系数均为1。

基底压应力 σ 应按下列公式计算:

$$|e|\leqslant\frac{B}{6}\text{ 时},\ \sigma_{1,2}=\frac{N_d}{A}\left(1\pm\frac{6e}{B}\right) \tag{3-43}$$

对于岩石地基上的抗滑挡土墙:

$$|e| > \frac{B}{6} 时，\sigma_1 = \frac{2N_d}{3\alpha_1}，\sigma_2 = 0 \tag{3-44}$$

$$\alpha_1 = \frac{B}{2} - e_0 \tag{3-45}$$

式中　σ_1——抗滑挡土墙墙趾部的压应力，kPa；

σ_2——抗滑挡土墙墙踵部的压应力，kPa；

B——基底宽度（倾斜基底为其斜宽），m；

A——基础底面每延米的面积，矩形基础为基础宽度 $B\times1$，m^2；

其余符号意义同前。

设置于不良土质的地基、表土下为倾斜基岩的地基以及斜坡上的抗滑挡土墙，应对抗滑挡土墙地基及填土的整体稳定性进行验算，其稳定性系数应不小于 1.25。合理偏心距 e 直接影响到基底应力的大小和性质（拉或压），如偏心距过大，即使基底应力小于地基容许承载力，但由于基底应力分布的显著差异，亦可能引起基础产生不均匀陷落，从而导致墙身过分倾斜。为此，应控制偏心距，使其满足表 3-21 的要求。

表 3-21　挡土墙验算项目与控制指标

荷载情况	验算项目	指标
荷载组合Ⅰ，Ⅱ	抗滑动稳定系数	$K_r \geqslant 1.3$
	抗倾覆稳定系数	$K_a \geqslant 1.3$
荷载组合Ⅲ	抗滑动稳定系数	$K_r \geqslant 1.3$
	抗倾覆稳定系数	$K_a \geqslant 1.3$
施工阶段验算	抗滑动稳定系数	$K_r \geqslant 1.2$
	抗倾覆稳定系数	$K_a \geqslant 1.2$
上述各种情况下	基底合力偏心距	土质地基 $e_0 \leqslant B/6$；岩石地基 $e_0 \leqslant B/4$
	基底应力	基底最大压应力小于基底容许承载力，$\sigma_{max} \leqslant [\sigma]$
	坡身断面强度	墙身断面压应力和剪应力；按极限状态，见注③；按容许应力：最大压应力 $\leqslant [\sigma_r]$，最大剪应力 $\leqslant [\tau]$

注：① 基底容许承载力按现行《公路桥涵地基与基础设计规范》（JTG 3363—2019）的规定采用，当为作用（或载荷）组合Ⅲ及施工载荷且 $[\sigma_r] > 150$ kPa 时，可提高 25%；② 重力式挡土墙、半重力式挡土墙的墙身材料强度可按《公路圬工桥涵设计规范》（JTG D61—2005）的规定采用，必要时应做墙身剪应力验算；③ 按极限状态验算墙身断面应力状态见《公路圬工桥涵设计规范》（JTG D61—2005）和《公路路基设计规范》（JTG D30—2015）。

④ 墙身截面强度验算

重力式挡土墙按承载能力极限状态设计时，在某一类作用（或荷载）效应组合下，作用（或荷载）效应的组合设计值，可按下式计算：

$$S = \Psi_{ZL}(\gamma_G \sum S_{Gik} + \sum \gamma_{Qi} S_{Qik}) \tag{3-46}$$

式中　S——作用（或荷载）效应的组合设计值；

γ_G，γ_{Qi}——作用（或荷载）的分项系数，按表 3-19 选用；

S_{Gik}——第 i 个垂直恒载的标准值效应；

S_{Qik}——土侧压力、水浮力、静水压力、其他可变作用（或荷载）的标准值效应；

Ψ_{ZL}——荷载效应组合系数，按表 3-22 选用。

表 3-22 荷载效应组合系数Ψ_{ZL}值

荷载组合	Ψ_{ZL}	荷载组合	Ψ_{ZL}	荷载组合	Ψ_{ZL}
Ⅰ，Ⅱ	1.0	施工荷载	0.7	Ⅲ	0.8

抗滑挡土墙构件轴心或偏心受压时，正截面强度和稳定性按下列公式计算。

计算强度时：

$$\gamma_0 N_d \leqslant \frac{a_k A R_a}{\gamma_f} \tag{3-47}$$

计算稳定性时：

$$\gamma_0 N_d \leqslant \frac{\Psi_k a_k A R_a}{\gamma_f} \tag{3-48}$$

式中 N_d——验算截面上的轴向力组合设计值，kN；

γ_0——重要性系数，按表 3-23 选用；

γ_f——圬工构件或材料的抗力分项系数，按表 3-24 取用；

R_a——材料抗压极限强度，kN/m^2；

A——挡土墙构件的计算截面面积，m^2；

a_k——轴向力偏心影响系数，按式(3-49)计算；

Ψ_k——偏心受压构件在弯曲平面内的纵向弯曲系数，按式(3-50)计算确定，轴心受压构件的纵向弯曲系数，须符合表 3-25 的规定。

$$a_k = \frac{1-256\left(\frac{e_0}{B}\right)^2}{1+12\left(\frac{e_0}{B}\right)^2} \tag{3-49}$$

式中 e_0——轴向力的偏心距，m；

B——挡土墙计算截面宽度，m。

$$\Psi_k = \frac{1}{1+\alpha_s \beta_s(\beta_s-3)\left[1+16\left(\frac{e_0}{B}\right)^2\right]} \tag{3-50}$$

式中 α_s——与材料有关的系数，按表 3-26 选用；

β_s——形状系数，按下式计算：

$$\beta_s = \frac{2H}{B} \tag{3-51}$$

式中 H——墙高，m。

表 3-23 结构重要性系数γ_0

墙高/m	油气长输管道等级	
	国家重点油气长输管道	区域油气长输管道
≤5.0	1.0	0.95
>5.0	1.05	1.0

表 3-24　圬工构件或材料的抗力分项系数γ_f

圬工种类	受力情况	
	受压	受弯、剪、拉
石料	1.85	2.31
片石砌体、片石混凝土砌体	2.31	2.31
块石、粗料石、混凝土预制块、砖砌体	1.92	2.31
混凝土	1.54	2.31

表 3-25　轴心受压构件纵向弯曲系数Ψ_k

$2H/B$	混凝土构件	砌体砂浆强度等级	
		M10,M7.5,M5	M2.5
≤3	1.00	1.00	1.00
4	0.99	0.99	0.99
6	0.95	0.96	0.96
8	0.93	0.93	0.91
10	0.88	0.88	0.85
12	0.82	0.82	0.79
14	0.76	0.76	0.72
16	0.71	0.71	0.66
18	0.65	0.65	0.60
20	0.60	0.60	0.54
22	0.54	0.54	0.49
24	0.50	0.50	0.44
26	0.46	0.46	0.40
28	0.42	0.42	0.36
30	0.38	0.38	0.33

表 3-26　α_s取值

圬工名称	采用以下砂浆强度等级的浆砌砌体			混凝土
	M10,M7.5,M5	M2.5	M1	
α_s值	0.002	0.002 5	0.004	0.002

挡土墙墙身或基础为圬工截面时，其轴向力的偏心距 e_0 按式(3-52)计算并应符合表 3-27的规定。

表 3-27　圬工结构轴向力合力的容许偏心距e_0

荷载组合	容许偏心距	荷载组合	容许偏心距
Ⅰ,Ⅱ	$0.25B$	施工荷载	$0.33B$
Ⅲ	$0.30B$		

注：B 为沿力矩转动方向的矩形计算截面宽度。

$$e_0 = \left| \frac{M_0}{N_0} \right| \tag{3-52}$$

式中 M_0 ——在某一类作用(或荷载)组合下,作用(或荷载)对计算截面形心的总力矩,kN·m;

N_0 ——某一类作用(或荷载)组合下,作用于计算截面上的轴向力的合力,kN。

混凝土截面在受拉一侧配有不小于截面面积0.05%的纵向钢筋时,表3-27中的容许规定值可增加0.05B;当截面配筋率大于表3-28的规定时,按钢筋混凝土构件计算,偏心距不受限制。

表3-28 按钢筋混凝土构件计算的受拉钢筋最小配筋率

钢筋牌号(种类)	钢筋最小配筋率	
	截面一侧钢筋	全截面钢筋
Q235钢筋(Ⅰ级)	0.20	0.50
HRR335,HRB400钢筋(Ⅱ,Ⅲ级)	0.20	0.50

注:钢筋最小配筋率按构件的全截面计算。

(6) 其他技术要求

重力式挡土墙采用毛石混凝土或素混凝土现浇时,毛石混凝土或素混凝土墙顶宽不宜小于0.6 m,毛石含量应控制在15%~30%范围内。墙顶护顶采用比例为1∶3的水泥砂浆抹成5%外斜坡,厚度不小于30 mm。挡土墙基础宽度与墙高之比宜控制在0.5~0.7范围内,基底宜设计为1∶10~1∶5的反坡,土质地基取小值,岩质地基取大值。在挡土墙背侧应设置200~400 mm厚的反滤层,排水孔洞附近1 m范围内应加厚至400~600 mm。回填土为砂性土石,挡土墙背侧最下一排泄水孔下侧应设倾向坡和厚度不小于300 mm的防水层。挡土墙后回填表面应设置倾向的缓坡,坡度控制在1∶20~1∶30范围内,或墙顶内侧设置排水沟,可通过挡土墙顶引出,但防止墙前坡体被冲刷。为排出墙后积水,应设置泄水孔,根据水量大小,泄水孔孔眼尺寸宜为50 mm×100 mm、100 mm×100 mm、100 mm×150 mm方孔,或ϕ50~ϕ200 mm圆孔,孔眼间距为2~3 m,倾角不小于5%,上下左右交错设置,最下一排泄水孔的出水口应高出地面200 mm以上;在泄水孔进口处应设置反滤层,反滤层应采用透水性材料(如卵石、砂砾石等);为防止积水渗入基础,应在最低排泄水孔下部,夯填至少300 mm厚的黏土隔水层。每5~20 m设置一道挡土墙沉降缝,缝宽为20~30 mm,缝中填沥青麻筋、沥青木板或其他有弹性的防水材料,沿内、外、顶三方填塞,深度不小于150 mm[11,14,16]。

4. 抗滑桩设计

抗滑桩设计计算过程较复杂,一般来说,需要遵照的设计步骤如图3-39所示。

(1) 选定抗滑桩的位置

抗滑桩一般设置在滑坡体前缘平缓的抗滑段,在断面上应设在滑坡体较薄、锚固段地基强度较高的地段,布置方向应与滑体的滑动方向垂直且成直线。在油气长输管道滑坡治理过程中,抗滑桩的位置还应根据油气长输管道在斜坡中的位置、滑坡的类型等条件确定。油气长输管道埋设在滑坡前缘时,抗滑桩应布置在管道内侧;管道埋设在滑坡后缘时,抗滑桩应布置在管道外侧且距管道一定距离处;管道埋设在滑坡中部时,对于牵引式滑坡应将抗滑桩布置在管道外侧以抵抗坡体下部的滑动推力,对于推移式滑坡应将抗滑桩布置在管道内

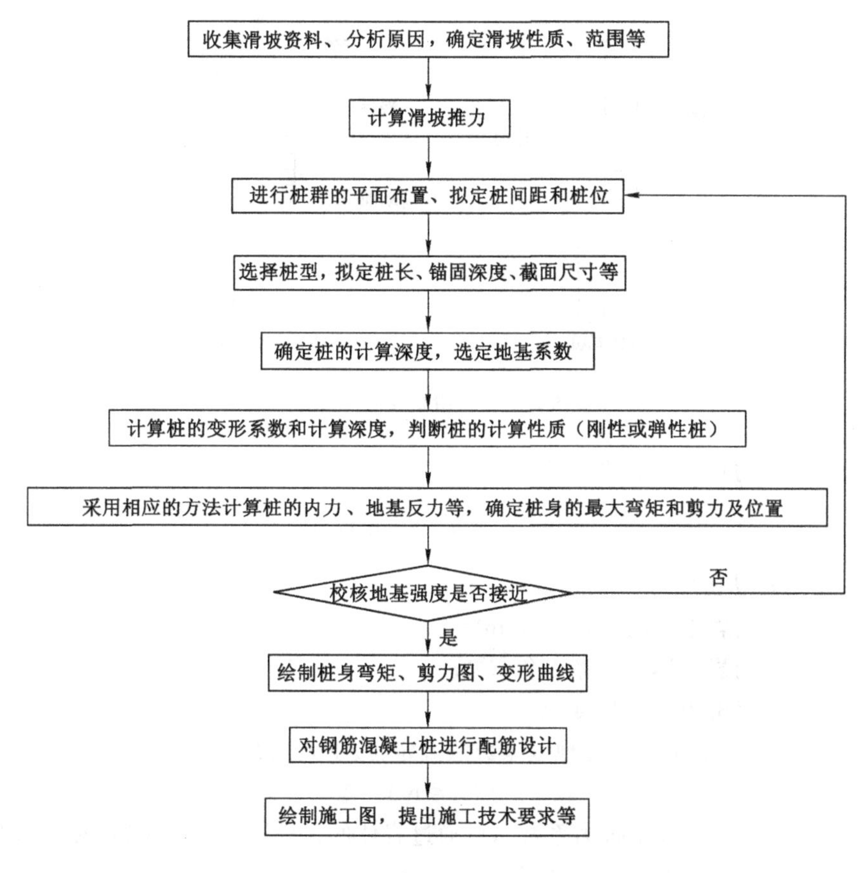

图 3-39　抗滑桩设计流程

侧以抵抗来自坡体上部巨大的滑坡推力。

(2) 拟定抗滑桩间距、截面形状和埋置深度

根据滑坡推力、地基土性质、桩用材料等拟定桩的间距、截面形状和尺寸和埋置深度。抗滑桩间距宜为 6～10 m，通常在滑坡主轴(主滑剖面)附近间距较小，两侧间距稍大。对于含水量较大的滑体，可布置为两排，且按品字形或梅花形交错布置，上下排的间距为桩截面宽度的 2～3 倍。

抗滑桩的截面形状有矩形、圆形两种，一般采用矩形，受力面常为矩形的短边(宽)，截面宽度一般为 1.5～2.5 m，截面长度一般为 2.0～4.0 m，以 1.5 m×2.0 m 和 2.0 m×3.0 m 两种尺寸的截面最为常见。为了便于施工，挖孔桩最小边宽度一般不宜小于 1.25 m[12-13]。

抗滑桩桩长宜小于 35 m，土层中抗滑桩的锚固深度一般取抗滑桩总长度的 1/3～1/2 为宜，实际工作中常取 1/2；若锚固段为完整岩石，锚固深度可取总桩长的 1/4。

(3) 计算作用在抗滑桩上的各种作用力

此步骤主要是计算滑坡推力及桩前土抗力，如图 3-40 所示。

对滑坡推力进行计算，首先要划分条块，然后根据自然条件、暴雨和地震等状况利用不平衡推力法进行计算，具体可参见第二章第四节相关内容。滑动面以上的桩前土抗力，可由极限平衡时滑坡推力在设桩处的值和桩前被动土压力比较得到，选择二者中的较小者，其

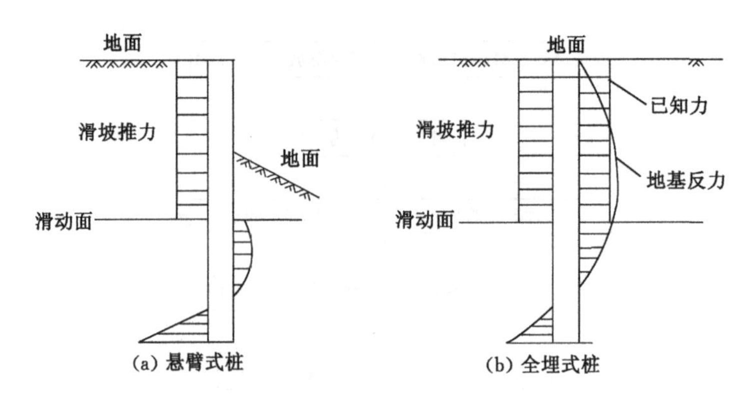

图 3-40　抗滑桩受力示意图

中，桩前被动土压力可按下式进行计算：

$$E_P = \frac{1}{2}\gamma_1 \times h_1^2 \times \tan^2(45 + \frac{\varphi_1}{2}) \tag{3-53}$$

式中　E_P ——被动土压力，kN/m；

γ_1 ——桩前岩土体的容重，kN/m³；

φ_1 ——桩前岩土体的内摩擦角，(°)；

h_1 ——抗滑桩受荷段长度，m。

锚固段岩土抗力通常由弹性地基系数法确定，按下式进行计算。

$$P = K\Delta \tag{3-54}$$

式中　K——地基系数(地基抗力系数)，可通过岩体的弹模试验间接求得，在无试验条件的情况下，可参照表 3-29 选取；

Δ——该处的变形量。

表 3-29　K 值选取表

序号	抗压强度/kPa		地基系数/(kN/m³)	
	单轴极限值	侧向容许值	竖直方向 K_0	水平方向 K
1	10 000	1 500～2 000	10 000～20 000	60 000～160 000
2	15 000	2 000～3 000	250 000	150 000～200 000
3	20 000	3 000～4 000	300 000	180 000～240 000
4	30 000	4 000～6 000	400 000	240 000～320 000
5	40 000	6 000～8 000	600 000	360 000～480 000
6	50 000	7 500～10 000	800 000	480 000～640 000
7	60 000	9 000～12 000	1 200 000	720 000～960 000
8	80 000	12 000～16 000	1 500 000～2 500 000	900 000～2 000 000

地基系数法，又可分为 m 法和 K 法两种方法，在实际应用中，m 法较为普遍。m 法适用于滑床为硬塑-半坚硬的砂黏土、碎石土或者风化破碎成土的软质岩层，m 值可参照表 3-30 选取。

表 3-30　m 值选取表

序号	地基土类别	$m/(\mathrm{MN/m^4})$	相应单桩在地面处水平位移/mm
1	淤泥，淤泥质土，饱和湿陷性黄土	2.5～6	6～12
2	流塑（$I_L>1$）、软塑（$0.75<I_L\leqslant 1$）状黏性土，$e>0.9$ 粉土，松散粉细砂，松散、稍密填土	6～14	4～8
3	可塑（$0.25<I_L\leqslant 0.75$）状黏性土，$e=0.75\sim 0.9$ 粉土，线性黄土，中密填土，稍密细砂	14～35	3～6
4	硬塑（$0<I_L\leqslant 0.25$）、坚硬（$I_L\leqslant 0$）状黏性土，湿陷性黄土，$e<0.75$ 粉土，中密中粗砂，密实老填土	35～100	2～5
5	中密、密实的砂砾、碎石类土	100～300	1.5～3

注：① 当桩顶水平位移大于表列数值或灌注桩配筋率较高（≥0.65%）时，m 值应适当降低。② 当水平荷载为长期或经常出现的荷载时，应将列表数值乘以 0.4，降低采用。③ 桩嵌滑床范围内有数种不同土层时，应将滑面以下 h_m 深度内换算成一个 m 值，换算方法为按各土层深度加权平均，作为整个深度 h 内的 m 值；对于刚性桩，h_m 即整个深度 h；对于弹性桩，$h_m=2(b+1)$，m。④ 表中 I_L 为液性指数；e 为孔隙比。

m 法水平弹性系数 $k_H(z)$ 采用下式计算：

$$k_H(z)=mz \tag{3-55}$$

K 法适合于地基较为完整，岩石地基的情况，其将岩土地基的水平弹性系数 $k_H(z)$ 设为常数，即：

$$k_H(z)=K \tag{3-56}$$

K 值可参照表 3-29 选取。

（4）确定设计安全系数、桩后剩余下滑力和桩前剩余抗滑力

滑坡防治工程设计安全系数一般按表 3-31 进行设计和校核。

依据滑坡推力计算表格（表 3-32），确定出抗滑桩桩后设计剩余下滑力和桩前设计剩余抗滑力。注意桩前设计剩余抗滑力应取桩前剩余抗滑力和桩前土压力计算值二者中较小的一个值。

表 3-31　滑坡防治工程设计安全系数推荐表

安全系数类型	工程级别与工况											
	Ⅰ级防治工程				Ⅱ级防治工程				Ⅲ级防治工程			
	设计		校核		设计		校核		设计		校核	
	工况Ⅰ	工况Ⅱ	工况Ⅲ	工况Ⅳ	工况Ⅰ	工况Ⅱ	工况Ⅲ	工况Ⅳ	工况Ⅰ	工况Ⅱ	工况Ⅲ	工况Ⅳ
抗滑动	1.30～1.40	1.20～1.30	1.10～1.15	1.10～1.15	1.25～1.30	1.15～1.30	1.05～1.10	1.05～1.10	1.15～1.20	1.10～1.20	1.02～1.05	1.02～1.05
抗倾倒	1.70～2.00	1.50～1.70	1.30～1.50	1.30～1.50	1.60～1.90	1.40～1.60	1.20～1.40	1.20～1.40	1.50～1.80	1.30～1.50	1.10～1.30	1.10～1.30
抗剪断	2.20～2.50	1.90～2.20	1.40～1.50	1.40～1.50	2.10～2.40	1.80～2.10	1.30～1.40	1.30～1.40	2.00～2.30	1.70～2.00	1.20～1.30	1.20～1.30

注：工况Ⅰ为自重；工况Ⅱ为自重＋地下水；工况Ⅲ为自重＋暴雨＋地下水；工况Ⅳ为自重＋地震＋地下水。

表 3-32　滑坡推力计算表格

条块号	条块总面积 A /m²	容重 γ /(kN/m³)	条块重 /kN	条块滑面倾角 α_i/(°)	滑面长度 L/m	滑面抗剪强度		各条块传递系数 ψ_i	滑面上条块作用力		剩余下滑力 /kN	设计下滑力	
						内聚力 c/kPa	摩擦角 φ/(°)		抗滑力 /kN	下滑力 /kN		安全系数 K	本块剩余下滑力 E_i/kN
1													
2													
3													
4													
5													
6													
7													

(5) 确定滑坡推力的分布

滑坡推力作用于滑面以上部分的桩背上，其方向假定与桩穿过滑面点处的切线方向平行。一般情况下，对于液性指数较大、刚度较小、密实度不均匀的塑性滑体，其靠近滑面的滑动速度较大，而滑体表层的速度则较小，可以假定滑面以上桩背的滑坡推力图形呈三角形分布；对于液性指数小，刚度较大和较密实的滑坡体，从顶层至底层的滑动速度常大体一致，则可假定滑面以上桩背的滑坡推力分布图形呈矩形；介于上述两者之间的情况可假定桩背推力分布呈梯形。三种分布形式如图 3-41 所示，实际应用中大都选用三角形分布。

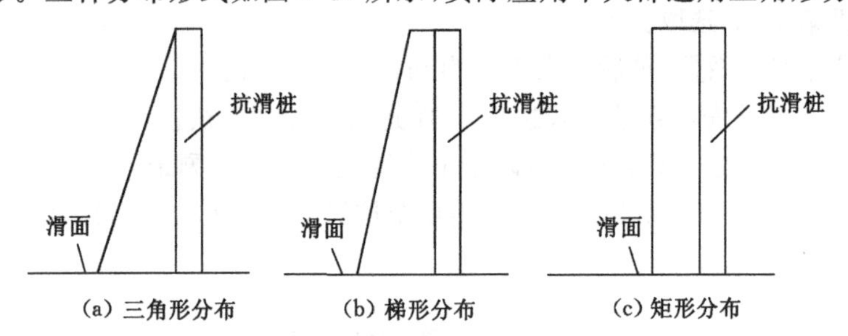

图 3-41　滑坡推力在抗滑桩上的分布

(6) 确定桩底支撑条件、抗滑桩计算宽度

桩底支撑条件分为自由、铰接端、固定端三种，一般采用铰接端。当抗滑桩的截面设计宽度为 B 或直径为 d，且 B 和 d 均大于 0.6 m 时，计算宽度 B_p 的公式如下。

对于矩形桩：

$$B_p = B + 1 \tag{3-57}$$

对于圆形桩：

$$B_p = 0.9(d + 1) \tag{3-58}$$

(7) 刚性桩与弹性桩的区分

当抗滑桩在滑动面下埋深 $h \leqslant \frac{2.5}{\alpha}$ 时，按刚性桩设计；当 $h > \frac{2.5}{\alpha}$ 时，按弹性桩设计。其中，K 法：

$$\alpha = \sqrt[4]{\frac{C' B_p}{4EI}} \tag{3-59}$$

m 法：

$$\alpha = \sqrt[5]{\frac{m B_p}{EI}} \tag{3-60}$$

式中 α ——桩的变形系数，m^{-1}；

C' ——桩底侧向地基系数，kN/m^3，在岩石地基中 C' 为常数；

m ——地基系数随深度变化的比例系数，kN/m^4；

B_p ——桩的计算宽度，m；

EI ——桩的平均抗弯刚度，$kN \cdot m^2$，按下式进行计算：

$$EI = 0.8 E_w \cdot I \tag{3-61}$$

式中 E_w——混凝土的弹性模量，kPa，C20 的弹性模量为 2.55×10^4 kPa，C25 弹性模量为 2.8×10^4 kPa，C30 弹性模量为 3.0×10^4 kPa；

I——桩截面惯性矩，m^4，其计算方法为：

$$I = \frac{1}{12} B d^3 \tag{3-62}$$

式中 d——矩形桩长边（沿滑坡推力方向）边长，m。

(8) 抗滑桩内力计算

抗滑桩受荷段和锚固段的内力计算是不相同的。抗滑桩受荷段内力计算要分悬臂桩和全埋桩两种情况，其可按如下方法进行计算。

① 悬臂式抗滑桩

当桩前无岩土体或虽有岩土体但桩受力变形时，不能给抗滑桩提供反向支承力，或者说，桩前岩土体不能保持自身稳定时，这种情况下的抗滑桩可作为悬臂桩，此时桩的受荷段只受滑坡推力作用。桩身内力可根据一般结构力学直接计算。

滑动面以上抗滑桩所承受的外力为滑坡推力 E_x，按一端固定的悬臂梁考虑，如图 3-42 所示。现以滑坡推力梯形分布为例，说明抗滑桩内力计算方法。

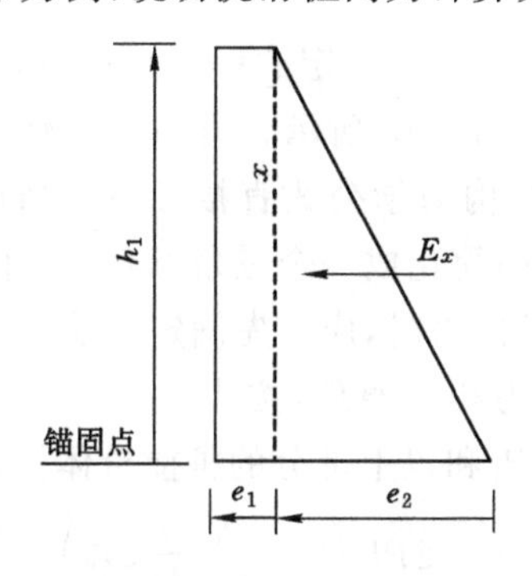

图 3-42 滑动面以上桩身内力计算图

锚固段顶点抗滑桩桩身的弯矩 M_0、剪力 Q_0 为：

$$M_0 = E_x \cdot z_x \tag{3-63}$$

$$Q_0 = E_x \tag{3-64}$$

式中　z_x ——桩身外力的合力作用点至锚固点的距离，m。

滑坡推力梯形的短边e_1、长边与短边之差e_2分别为：

$$e_1 = \frac{6M_0 - 2E_x h_1}{h_1^2} \tag{3-65}$$

$$e_2 = \frac{6E_x h_1 - 12M_0}{h_1^2} \tag{3-66}$$

式中　h_1 ——锚固点(滑动面)以上的桩长，m；

其余符号意义同前。

当 $e_1 = 0$ 时，土压力分布为三角形；当 $e_2 = 0$ 时，土压力分布为矩形。锚固点以上桩身的弯矩、剪力按下式进行计算：

$$M_z = \frac{e_1 z^2}{2} + \frac{e_2 z^3}{6h_1} \tag{3-67}$$

$$Q_z = e_1 z + \frac{e_2 z^2}{2h_1} \tag{3-68}$$

式中　z——锚固点(滑动面)以上某点与桩顶的距离，m；

其余符号意义同前。

悬臂桩桩身的水平位移方程为：

$$x_z = x_0 - \varphi_0(h_1 - z) + \frac{e_1}{EI}\left(\frac{h_1^4}{8} - \frac{h_1^3}{6} + \frac{z^4}{24}\right) + \frac{e_2}{EIh_1}\left(\frac{h_1^5}{30} - \frac{h_1^4 z}{24} + \frac{z^5}{120}\right) \tag{3-69}$$

式中　x_0 ——锚固点的初始水平位移，m；

φ_0 ——锚固点的初始转角，rad。

桩身转角方程为：

$$\varphi_z = \varphi_0 - \frac{e_1}{6EI}(h_1^3 - z^3) - \frac{e_2}{24EI\,h_1}(h_1^4 - z^4) \tag{3-70}$$

式中　φ_z ——为抗滑桩桩身转角，rad；

其余符号意义同前。

② 全埋式抗滑桩

当桩前滑坡体能够自身稳定，并且有一定的稳定强度时，在桩受力后，桩前滑体能够提供一定的支承反力以稳定滑体，如图 3-43 所示。当剩余下滑力与下滑力有相同的分布图形时，桩身的内力计算可根据一般结构力学公式直接计算。当桩前剩余下滑力(桩前滑体抗力)采用抛物线分布时，可将抗力图简化成一个三角形和一个倒梯形，如图 3-44 所示。

此时，计算滑动面以上的桩身内力时，应首先确定桩前抗力合力 P 的重心高度 G_p，然后根据简化前后滑动面处弯矩和剪力相等原理，按式(3-71)和式(3-72)计算桩前抗力合力重心高度以下部分的桩前滑体抗力P_1和以上部分的桩前滑体抗力P_2，再计算桩身内力。

$$P_1 = \frac{2PL\left(2 - \dfrac{h}{H_1} - 3\eta_p\right)}{H_1 - h} \tag{3-71}$$

$$P_2 = \frac{2PL\left[3\dfrac{h}{H_1} - \left(\dfrac{h}{H_1}\right)^2 - 3 + 3\eta_p\left(2 - \dfrac{h}{H_1}\right)\right]}{H_1 - h} \tag{3-72}$$

式中　P_1 ——桩前抗力合力重心高度以下部分的桩前滑体抗力，kN；

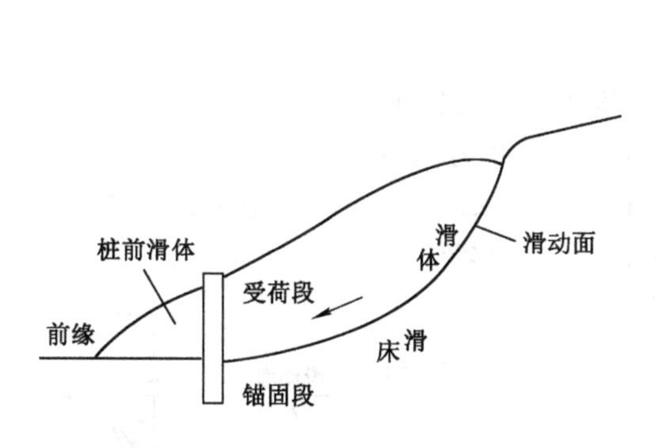

图 3-43　全埋式抗滑桩桩身受力图

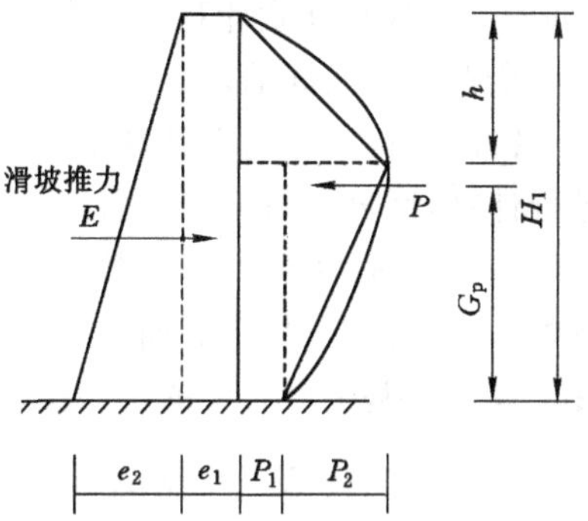

图 3-44　桩前滑坡体抗力及其分布

P_2 ——桩前抗力合力重心高度以上部分的桩前滑体抗力，kN；

η_p ——桩前滑体抗力合力重心至滑动面距离与滑动面以上桩长之比，即 G_p/H_1，该值可较滑坡推力重心至滑动面距离与滑动面以上桩长之比（G_r/H_1）高 10%～15%；

L ——桩间距，m；

H_1 ——滑动面以上的桩长，m。

图 3-44 中 h 为最大应力作用点距离抗滑桩桩顶的高度，它随滑体内聚力的增大而减小，根据试验，一般等于滑动面以上桩长的 1/4～1/3，计算时根据滑体的性质，即假定滑坡推力的分布图式，参考表 3-33 给出相应数值。

表 3-33　最大应力处距桩顶高度 *h* 参考值

滑坡推力图形	G_r/H_1	h
三角形分布	1/3	$H_1/2$
梯形分布	1/3～1/2	$(1/2\sim1/5)H_1$
矩形分布	1/2	$H_1/5$

注：G_r 为滑坡推力重心距滑动面的距离；H_1 为滑动面以上的桩长。

当抗滑桩桩顶至任意计算点的距离 $y\leqslant h$ 时，抗滑桩剪力、弯矩为：

$$Q_y=e_1y+\frac{0.5e_2y^2}{H_1}-0.5(P_1+P_2)\frac{y^2}{h} \tag{3-73}$$

$$M_y=0.5e_1y^2+\frac{e_2y^3}{6H_1}-\frac{(P_1+P_2)y^3}{6h} \tag{3-74}$$

当 $y>h$ 时，抗滑桩剪力、弯矩为：

$$Q_y=e_1y+\frac{0.5e_2y^2}{H_1}-0.5(P_1+P_2)h-P_1(y-h)-P_2(y-h)+\frac{0.5P_2(y-h)^2}{H_1-h} \tag{3-75}$$

$$M_y=0.5e_1y^2+\frac{e_2y^3}{6H_1}-0.5(P_1+P_2)h\left(y-\frac{2}{3}h\right)-0.5P_1(y-h)^2-0.5P_2(y-h)^2+\frac{P_2(y-h)^3}{6(H_1-h)} \tag{3-76}$$

式中 y——桩顶到任意计算点的距离，m；

其余符号意义同前。

对于锚固段抗滑桩内力计算来说，首先要判别出是刚性桩还是弹性桩，然后再选择不同方法进行计算，区分方法见步骤(7)。一般来说，砂土地基为刚性桩，采用力学平衡法计算；岩石地基为弹性桩，采用地基系数法计算，弹性桩可通过求解梁的挠曲微分方程来计算抗滑桩桩身内力，包括桩身任意截面处的弯矩、剪力、转角、位移等。

置于弹性地基中竖直梁的挠曲微分方程为：

$$EI\frac{d^4x}{dz^4}+\sigma(z,x)=0 \tag{3-77}$$

弹性桩的内力与位移如图 3-45 所示。

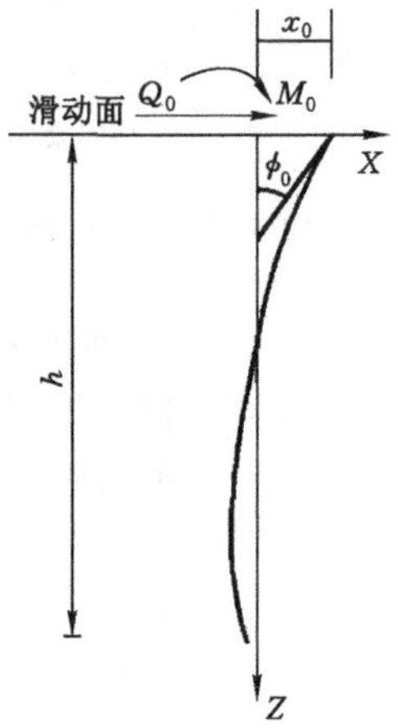

滑动面 Q_0 M_0 x_0 ϕ_0 X h Z

图 3-45 弹性桩内力与位移

对于竖直的弹性桩置于 Winkler 地基中，地基反力满足：

$$\sigma(z,x)=k_H(z)\cdot x \tag{3-78}$$

且水平弹性系数 $k_H(z)$ 采用 m 法，计算方法如前所述。

算出 $\sigma(z,x)$，即可得桩的挠曲微分方程：

$$EI\frac{d^4x}{dz^4}+m_Hzx\,b_p=0 \tag{3-79}$$

式中 E——桩的钢筋混凝土的弹性模量，kPa，$E=0.85E_e$（E_e 为混凝土的弹性模量，kPa）；

I——桩的截面惯性矩，m^4；

m_H——水平方向弹性系数随深度变化的比例系数，kN/m^4；

z——抗滑桩沿长度方向距离滑动面距离，m；

x——抗滑桩沿滑动方向的距离，m；

b_p——桩的计算宽度，m。

令：

$$\alpha=\sqrt[5]{\frac{m_H b_p}{EI}} \tag{3-80}$$

则式(3-79)可改写为：

$$\frac{d^4x}{dz^4}+\alpha^5zx=0 \tag{3-81}$$

式中 α——用 m 法计算时桩的水平变形系数，m^{-1}。

若岩土地基的水平弹性系数 $k_H(z)$ 为常数，则抗滑桩挠曲微分方程变为：

$$\frac{d^4x}{dz^4}+\beta^4x=0 \tag{3-82}$$

式中 β——用常数法计算时桩的水平变形系数，其计算方法为：

$$\beta=\sqrt[4]{\frac{k\,b_p}{4EI}} \tag{3-83}$$

对式(3-81)、式(3-83)四阶线性微分方程，采用幂级数法求解，代入边界条件，就可解得沿桩身任意截面 z 的水平位移、内力、地基反力、桩侧压应力等的分布。

(9) 校核地基强度

校核地基强度，主要是校核桩侧承载能力。若桩身作用于地基的弹性应力超过地层容许值或小于其容许值过多时，则应调整抗滑桩的埋深、桩的截面尺寸、桩间距等参数，重新计算，直至符合要求为止。

对于土层及严重风化破碎岩层，某深度处容许侧向抗压强度等于桩前被动土压力与桩后主动土压力之差。桩周土体均匀且地面横坡坡度 i 为零或较小时，桩身对地层的侧压应力应符合：

$$\sigma_{\max} \leqslant \sigma_{p} - \sigma_{a} = \frac{4(\gamma h \tan\varphi + c)}{\cos\varphi} \tag{3-84}$$

式中　σ_p——桩前岩土体作用于桩身的被动土压应力，kPa；

σ_a——桩后岩土体作用于桩身的主动土压应力，kPa；

其余符号意义同前。

一般验算桩身侧压应力最大处，若不符合式(3-84)的要求，则应调整桩的锚固深度或桩的截面尺寸、间距直到满足要求为止。

对于比较完整的岩质、半岩质地层，如果截面是矩形，桩身对围岩侧向压应力应符合：

$$\sigma_{\max} \leqslant KCR \tag{3-85}$$

对于一般土体或严重风化破碎岩层，则应符合：

$$\sigma_{\max} \leqslant KC(\sigma_{p} - \sigma_{a}) \tag{3-86}$$

式中　K——换算系数，根据岩层在水平方向的容许承载力大小取值，一般为 0.5～1.0；

C——折减系数，根据岩层的裂隙、风化和软化程度，取 0.3～0.5；

R——岩石单轴饱和抗压强度，kPa；

其余符号意义同前。

(10) 绘制抗滑桩的弯矩图、剪力图、位移图，编制内力计算表

地基强度校核合格后，则可根据内力计算结果编制内力计算表，绘制出抗滑桩的弯矩图、剪力图、位移图，如图 3-46 所示。

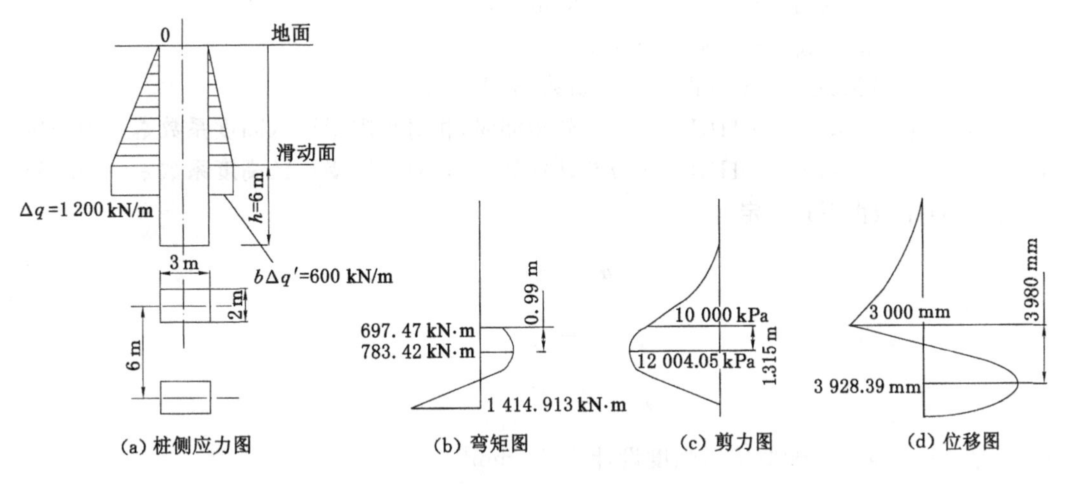

图 3-46　某滑坡抗滑桩受力状况示意图

(11) 桩截面配筋设计

钢筋混凝土桩的配筋一般依据所算得的桩身最大弯矩值 $M_{\max}$ 计算，无特殊要求时，桩身

可不做变形、抗裂、挠度等专项验算[11-14]。

矩形抗滑桩纵向受拉钢筋配置数量应根据弯矩图分段确定，如图 3-47 所示。其截面面积按如下公式计算：

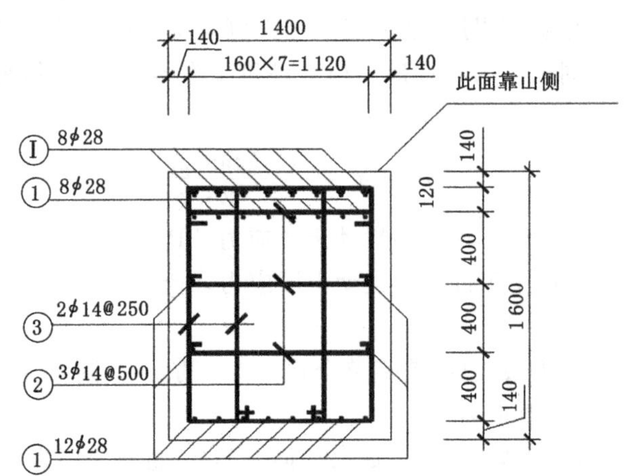

图 3-47　抗滑桩配筋设计图

$$A_s = \frac{K_1 M}{\gamma_s f_y h_0} \tag{3-87}$$

或

$$A_s = \frac{K_1 \xi_b h_0}{f_y} \tag{3-88}$$

且要求满足条件 $\xi \leqslant \xi_b$。

式中　A_s ——纵向受拉钢筋截面面积，mm^2；

M——抗滑桩设计弯矩，N · mm；

f_y ——受拉钢筋抗拉强度设计值，N/mm^2；

h_0 ——抗滑桩截面有效高度，mm；

K_1 ——抗滑桩受弯强度设计安全系数，取 1.05。

当采用直径 $d \leqslant 25$ mm HRB335 级热轧钢筋时，相对界限受压区高度系数 $\xi_b = 0.544$；当采用直径 $d = 28 \sim 40$ mm HRB335 级热轧钢筋时，相对界限受压区高度系数 $\xi_b = 0.566$。α_s、ξ、γ_s 计算系数由下式确定：

$$\alpha_s = \frac{K_1 M}{f_{cm} b h_0^2} \tag{3-89}$$

$$\xi = 1 - \sqrt{1 - 2\alpha_s} \tag{3-90}$$

$$\gamma_s = \frac{1 + \sqrt{1 - 2\alpha_s}}{2} \tag{3-91}$$

式中　f_{cm} ——混凝土弯曲抗压强度设计值，N/mm^2；

b——抗滑桩截面宽度，mm。

矩形抗滑桩应进行斜截面抗剪强度验算，以确定箍筋的配置，其计算公式为：

$$V_{e\mu} = 0.7 f_t b h_0 + 1.5 f_{yv} \frac{A_{sv}}{s} h_0 \tag{3-92}$$

且要求满足条件：

$$0.25f_c b h_0 \geqslant K_2 V \tag{3-93}$$

式中　V——抗滑桩设计剪力，N；

$V_{e\mu}$——抗滑桩斜截面上混凝土和箍筋受剪承载力，N；

f_t——混凝土轴心抗拉设计强度值，N/mm²；

f_{yv}——箍筋抗拉设计强度值，N/mm²，取值不大于310 N/mm²；

A_{sv}——配置在同一截面内箍筋的全部截面面积，mm²；

S——抗滑桩箍筋间距，mm；

K_2——抗滑桩斜截面受剪强度设计安全系数，取1.10；

其余符号意义同前。

纵向受拉钢筋应采用Ⅱ级以上的带肋钢筋或型钢，直径应大于16 mm，净距应在120～250 mm之间。如用束筋时，每束不宜多于三根。如配置单排钢筋有困难时，可设置两排或三排，排距宜控制在120～200 mm之内。钢筋笼的混凝土保护层应大于50 mm。纵向受拉钢筋的截断点应在计算需要以外的钢筋截面，其伸出长度应不小于表3-34规定的数值。抗滑桩内不宜配置弯曲钢筋。可采用调整钢筋的直径、间距和桩身截面尺寸等措施，以满足斜截面的抗剪强度。箍筋宜采用封闭式，肢数不宜多于三肢，其直径在10～16 mm之间，间距应小于500 mm。钢筋应采用焊接、螺纹或冷挤压连接。接头类型以对焊、帮条焊和搭接焊为主；当受条件限制，应在孔内制作时，纵向受力钢筋应以对焊或螺纹连接为主[11,14]。

表3-34　纵向受拉钢筋的最小搭接长度

钢筋类型		混凝土强度等级		
		C20	C25	≥C30
HPB235级钢筋		30*d*	25*d*	20*d*
月牙纹	HRB335级钢筋	40*d*	35*d*	30*d*
	HRB400级钢筋	45*d*	40*d*	35*d*

注：① 表中d为钢筋直径，mm；② 月牙纹钢筋直径d>25 mm时，其伸出长度应按表中数值增加5d采用。

四、油气长输管道滑坡主要治理工程施工

1. 地表排水工程施工

油气长输管道滑坡治理工程中地表排水工程施工工序可按图3-48进行。

截排水沟开挖施工的总体布置采用先上部、后下部及充分保证油气长输管道安全的原则，开挖前由设计人员、工程监理人员向施工人员进行详细的施工交底，内容包括挖槽断面、堆土位置、地下情况、安全要求等；按设计图纸要求及测量定位的中心线，依据沟槽开挖计算尺寸，撒好灰线，标明开挖范围；尽量采用人工开挖，挖沟截面应略大于设计尺寸，尽可能平顺，不出现反坡，必要时可采用沟底加厚垫层或局部浅层开挖方式来确保排水沟底纵坡；开挖清理完成的沟道遇降雨，沟内土体被冲刷变形时，应重新清理沟壁及沟底；沟槽开挖时，弃土堆在槽边，沟槽每侧临时堆土或施加其他荷载时，应保证槽壁稳定且不影响施工，并报经监理方验槽签证后方可进行下一步施工。

采用断面尺寸满足设计要求的木模；选用的碎石、砂、水泥应符合施工图纸及其有关技

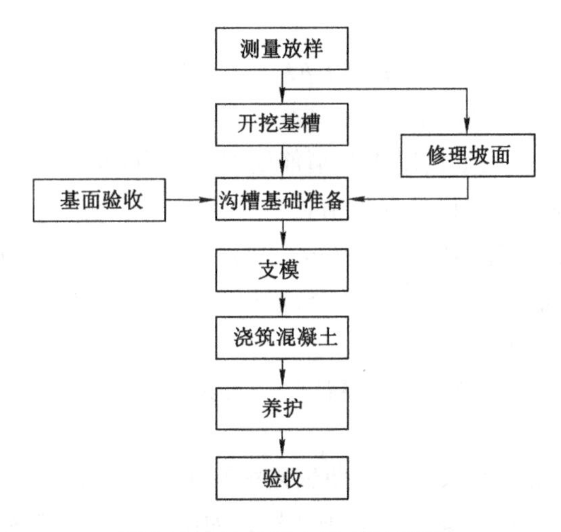

图 3-48 地表排水施工工序图

术要求；使用的水泥标号不低于设计混凝土强度标号。浇筑截、排水沟的混凝土应做到先底板后侧面原则，混凝土捣固密实不出现蜂窝、麻面，同时注意设置伸缩缝。混凝土浇筑达到一定强度后方可拆模，进行下段施工，同时做好洒水养护工作。每台班必须制作 1～2 组混凝土抗压强度试块，做好养护工作，达到候凝期后送实验室，做抗压试验。

施工过程中应做好质量检查，检查项目可按表 3-35 所列进行。

表 3-35 截、排水沟质量检查项目

序号	实测项目	规定值或允许偏差	实测方法和频率
1	平面位置/mm	±50	用全站仪测，每 20 m 长测 3 点，且不少于 3 点
2	长度/mm	−500	用尺量，全部
3	断面尺寸/mm	±30	用尺量，每 10 m 长测 1 点，且不少于 3 点
4	沟底纵坡度/%	±1	用水准仪测，每 10 m 长测 1 点，且不少于 3 点
5	沟底高程/mm	±50	用经纬仪测，每 10 m 长测 1 点，且不少于 3 点
6	表面平整度/mm	±20	用尺量，每 20 m 长测 3 点，且不少于 3 点

2. 地下排水工程施工

地下水排水工程施工工序可按如下流程进行：施工准备→测量放线→基坑开挖→高程检测→回填 C20 混凝土基础→铺设土工布→铺设 500 g/m^2 HDPE 土工膜包封打孔式盲管→碎石回填。无论是土方开挖还是土方堆放都要充分考虑与油气长输管道的位置关系，在充分保证油气长输管道安全的情况下施工。

按照图纸设计位置及要求，将渗沟位置定出，并在渗沟周围设置标高控制点。放线及水准控制点设置好后，开始进行渗沟土方开挖。土方开挖要求垂直开挖，并严格控制沟底标高。土方挖至接近设计标高时采用人工清槽的方式挖土至设计标高。开挖出的土方至少堆在距离坑边 2 m 以外的位置，避免荷载过大导致坑壁塌方。机械开挖完成后，由于机械开挖时坑壁较为粗糙，因此要采取人工方式进行坑壁的修顺修直，严格控制渗沟基底纵坡的平顺性及渗沟底板尺寸。基坑开挖完成后，及时进行渗沟施工，以避免基坑暴露时间过长及地下水的浸泡，沟底有水时应及时排水，以免积水浸泡造成基底软化[12]。靠近盲管部位的碎石应采取人工回填，防止盲管及包封土工布损坏。然后用干净的碎石回填，回填碎石中严禁混入黏土、有机质或其他非透水材料，以免降低透水效果。回填碎石过程中，当盲管覆盖厚度在 50 cm以上时，应采用小型振动压实机械夯填密实[13-14]。

3. 抗滑挡土墙施工

(1) 施工基本技术要求

施工期间应对滑坡进行监测。浆砌块石挡土墙应采用座浆法施工，砂浆稠度不宜过大，块片石表面应清洗干净，并尽可能选用表面较平的毛石砌筑，其最小厚度为 150 mm。外露面积用 M7.5 砂浆勾缝。应在坡脚设置截水沟，以截地表水。可能时，结合使用要求做墙顶封闭处理(如三合土地面等)，或夯实填土顶面和地表松土，以减少地表水下渗。砌筑挡土墙时，要分层错缝砌筑，基底及墙趾台阶转折处，不得做成垂直通缝，砂浆水灰比应符合要求，并填塞饱满，施工前要做好基坑排水，保持基坑干燥，岩石基坑应使基础砌体紧靠基坑侧壁，使其与岩层结为整体。墙身砌出地面后，基坑应及时回填夯实，并做成不小于 5%的向外流水坡，以免积水下渗而影响墙身稳定。基底力求粗糙，当黏性土地基和基底潮湿时，应夯填 50 mm 厚砂石垫层。墙后原地面坡度陡于 1∶5 时，应先处理填方基底(铲除草皮和耕植土，或开挖台阶等)再填土，以免填方基地原地面的坡体发生滑动。墙后填土宜采用透水性好的碎石土，并分层夯实。当砌体强度达到设计强度的 70%时，应立即进行填土并分层夯实，注意墙身不要受到夯击的影响，以保证施工过程中自身的稳定。

(2) 测量放样

施工前对挡土墙横断面进行测量放样，若发现实地墙趾地面线与设计横截面有较大出入，应及时通知现场技术员和监理，反馈设计院进行变更处理。当设计的挡土墙布置成曲线形态时，一定要注意放样精度，使墙面顺滑过渡。

(3) 基坑开挖

当挡土墙基坑全面开挖后可能诱发滑坡活动时，应采用分段跳槽开挖，先开挖一段，浆砌、回填后再开挖下一段。每段开挖长度不超过 10 m，跳槽长度不小于 20 m。开挖前，应做好场地临时排水措施，雨天坑内积水应随时排干。基坑应尽量在非雨季节施工，遇到雨天时，在基底一侧增设集水坑，及时抽排基坑和集水坑内的积水，避免雨水浸泡基础，导致承载力降低。

基坑挖至标高后不得长时间暴露、扰动、浸泡，以免积水下渗削弱基底承载力。一般土质基坑，挖至接近标高时，宜保留 10～20 cm 的厚度，在基础砌筑前人工挖除。

(4) 基底处理

基坑开挖后应将其基底整平夯实，按基底纵轴线结合横断面放线复验，确认平面位置和标高无误后，报测量监理工程师检验基坑平面位置，符合要求后申请专监报验，联系中心实验室一起对基底进行地基承载力检测(对于基底土质为强风化粉砂岩时，基底承载力不得小于 350 kPa)，基底承载力满足设计要求后方可进行下道工序施工。对受水浸泡的基底土，特别是松软的土体应全部予以清除，若基底承载力达不到设计要求，需换以透水性和稳定性良好的材料并夯填至设计标高，方可进行挡墙的砌筑，对于岩石地基，若发现岩层有孔洞、裂缝，应视裂缝的张开度以水泥砂浆或小石子混凝土等浇筑。

当基础开挖后，若发现基底地质条件与设计情况差别较大或岩层地基的岩层结构面存在软弱岩层时，应及时通知现场技术员和监理，并反馈给设计院进行变更处理。

(5) 基础及墙身施工

基础的各部分尺寸、形状以及埋置深度，均应按照设计要求进行施工。抗滑挡土墙墙身采用C20片石混凝土浇筑，采取分节施工，每节施工高度为1.0～1.5 m，分节处裁砌成“石笋”咬合连接，以提高该处墙身截面的抗剪能力。

基础施工前，若为岩石基坑，应先将基底润湿。片石混凝土采取水平分层浇筑，施工时，片石投放应满足以下规定：片石厚度不小于150 cm，埋放片石的数量不宜超过混凝土结构体积的25%；应选用无裂纹、无夹层且未被烧过的、具有抗冻性能的石块；石块的抗压强度不应低于30 MPa及混凝土的强度；石块应清洗干净，并应在捣实的混凝土中埋入一半左右；石块应分布均匀，片石净距不小于100 mm，距模板侧面和顶面的净距不小于150 mm，石块不得接触钢筋和预埋件。基础完成后，墙趾外侧基坑用原土回填，夯实紧密，并将回填面做成不小于4%的向外流水坡度，以免积水和软化基础。

(6) 养护

拆模时间以不破坏结构边角为准，拆模后尽快覆盖无纺土工布并洒水养护，使无纺土工布保持湿润状态。在混凝土强度达到2.5 MPa前，不得使其承受行人、运输工具、模板、支架等荷载。

(7) 墙背填料填筑

墙体混凝土强度达到设计强度值的75%以上时，方可回填墙背填料，为保证挡土墙在施工过程中的自身稳定，亦需及时回填，施工中墙体顶面与回填面不得超过1 m，严禁出现挡土墙墙身施工完毕，而墙后尚未填料的情况。

(8) 油气长输管道滑坡治理实例

2013年7月下旬，受“7·22”岷县地震及连续降雨的影响，兰成渝输油管道某处发生了滑坡灾害，在盘山公路外侧形成了垂直管道方向的滑坡体，该滑坡可分为东西两个滑坡体(H_1滑坡和H_2滑坡)，两个滑坡体的治理均采取了抗滑挡土墙方案，其中H_1滑坡的下部靠近剪出口位置8 m处设抗滑挡土墙一道，长48 m，顶宽3 m，墙身高6 m，基础3 m，基础底宽5.35 m。H_2滑坡的下部靠近剪出口位置10 m处设抗滑挡土墙一道，长48 m，顶宽3 m，墙高6 m，基础3 m，基础底宽5.35 m[21]。

涩宁兰管道K831+100处不稳定斜坡防治工程是对坡面岩土体在局部削坡减重的基础上，采用4级锚杆挡土墙对其上部不稳定的山体进行加固。每级挡土墙高11～16 m，墙胸坡坡比1∶1，锚杆水平间距3.0 m，垂直间距2.5 m，倾角30°，呈梅花形布置；锚孔直径为13 cm，注浆材料为1∶1水泥砂浆，水灰比为0.45，用注浆管由底部向上注浆；墙体为喷射的混凝土，厚度14 cm，墙顶边角部位增厚至20 cm，混凝土设计强度为C20，砾石粒径5～15 mm，并配ϕ8@20 cm的双向钢筋网，如图3-49、图3-50所示。

4. 抗滑桩施工

抗滑桩应严格按设计图施工，将开挖过程视为对滑坡进行再勘查的过程，并及时进行地质编录，以利于反馈设计。抗滑桩施工包含以下工序：施工准备、桩孔开挖、地下水处理、护壁、钢筋笼制作与安装、混凝土浇筑、混凝土养护等。

(1) 施工准备

按工程要求进行备料，所选用材料的型号、规格应符合设计要求，并具有产品合格证和质检单；钢筋应专门建库堆放，避免污染和锈蚀；必须使用普通硅酸盐水泥。采用全站仪，依

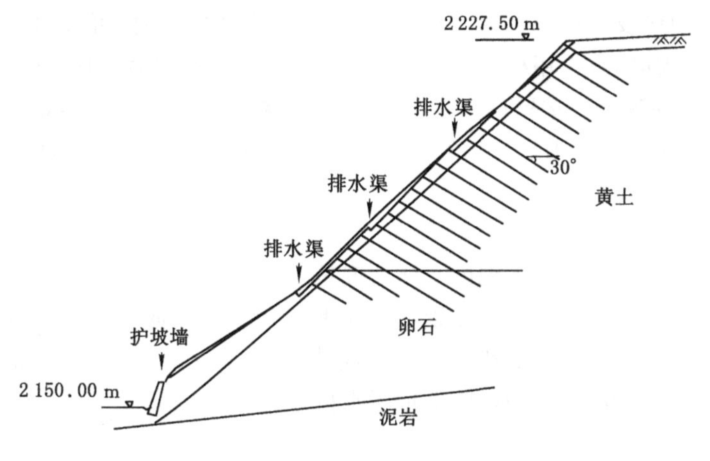

图 3-49　锚杆挡土墙结构图

图 3-50　治理后的涩宁兰管道 K831＋100 处不稳定斜坡

据设计图放样出桩孔位置，发现桩孔位置与实际情况有出入时，及时通知监理和设计院进行变更处理。

(2) 桩孔开挖

开挖前应平整孔口，并做好施工区的地表截、排水及防渗工作。雨季施工时，孔口应加筑适当高度的围堰；采用间隔方式开挖，每次间隔 1～2 孔；按由浅至深、由两侧向中间的顺序施工；松散层段原则上以人工开挖为主，孔口做锁口处理，桩身做护壁处理。基岩或坚硬孤石段可采用少药量、多炮眼的松动爆破方式，但每次剥离厚度不宜大于 30 cm。开挖基本成型后再人工刻凿孔壁至设计尺寸；根据岩土体的自稳性、可能日生产进度和模板高度，经过计算确定每次最大开挖深度。一般自稳性较好的可塑-硬塑状黏性土、密实度为稍密以上的碎块石土或基岩中开挖深度为 1.0～1.2 m；软弱的黏性土或松散的、易垮塌的碎石层中开挖深度为 0.5～0.6 m；垮塌严重段宜先注浆后开挖；每开挖一段应及时进行岩性编录，仔细核对滑面(带)情况，综合分析研究，如实际情况与设计有较大出入，应将发现的异常及时向建设单位和设计人员报告以变更设计。实挖桩底高程应会同设计、勘查等单位现场确定；弃渣可用卷扬机吊起，吊斗的活门应有双套防开保险装置，吊出后应立即运走，不得堆放在桩孔周围或坡体上，防止诱发次生灾害。

(3) 地下水处理与护壁处理

桩孔开挖过程中应及时排除孔内积水，当滑体的富水性较差时，可采用坑内直接排水；当富水性好，水量很大时，宜采用桩孔外管泵降排水。桩孔开挖过程中应及时进行钢筋混凝土护壁，宜采用C20混凝土。护壁的单次高度根据一次最大开挖深度确定，一般为1.0～1.5 m。护壁厚度应满足设计要求，一般为100～200 mm，应与围岩接触良好，护壁后的桩孔应保持垂直、光滑。

（4）钢筋笼制作与安装

钢筋笼的制作与安装可根据场地的实际情况按下列要求进行：钢筋笼尽量在孔外预制成型，在孔内吊放竖筋并安装，孔内制作钢筋笼应考虑焊接时的通风排烟；竖筋的接头采用双面搭接、对焊或冷挤压，接头点需错开；竖筋的搭接处不得放在土石分界和滑动面（带）处；孔内渗水量过大时，应采取强行排水、降低地下水位措施。

（5）混凝土浇筑

桩芯混凝土浇筑前准备工作应符合下列要求：待浇筑的桩孔应经检查合格；所准备的材料应满足单桩连续浇筑工艺要求。

当孔底积水厚度小于100 mm时，应采用干法浇筑。当采用干法浇筑时，混凝土应通过串筒或导管注入桩孔，串筒或导管的下口与混凝土面的距离为1～3 m；桩身混凝土浇筑应连续进行，不留施工缝；桩身混凝土，每连续浇筑0.5～0.7 m时，应插入振动器振捣密实一次；对出露地表的抗滑桩应按有关规定进行养护，养护期应在7 d以上。桩身混凝土浇筑过程中，应取样做混凝土试块，每班、每百立方米取样不少于一组；不足百立方米时，每班都应取一组。

当孔底积水深度大于100 mm，但有条件排干时，应尽可能采取增大抽水能力或增加抽水设备等措施进行处理。若孔内积水难以排干，应采用水下浇筑方法进行混凝土施工，以保证桩身混凝土质量。水下混凝土应具有良好的和易性，其配合比按计算和试验结果综合确定。水下混凝土的水灰比宜为0.5～0.6，坍落度宜为160～200 mm，含砂率宜为40%～50%，水泥用量不宜少于350 kg/m³。浇筑导管直径宜为250～350 mm，且应布置在桩孔中央，底部设置性能良好的隔水栓，使用前应进行试验，检查水密、承压和接头抗拉、隔水等性能，进行水密试验的水压不应小于孔内水深的1.5倍压力。为使隔水栓能顺利排出，浇筑导管底部至孔底的距离宜为250～500 mm，为满足导管初次埋置深度在0.8 m以上，应有足够的超压力使管内混凝土顺利下落并将管外混凝土顶升。浇筑开始后，应连续进行，每根桩的浇筑时间不应超过表3-36的规定；浇筑过程中，应经常探测井内混凝土面位置，力求导管下口埋深在2～3 m，不得小于1 m；对浇筑过程中的井内溢出物，应引流至适当地点处理，防止污染环境。

表3-36　单根抗滑桩的水下混凝土浇筑时间

浇筑量/m³	＜50	100	150	200	250	≥300
浇筑时间/h	≤5	≤8	≤12	≤16	≤20	≤24

若桩壁渗水并有可能影响桩身混凝土质量时，浇筑前宜采取下列措施予以处理：使用堵漏技术堵住渗水口，使用胶管、积水箱（桶）并配以小流量水泵排水；若渗水量大，则应采取其他有效措施堵住渗水。

抗滑桩的施工应符合下列安全规定：监测应与施工同步进行，当滑坡出现险情，并危及施工人员安全时，应及时通知人员撤离；孔口应设置围栏，严格控制非施工人员进入现场，人员上下可用卷扬机和吊斗等升降设施，同时应准备软梯和安全绳备用，孔内有重物起吊时，应联系信号工，统一指挥，升降设备应由专人操作；井下工作人员应戴安全帽，且不宜超过2人；每日开工前应检测井下的有害气体，孔深超过 10 m 后，或 10 m 内有 CO、CO_2、NO、NO_2、CH_4 等气体并且含量超标或氧气不足时，均应使用通风设施向作业面送风；井下爆破后，应向井内通风，待炮烟粉尘全部排出后，方能下井作业；井下照明应采用 36 V 安全电压，进入井内的电气设备应接零接地，并装设漏电保护装置，防止发生漏电触电事故；井内爆破前，应进行设计计算，避免药量过多造成孔壁坍塌，同时由已取得爆破操作证的专门技术工人负责施工；起爆装置宜用电雷管，若用导火索，其长度应能保证爆破人员安全撤离。

抗滑桩属于隐蔽工程，施工过程中，应记录好滑带实际的位置、厚度等滑坡参数以及各种施工和检验技术参数。对于发生的故障及其处理情况，也应记录备案。

(6) 油气长输管道滑坡抗滑桩施工实例

兰成渝输油管线 K468＋500 处滑坡在 2008 年的治理方案为：在滑坡主轴线两侧沿伴行路内侧设置普通抗滑桩一排，共计 10 根桩，抗滑桩中心连线基本平行于伴行路，桩间距 6 m，桩长 9 m，桩身深入滑面以下 4.5 m 左右，桩截面为 1.5 m×2.0 m，桩身采用 C25 钢筋混凝土制作；在桩间设置浆砌毛石抗滑挡土墙，墙顶宽 0.6 m，高出地面 3.5 m，总长 39.6 m；同时在滑坡两侧设置浆砌毛石抗滑挡土墙，墙顶宽 1.0 m，高出地面 3.5 m，总长 74.2 m。2012 年又在原 10# 抗滑桩下游 6 m 处开始，平行于滑坡主轴线沿伴行路内侧设置普通抗滑桩 5 根，桩间距 6 m，桩长 9 m，桩截面为 1.5 m×2.0 m，桩身仍然采用 C25 钢筋混凝土制作。

参考文献

[1] 国土资源部地质环境司. 崩塌、滑坡、泥石流监测规范：DZ/T 0221—2006[S]. 北京：中国标准出版社，2006.

[2] 常立功. 川气东送管道典型地质灾害监测预警技术应用研究[D]. 成都：西南石油大学，2014.

[3] 陈朋超，李俊，刘建平，等. 光纤光栅埋地管道滑坡区监测技术及应用[J]. 岩土工程学报，2010，32(6)：897-902.

[4] 李岩岩. 天然气管道滑坡地质灾害监测预警技术研究[D]. 成都：西南石油大学，2017.

[5] 李顺鑫. 基于光纤光栅传感技术的油气管道滑坡灾害监测系统设计[D]. 成都：西南石油大学，2018.

[6] 郭存杰. 陕京管道地质灾害危险性综合评估及监测预警方法研究[D]. 北京：中国石油大学(北京)，2016.

[7] 陈珍，徐景田. 忠武输气管道沿线地质灾害监测方法研究[J]. 工程勘察，2010，38(2)：79-83.

[8] 车福利. 输气管道滑坡段风险评价与监测技术研究[D]. 大庆：东北石油大学，2017.

[9] 刘浩，周照德，葛汉文. 忠武输气管道工程地质灾害监测方法浅谈[J]. 资源环境与工程，

2012,26(6):627-629.
[10] 国土资源部. 滑坡防治工程勘查规范:GB/T 32864—2016[S]. 北京:中国标准出版社,2016.
[11] 自然资源部. 滑坡防治设计规范:GB/T 38509—2020[S]. 北京:中国标准出版社,2020.
[12] 王恭先,徐峻龄,刘光代,等. 滑坡学与滑坡防治技术[M]. 北京:中国铁道出版社,2004.
[13] 门玉明,王勇智,郝建斌,等. 地质灾害治理工程设计[M]. 北京:冶金工业出版社,2011.
[14] 郑颖人,陈祖煜,王景先,等. 边坡与滑坡工程治理[M]. 2 版. 北京:人民交通出版社,2010.
[15] 王念秦,张倬元. 黄土滑坡灾害研究[M]. 兰州:兰州大学出版社,2005.
[16] 王学龙. 基于有限元分析的滑坡段输气管道应力分析[D]. 成都:西南石油大学,2016.
[17] 林冬,许可方,黄润秋,等. 油气管道滑坡的分类[J]. 焊管,2009,32(12):66-68.
[18] 王才品,方敏. 应用支撑盲沟治理渠堤滑坡[J]. 治淮,1999(5):28-29.
[19] 袁俊国. 严寒地区高铁路基截水渗沟施工工艺[J]. 科技创新导报,2013(23):73-74.
[20] 王同元. 富水深挖路堑排降地下水施工技术[J]. 施工技术,2017,46(增刊 2):982-984.
[21] 王任,刘小晖,王丹. 长输管道穿越某滑坡体的成灾机理及防治探讨[J]. 江汉石油职工大学学报,2015,28(4):41-43.

第四章　油气长输管道崩塌灾害理论基础

崩塌常冲砸或者压覆管道，可造成油气长输管道变形、严重受损或破裂，使油气泄漏以致油气输送中断。油气长输管道崩塌在分类、分布、特征、形成条件、机理等方面与其他区域崩塌既有共性又有其特殊性。崩塌作用下油气长输管道的力学行为分析对于崩塌灾害的防治工作与预测评估都十分重要。

第一节　油气长输管道崩塌灾害概述

一、油气长输管道崩塌定义

崩塌是指陡峻山坡上的岩块、土体在重力作用下，突然脱离母体崩落、滚动、堆积在坡脚(或沟谷)的地质现象，其多发生在坡度大于60°的斜坡上。崩塌示意图如图4-1所示。

油气长输管道崩塌是指油气长输管道敷设于易于发生崩塌的地区，由于地震、降雨以及人类工程活动而导致危岩(土质)边坡发生崩塌，且对油气长输管道造成危害的现象。

二、油气长输管道崩塌的危害

崩塌多发育在坡度为60°以上的斜坡地段，管道常平行斜坡走向(垂直于崩塌方向)而敷设，崩塌与油气长输管道的位置关系一般是管道位于崩塌体的上方或下方，如图4-2所示。

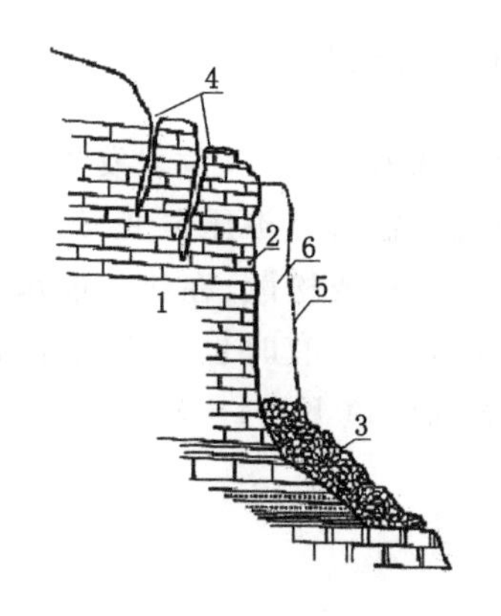

1—母体；2—破裂壁；3—崩塌堆积物；4—拉裂缝；5—原坡型；6—崩塌体(已崩塌)。

图4-1　崩塌示意图

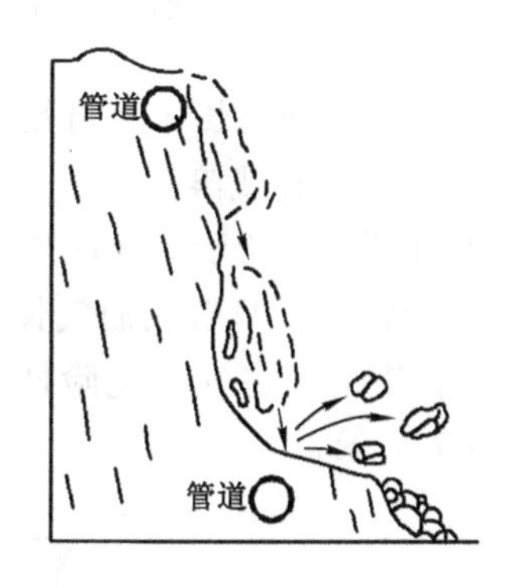

图4-2　崩塌对油气长输管道的危害

岩质崩塌的块体较大，质地坚硬，随着崩塌块体的快速坠落，将产生很大的冲击能量，使油气长输管道变形、受损或破裂，严重时可造成油气泄漏致使输送中断。崩塌对管油气长输管道的危害主要表现为：

(1) 冲砸管道:油气长输管道敷设在陡崖脚下,危岩发生崩塌后,坠落的危岩体直接冲砸管道,当冲击力大于油气长输管道抗压强度时,油气长输管道将会破裂,如图 4-3、图 4-4 所示。如兰成渝成品油管道通过康县铜钱镇土地垭崩塌区时,在陡崖下敷设,2005 年 7 月发生崩塌,崩塌量约为 100 m^3,部分落石重达 2~4 t,砸在成品油管道管顶回填土上,由于填土较薄,致使该管道本体砸伤变形 2.8 cm[1]。

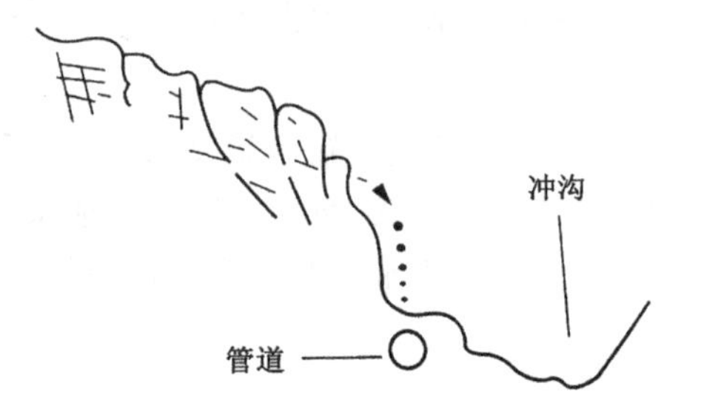

图 4-3　油气长输管道敷设于陡崖脚下

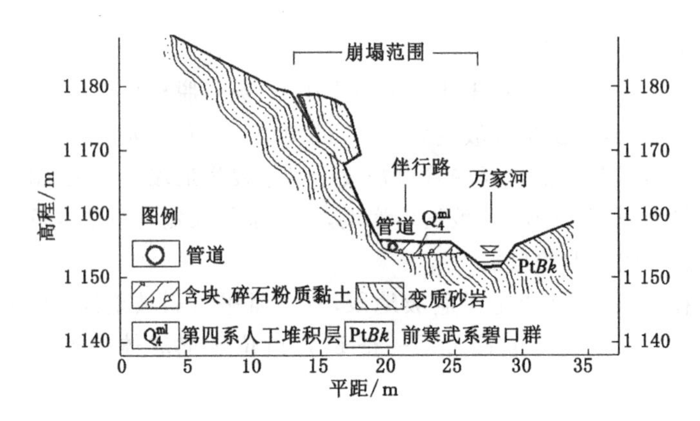

图 4-4　崩塌冲砸油气长输管道剖面示意图

(2) 压覆管道:油气长输管道敷设在陡崖脚下的崩塌堆积体下方,危岩发生崩塌后危岩体坠落,直接冲砸管道或滚落至管道上方,可能会使油气长输管道被压覆变形,同时也可能中断伴行路,如图 4-5 所示。土质崩塌的块体较小,质地疏松或松散,在快速崩塌的过程中进一步解体粉碎,一般只造成油气长输管道压埋和轻微的变形,有时也可造成轻微的砸伤,对油气长输管道的危害性和危险性较小。如涩宁兰输气管道 K804+383 处斜坡崩塌,如图 4-6、图 4-7 所示。

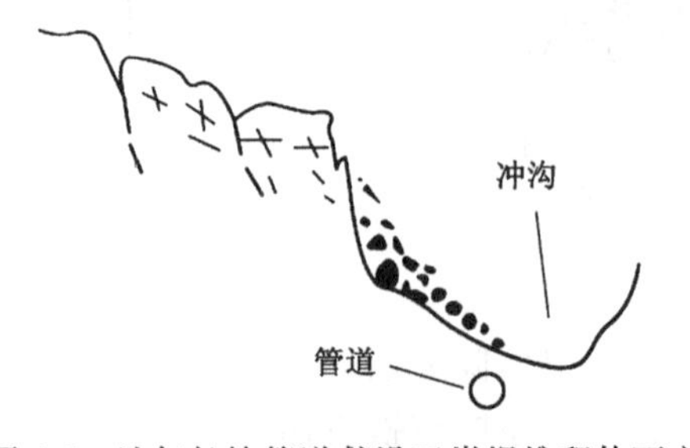

图 4-5　油气长输管道敷设于崩塌堆积体下方

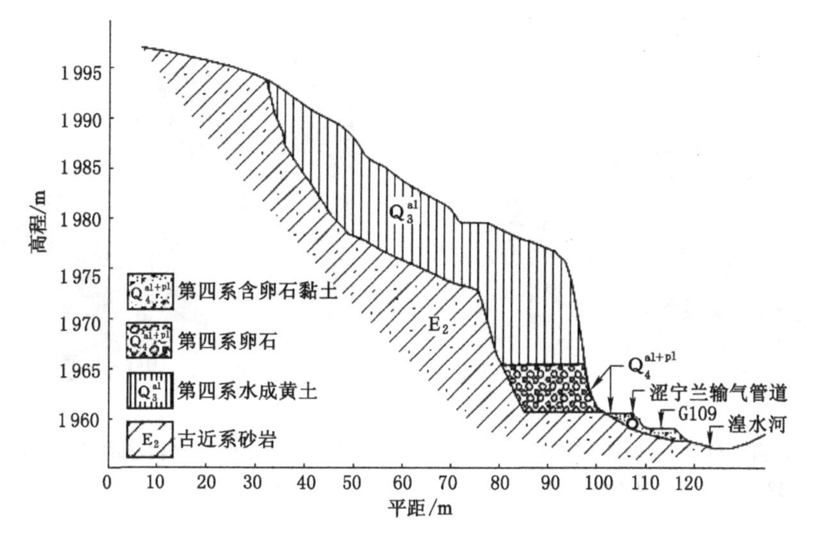

图 4-6　涩宁兰输气管道 K804＋383 处斜坡崩塌剖面图

图 4-7　涩宁兰输气管道 K804＋383 处崩塌斜坡全貌

第二节　油气长输管道崩塌灾害类型与分布

一、油气长输管道崩塌类型

1. 根据崩塌斜坡物质组成分类

(1) 崩积物崩塌：山坡上已有的崩塌岩屑和砂土等物质，由于质地很松散，当受雨水或地震影响时，再一次形成崩塌。

(2) 表层风化物崩塌：在地下水沿风化层下部的基岩面流动时，引起风化层沿基岩面崩塌。

(3) 沉积物崩塌：由厚层的冰积物、冲积物或火山碎屑物组成的陡坡，结构松散，易形成崩塌。如华中区域成品油输送管道江西境内 3 处崩塌[2]就主要为坡顶残坡积岩土松动塌落，厚度为 0.5～10 m，崩塌规模为 30～1 000 m^3。

(4) 基岩崩塌：在基岩山坡坡面上，常沿节理面、地层面或断层面等发生崩塌。如轮南—鄯善输油(气)管道工程 KS022＋700 处发生崩塌(图 4-8、图 4-9)：在管道北西侧发育一处坡体，坡面岩体发育两组节理，由于节理延伸长度较长，且节理面陡立，将坡面岩体分割成顺坡向的三棱锥体，坡面上冻融风化裂隙和卸荷裂隙较发育，与上述两组裂隙相组合，形成部分锯齿状危岩体，在冻融风化作用下脱落[3]。

图 4-8　轮南—鄯善输油(气)管道工程 KS022＋700 处崩塌宏观特征

图 4-9　轮南—鄯善输油(气)管道工程 KS022＋700 处崩塌局部特征

2. 根据移动形式和速度分类

(1) 散落型崩塌：在节理或断层发育的陡坡，或是软硬岩层相间的陡坡，或是由松散沉积物组成的陡坡，常形成散落型崩塌。如甘肃省临夏州永靖县盐锅峡镇盐锅峡崩塌位于涩宁兰输气管道的东侧[4]，坡高近 60 m，长约 50 m，上覆风化残积土，下部为砂岩，岩层产状 12°∠140°，岩石风化裂隙发育，缝宽一般在 0.5～10 cm，多呈贯通状，最大危岩体体积为 1.2 m^3，此崩塌剖面图如图 4-10 所示。

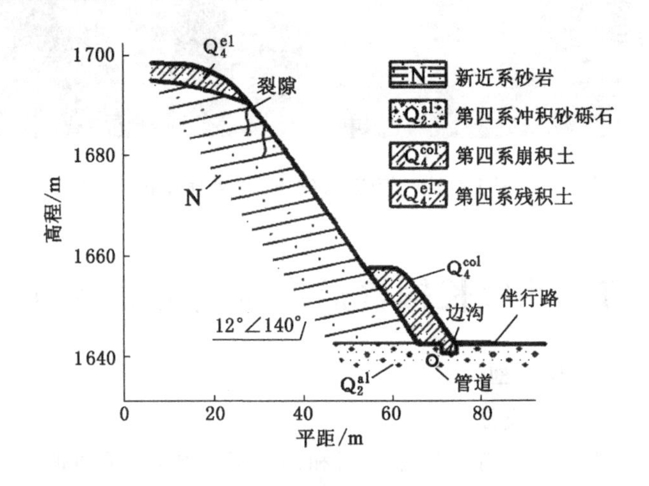

图 4-10　盐锅峡崩塌剖面图

(2) 滑动型崩塌：沿某一滑动面发生崩塌，有时崩塌体保持整体形态，和滑坡很相似，但垂直移动距离大于水平移动距离。

(3) 流动型崩塌：松散岩屑、砂、黏土，受水浸湿后产生流动崩塌。这种类型的崩塌和泥石流很相似，亦称为崩塌型泥石流。

3. 按崩塌体体积分类

按崩塌体体积可分为特大型、大型、中型和小型四类，如表 4-1 所列。

表 4-1　崩塌类型

灾害等级	特大型	大型	中型	小型
崩塌体积 $V/(10^4\ m^3)$	$V \geqslant 100$	$100 > V \geqslant 10$	$10 > V \geqslant 1$	$V < 1$

4. 根据崩塌发展模式分类

胡厚田[5]根据岩性、结构面、地貌、崩塌体形状、受力状态、起始运动形式、失稳主要原因，将崩塌划分为倾倒式、滑移式、鼓胀式、拉裂式、错断式 5 种类型，具体见表 4-2。

表 4-2　崩塌分类表[5]

类型	岩性	结构面	地貌	崩塌体形状	受力状态	起始运动形式	失稳主要原因
倾倒式崩塌	黄土、石灰岩及其他直立岩层	多为垂直节理，柱状节理，直立岩层面	峡谷，直立岸坡，悬崖等	板状、长柱状	主要受倾覆力矩作用	倾倒	静水压力、动水压力、地震力、重力
滑移式崩塌	多为软硬相间的岩层，如石灰岩夹薄层页岩	有倾向临空面的结构面（平面、楔形或弧形）	陡坡通常大于 45°	可能组合成各种形状，如板状、楔形、圆柱状等	滑移面主要受剪切力	滑移	重力、静水压力、动水压力
鼓胀式崩塌	直立的黄土，黏土或坚硬岩石下有较厚软岩层	上部垂直节理，柱状节理，下部为近水平的结构面	陡坡	岩体高大	下部软岩受垂直挤压	鼓胀，伴有下沉、滑移、倾斜	重力、水的软化作用
拉裂式崩塌	多见于软硬相间岩层	多为风化裂隙或重力拉张裂隙	上部凸出的悬崖	上部硬岩层以悬臂梁形式凸出	拉张	拉裂	重力
错断式崩塌	坚硬岩石，黄土	垂直裂隙发育，通常无倾向临空面的结构面	大于 45°的陡坡	板状、长柱状	自重引起的剪切力	错断	重力

5. 根据油气长输管道与崩塌方向的空间位置关系分类

因岩体较硬，管沟开挖施工困难，常常需要爆破和风镐钻探，这些施工造成的振动会造成岩土体松动，引起崩塌落石；开挖施工常造成岩土体松动，同时堆放的岩石也会形成崩塌落石，根据油气长输管道与崩塌方向的关系，可将油气长输管道崩塌分为两类[6]：

（1）油气长输管道垂直于崩塌方向，如图 4-11 所示；

（2）油气长输管道平行于崩塌方向，如图 4-12 所示。

当然，现场实际情况也可能是处于这两者之间，即油气长输管道与崩塌方向斜交。

二、油气长输管道崩塌分布

据统计，自 1949 年以来，我国至少有 22 个省、自治区、直辖市不同程度地遭受过崩塌危

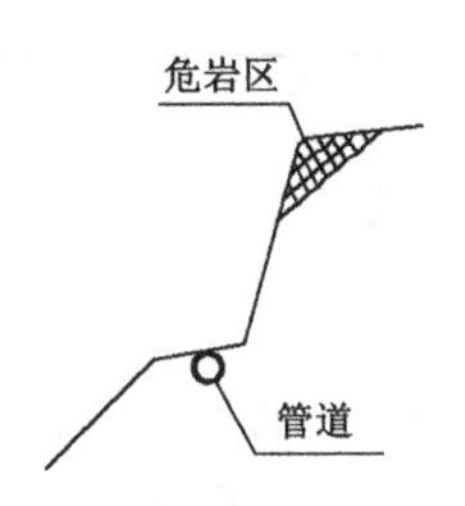

图 4-11　油气长输管道平行斜坡走向

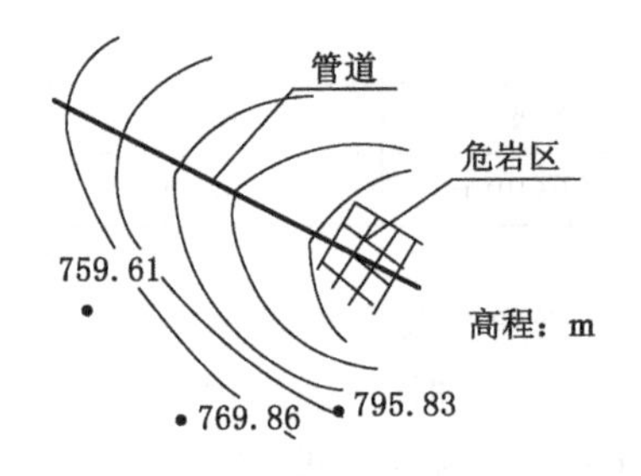

图 4-12　油气长输管道垂直斜坡走向

害的侵扰，总的看来，崩塌的分布受气候和地貌控制，以秦岭—淮河一线为界，南方多于北方，以大兴安岭—太行山—云贵高原东缘线为界，西部多于东部[7]。其中，四川是发生崩塌次数最多的省份，约占全国崩塌总数的 1/4，其次是陕西、云南、甘肃、青海、贵州、湖北等省，它们是我国发生崩塌的主要分布区域，同时也是油气长输管道崩塌受灾最为严重的地区。

油气长输管道横跨东西、纵贯南北，沿线崩塌灾害分布广泛，大致可分为以下五个区域[8]：

1. 西南地区

西南地区主要为高山、高原、盆地分布区，地质构造复杂，断裂发育，新构造运动强烈，降雨较多，所以，此区域崩塌分布广泛，类型多样，发生频率高、规模大、危害严重。

西南地区油气长输管道主要有格拉线输油管道、兰成渝成品油管道、川气东送管道等，崩塌类型主要为岩质崩塌（落石），管道运行受崩塌灾害影响较为严重，如兰成渝成品油管道 K0526＋300 处边坡崩塌，造成其下方公路毁坏，对管道造成冲击[9]，如图 4-13、图 4-14 所示。

图 4-13　兰成渝成品油管道 K0526＋300 处危岩实况

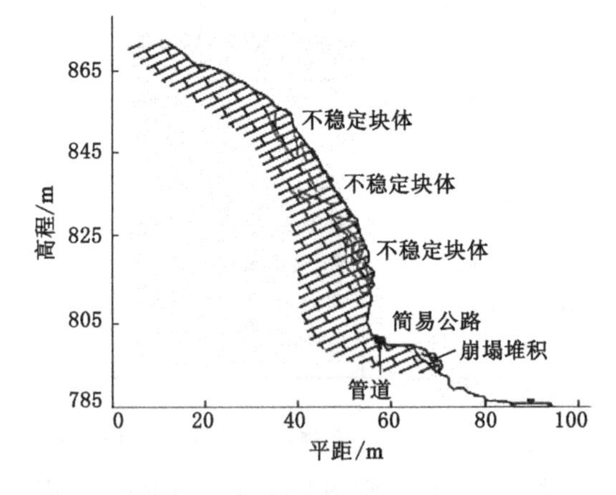

图 4-14　兰成渝成品油管道 K0526＋300 处崩塌剖面图

2. 秦岭—大巴山地区

秦岭—大巴山地区主要分布有高山和盆地，地质构造和岩性错综复杂，沟谷纵横，降水较充沛，是崩塌灾害的频发区。该区域主要的油气长输管线有：兰成渝成品油管道、规划的西气东输三线中段等，管道通过的地区一般高山峡谷相连、地势陡峻，大于 60°的斜坡基岩裸露，风化强烈，易形成崩塌。一般来说，中小型规模崩塌较多，整体垮塌的可能性不大，往往在崩塌体表面风化破碎严重的部位局部落石较多，容易破坏裸露地表或浅埋油气长输管道。如兰成渝成品油管道康县段，地处西秦岭东西向褶皱带，是秦巴山区、青藏高原、黄土高原三大地形交汇区域，受2008年汶川地震影响，发生体积近1 000 m^3的崩塌，其中最大块石直径为4 m，近50 t的巨石将兰成渝成品油管道接头处砸开，造成柴油泄漏[10]，如图4-15、图4-16所示。

图4-15　康县崩塌

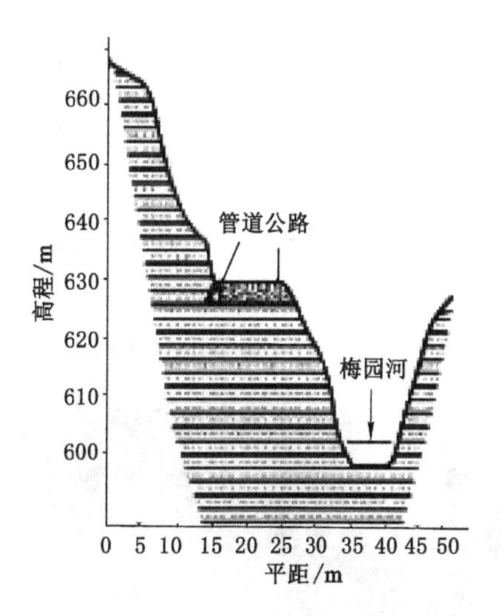

图4-16　康县崩塌剖面图

3. 西北黄土高原区

西北黄土高原区的特点是土层深厚松散、气候干燥、植被稀少、水土流失严重。黄土崩塌分布广泛，但规模较小，此区域油气长输管道密集，主要有陕京线，西气东输一、二、三线，涩宁兰输气管道、马惠宁输油管道等15条重要油气长输管道。据中国地质环境监测院2007年西气东输二线（宁甘界—陕甘界段）地质灾害危险性评估报告显示，该段管道发育有15处小型黄土崩塌，以大坡塬村南崩塌为例，其类型为小型黄土崩塌群，组成斜坡的黄土垂直节理发育，直立后壁高约60 m，坡面可见裂缝，宽约2 cm，裂缝深切，在局部形成黄土墙，剖面示意图如图4-17所示[11]。

4. 东南、中南等省区

东南、中南等省区主要分布有中低山和丘陵区，地质构造和地层岩性较复杂，沟谷较浅，风化侵蚀强烈，降雨丰沛，人口密度大。该区域崩塌发生频繁，不过规模较小，大都由人类工程活动和暴雨诱发，旱季无明显征兆，一旦遇暴雨即可形成。该地区主要的油气长输管道有忠武线、西气东输管道等，常受崩塌灾害的影响，如2005年4月18日，忠武输气管道重庆忠县顺溪1号危岩体坠落，砸穿钢筋混凝土盖板，将管道砸出一个凹陷，直径达到33 cm，深度4.4 cm，如图4-18所示；又如2005年6月19日顺溪1号另一处危岩（简称顺溪危岩）发生崩塌，落石重约5 t，直接砸在忠县站出站K003＋155处管道上方，如图4-19所示。管道被砸出一个凹陷，经测量，管道表面划伤长度16 cm，凹陷最大深度4.1 cm[12]。

5. 青海、西藏与黑龙江北部的冻土地带

青海、西藏与黑龙江北部的冻土地带主要发育冻融堆积层崩塌，规模较小，频率也较低[13]。该区域的油气长输管道主要有格拉线、涩宁兰输气管道、中俄原油管道等。

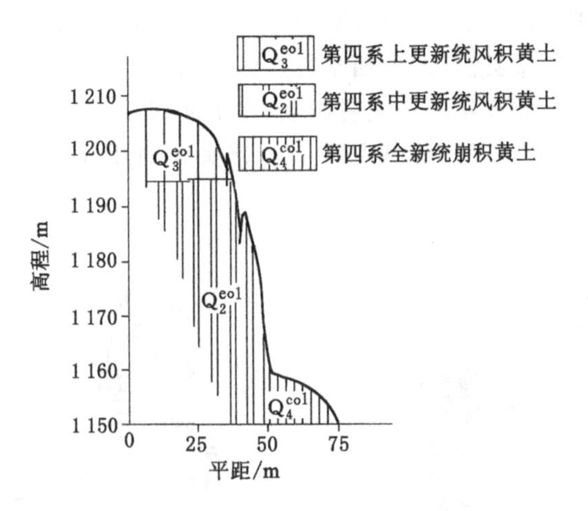

图 4-17 大坡塬村南崩塌剖面

图 4-18 忠武输气管道顺溪 1 号危岩崩塌砸伤管道

图 4-19 忠武输气管道顺溪危岩崩塌

总体上来看,油气长输管道崩塌主要分布特征如下:

(1) 新构造活动频度和强度大的地区(含强震区)分布集中;

(2) 中新生代陆相沉积厚度大或其他易形成滑坡地区分布集中;

(3) 地表水侵蚀切割强烈的高山地区分布集中;

(4) 人类活动强度大,对自然环境破坏严重的地区分布集中;

(5) 暴雨集中且具有形成崩塌地质背景的地区分布集中。

第三节 油气长输管道崩塌灾害特征

油气长输管道崩塌与滑坡相比较,有四个显著特点:① 崩塌运动速度快;② 崩塌体运动不依附固定的面或带;③ 崩塌体在运动过程中有翻倒、跳跃、滚动、坠落、互相撞击等运动形式,其整体性遭到完全破坏;④ 垂直位移大于水平位移。

一、崩塌的识别特征

一般来说,崩塌的识别特征包括如下四个方面。

1. 临空面

崩塌需要有运动空间，即要有临空面，包括一面临空、两面临空、三面临空，甚至四面临空。

2. 结构面

崩塌由结构面切割，脱离或局部脱离母体，结构面类型包括构造节理、卸荷节理、岩层面等，有的甚至发育成宽大裂缝，具有贯通、透风、透光的特征。

3. 岩腔

危岩体基脚往往存在由于差异风化、应力释放、片状剥蚀等原因形成的岩腔，呈“大头”状、凹形坡状，特别是软硬互层的斜坡，更容易出现岩腔。

4. 坡脚崩塌堆积物

崩塌堆积物由历史崩塌下的块石在坡脚堆积形成的，是判别崩塌的一个重要标志，它反映了该崩塌的历史活动情况。根据崩塌堆积物的新鲜程度，还可以估计上一次崩塌发生的时间。

二、崩塌的形态特征

崩塌的形态特征主要包括坡度、坡高、坡型、坡体结构、岩土体特征等方面，由于油气长输管道的敷设区域不同，崩塌的物质组成不同，因此按岩质崩塌、土质崩塌两种类型来详述。

1. 岩质崩塌

岩质边坡（山坡）坡面的崩塌，通常是岩体剪应力值超过岩体的软弱结构面强度时产生，而崩塌的破坏过程，主要是岩体的部分结构体，在外力和自重的作用下沿结构面的剪切滑移、拉开，或整体的累积变形和破裂所致。因此，岩体的稳定性主要取决于岩体结构面的性质和空间组合以及结构体的性质[14]。

岩体结构面，按其性质与成因分为沉积结构面（层理、不整合面、原生软弱夹层等）、火成结构面（侵入接触面、冷凝原生节理）、变质结构面（片理、片岩软弱夹层）、构造结构面（节理，断层，层间错动面，羽状裂隙、劈理）、次生结构面（卸荷裂隙、风化裂隙、风化夹层、泥化夹石、次生夹泥层）等五种类型，主要特征见表 4-3。

表 4-3　岩体结构面类型及其特征[14]

成因类型	地质类型	主要特征			工程地质评价
		产状	分布	性质	
沉积结构面	层理；原生软弱夹层；不整合面	一般与岩层产状一致，为层间结构面	海相岩层分布稳定，陆相岩层呈交错状，易尖灭	层面、软弱夹层等结构面较为平整；不整合面及沉积间断面多由碎屑、泥质物构成，且不平整	较大的坝基滑动及滑坡很多由此类结构面所构成，如圣弗朗西斯大坝、马尔巴赛坝的破坏，瓦依昂坝的巨大滑坡
火成结构面	侵入接触面；冷凝原生节理	岩脉受构造结构面控制，而原生节理受岩体结构面控制	接触面延伸较远，比较稳定，而原生节理往往短小密集	接触面可具熔合及破裂两种不同的特征；原生节理一般为张裂隙，较粗糙不平	一般不造成大规模的岩体破坏，有时与构造断裂配合，也可形成岩体的滑移，如弗莱瑞拱坝的局部滑移

表 4-3(续)

成因类型	地质类型	主要特征			工程地质评价
		产状	分布	性质	
变质结构面	片理； 片岩软弱夹层	产状与岩层或构造线方向一致	片理短小，分布极密，片岩软弱夹层延展较远，具固定层次	结构面光滑平直，片理在岩体深部往往闭合成隐蔽结构面；片岩软弱夹层含片状矿物，呈鳞片状	在变质较浅的沉积变质岩，如千枚岩等路堑边坡常见坍方。片岩软弱夹层有时对工程施工及地下洞体稳定也有影响
构造结构面	节理（X 形节理、张节理）； 断层（冲断层、逆断层、横断层）； 层间错动面； 羽状裂隙、劈理	产状与构造线呈一定关系，层间错动与岩层一致	张性断裂较短小；剪切断裂延展较远；压性断裂（如冲断层、逆掩断层）规模巨大，但有时被横断层切割成不连续状	张性断裂不平整，常具次生充填，呈锯齿状；剪切断裂较平直、具羽状裂隙；压性断层具多种构造岩，成带状分布，往往含断层泥、糜棱岩	对岩体稳定影响很大，在许多岩体破坏过程中，大都存在构造结构面的配合作用。此外，也可构成边坡及地下工程的坍方、冒顶
次生结构面	卸荷裂隙； 风化裂隙； 风化夹层； 泥化夹层； 次生夹泥层	受地形与原结构面控制	呈不连续状，透镜体，延展性差，且主要在地表风化带内发育	一般为泥质物充填，水理性质很差	在天然及人工边坡上造成危害，有时对坝基、坝肩及浅埋隧洞等工程有影响，在施工中应予以清理

结构面将岩体切割成不同形状、大小的块状结构体。常见的单元结构体为柱状、块状、板状、楔状、菱形状、锥状六种形态，此外，因岩体的变形及破碎程度的不同，也可能形成片状、碎块状等更小的结构体。

综合考虑结构面及结构体两方面的因素，将岩体结构类型分为块状结构、镶嵌结构、碎裂结构、层状结构、层状碎裂结构、散体结构。各种岩体结构类型的特征及其对边坡稳定性的影响见表 4-4。

表 4-4　岩体结构类型及其特征[14]

岩体结构类型	岩体地质类型	主要结构体形式	结构面发育情况	工程地质评价
块状结构	厚层沉积岩；火成侵入岩；火山岩；变质岩	块状 柱状	节理为主	岩体在整体上强度较高，变形特征上接近于均质弹性各向同性体，作为坝基、地下人工洞室具有良好的工程地质条件；作为坝肩及边坡时条件虽属良好，但要注意不利于岩体稳定的平缓节理
镶嵌结构	火成侵入岩；非沉积变质岩	菱形 锥形	节理比较发育	岩体在整体上强度仍高，但不连续性较显著。作为坝基，经局部处理后，仍不失为良好基地；边坡较陡时，崩塌多，不易构成大滑坡；地下工程跨度不大时，崩塌较少

表 4-4(续)

岩体结构类型	岩体地质类型	主要结构体形式	结构面发育情况	工程地质评价
碎裂结构	构造破碎较强烈	碎块状	节理、断层及断层破碎带交叉,劈理发育	岩体完整性破坏较大,强度受断层及软弱结构面控制,易受地下水作用影响,岩体稳定性较差。作为坝基,要求对规模较大的断层进行处理,一般可作固结灌浆;路堑边坡有时出现较大的崩塌;在地下矿坑和隧道开挖中,易坍方、冒顶,要求支护紧跟,对永久性的地下工程要求衬砌
层状结构	薄层沉积岩;沉积变质岩	板状 楔状	层理、片理、节理比较发育	岩体呈块状,接近均一的各向异性介质作为坝基、坝肩、边坡及地下洞体的岩体稳定性与岩体产状关系密切,一般陡立的较为稳定,而平缓的较差,倾向不同的也有很大差异,要结合工程具体考虑。这类岩体作为坝肩、坝基、边坡时破坏事故较多
层状碎裂结构	较强烈褶皱及破碎层状岩体	碎块状 片状	层理、片理、节理、断层、层间错动面发育	岩体完整性差,整体强度低,软弱结构面发育,易受地下水不良作用影响,稳定性较差。不宜选作高混凝土坝坝基、坝肩,或要求处理;边坡设计不宜过高过陡,地下工程施工中常遇坍方,永久性工程要求加厚衬砌
散体结构	断层破碎带;风化破碎带	鳞片状 碎屑状 颗粒状	断层破碎带、风化带及次生结构面	岩体强度遭到极大破坏,接近松散介质,稳定性最差。在坝基及人工边坡上要做清基处理,在地下工程进出口处,也应进行适当处理

边坡岩体崩塌,分为沿结构面组合交线方向的崩塌及顺层理的崩塌两种类型。如果有多组结构面切割岩体时,应注意对多组结构面的交线逐一进行稳定性分析。

(1) 当多组结构面组合交线的倾向或单组结构面的倾向与边坡倾向相反时,一般属于稳定结构。

(2) 当多组结构面组合交线的倾向或单组结构面的倾向与边坡倾向一致,且倾角大于或等于边坡坡角时,属于基本稳定结构。

(3) 当多组结构面组合交线的倾向或单组结构面的倾向与边坡倾向一致,且倾角小于边坡坡角时,属于不稳定结构。

(4) 若两组主要结构面均倾向油气长输管道线路,倾角均小于边坡坡角,且介于 25°～45°之间时,属边坡稳定最不利条件。这种边坡即使能暂时保持较高的坡高,但坡面是凹凸不平的,并经常有小规模的落石,当受到较大的震动或其他因素作用时,将产生大规模崩塌。

(5) 当存在两组主要结构面时,若其中一组结构面的倾角大于 55°,且大于边坡坡角,而另一组小于边坡坡角,此时易于形成沿低倾角滑动的崩塌。若一组倾向山体,另一组倾向油气长输管道线路,其倾角小于边坡坡角,这种边坡一般不稳定。

当出现不稳定结构时,意味着边坡可能崩塌,但并不表示边坡一定会失去平衡而崩塌,因为结构面之间还会产生摩擦阻力。

岩质边坡的崩塌就是一部分不稳定的结构体沿着某些结构面拉开,并沿着另一些结构面向一定的空间转移的结果。部分结构体失去平衡而发生崩塌的主要边界条件是[15]:

(1) 崩塌面

岩体崩塌破坏时，沿其崩塌并产生较大的剪应力及摩擦阻力的结构面称为崩塌面。极少见到完好的岩质边坡因受力超过强度，而发生变形导致崩塌的情况。如果岩体中无先期的可能崩塌面，则基本上是稳定的；如果岩体中存在崩塌面，此时岩体能否崩塌，主要取决于崩塌面的特征。

(2) 切割面

不稳定的结构体与岩体分开的结构面称为切割面。如果岩体中仅有崩塌面，而无相应的切割面，则崩塌不能形成。但是，就一般情况而论，由于岩体常常受到多组结构面的切割，切割面易于形成。有时切割面上也产生一定的摩擦阻力，但仍不是主要的崩塌面，此时的切割面称为切割崩塌面。自然界的岩体被结构面切割成不同形状的结构体，但是只有被切割面和崩塌面所切割的结构体，才是不稳定的崩塌体。

(3) 变形空间

崩塌体可向其崩塌而不受阻碍的自由空间(广义上来说，可以压缩的断层破碎带也可视作变形空间)称为变形空间。岩体中的部分结构体，虽然具备了崩塌面和切割面的条件，但不具备变形空间的条件时，结构体还是不会产生崩塌(工程实践中常采用灌浆、砂浆勾缝的原因之一就是为了消除局部不稳定结构体的变形空间)。

所以，崩塌面、切割面和变形空间称为岩体崩塌的边界条件。

综上所述，岩质崩塌、落石的主要特征是：地形高差悬殊、斜坡陡峻或悬崖峭壁；岩体被结构面切割后，具备崩塌面、切割面、变形空间等边界条件[15]。

例如，涩宁兰输气管道 K076＋100 处崩塌灾害点为一岩质崩塌，位于甘肃省兰州市西固区梁家湾村，地处黄河右岸Ⅱ级阶地的后缘部位，南部为高约 100 m 的Ⅳ级阶地前缘陡坎。管道从崩塌体下方的坡脚处通过，距坡脚约 8 m，斜坡相对高差 120 m 左右，地层上部为 25 m 厚的马兰黄土，中部为 3.5 m 厚的冲洪积形成的砾石层，下部为白垩系泥岩，出露厚度约 90 m。白垩系泥岩表面风化强烈，节理裂隙发育，斜坡坡角平均 70°。在降雨、自重等作用下，发生崩塌，崩落块石下坠砸击管道，并堆积于管道的周围，其最大块石直径约 1.0 m，对管道运营的安全构成危害(图 4-20、图 4-21)。

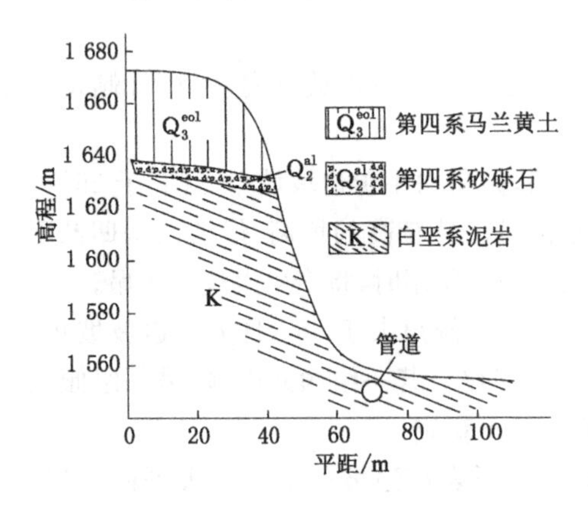

图 4-20　涩宁兰输气管道 K076＋100 处崩塌剖面图

图 4-21　涩宁兰输气管道 K076＋100 处崩塌体

2. 土质崩塌

(1) 坡型

通常将土质斜坡坡型分为四种:直线型、凸型、凹型和阶梯型[16],如表 4-5 所列,一般来讲,直线型坡和凸型坡整体坡度较陡,致使其内部应力变化率较大,且应力集中明显。凹型坡的下部缓坡对上部陡坡具有一定的支撑作用,使其内部应力变化率变小,减缓了斜坡的应力集中(坡脚处最大剪应力通常只有直线型坡的二分之一左右)[17]。阶梯型坡在每级阶梯上的应力分布与直线型斜坡相似,但由于平台将原本高陡的斜坡划分成多级高度较小的斜坡,使得各级斜坡内部的应力小于同等状态下的直线型坡,削弱坡脚处的剪应力集中,有利于斜坡稳定[16]。

表 4-5　黄土斜坡的坡型分类[16]

斜坡类型	示意图	特征	发生崩塌难易程度
直线型	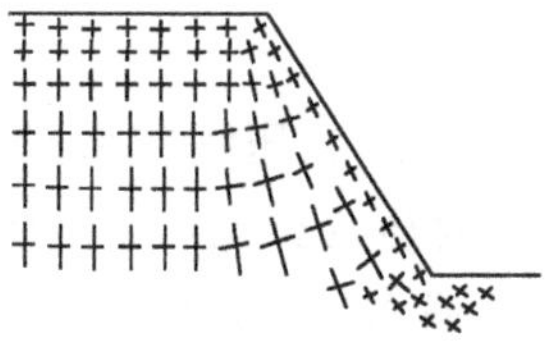	斜坡剖面的坡面线呈直线或近乎直线,上下坡度几乎一致,一般坡度较大,稳定性较差	易发
凸型	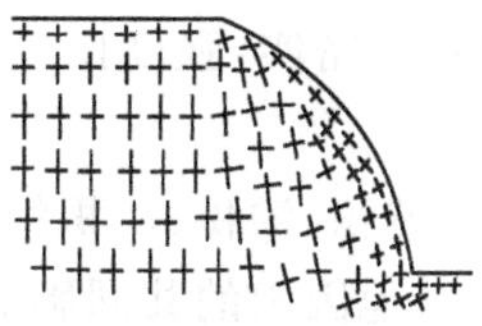	斜坡剖面形态表现为上缓下陡,坡肩凸起,上覆土体厚度较大,稳定性较差	易发
凹型	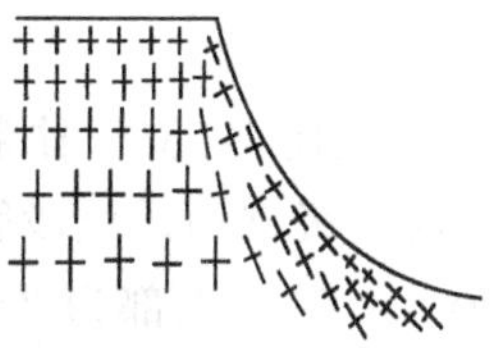	斜坡剖面呈内凹弧线,下部缓坡对上部陡坡具有一定的支撑作用,在相同的坡高和坡度的情况下,稳定性较好	不易发
阶梯型	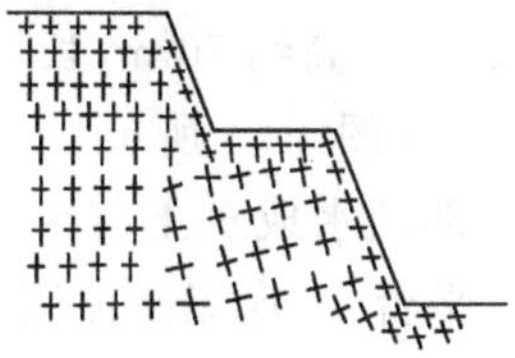	斜坡剖面的坡面线呈阶梯状,每一级斜坡坡面形态近乎为直线型,斜坡整体平均坡度较小,稳定性较好	不易发

(2) 坡度

坡度是影响坡体内应力分布的主要因素。如图 4-22 所示,在一定条件下,坡肩部位的径向应力和切向应力可转化为拉应力,形成张力带。斜坡愈陡,此张力带范围愈大,在坡肩附近愈容易形成拉裂破坏,进而导致崩塌[17]。

(3) 坡高

土质崩塌通常发生在高度并不是很高的斜坡,这是因为斜坡的高度越高,其所经历风化

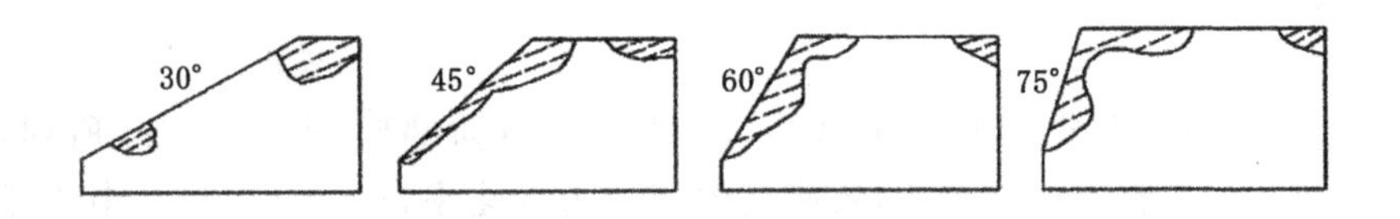

图 4-22　不同坡度斜坡张力带分布

剥蚀的时间则越长，致使斜坡的坡度较缓。相反，高度较低的斜坡，其坡度普遍较陡[16]，形成崩塌的可能性较大。

(4) 坡向

阳坡受日照时间长，白天土体温度相对较高，昼夜温差大，风化强，致使其结构破碎，不利于斜坡稳定，易发生崩塌。另一方面，阳坡居住人口较多，频繁的人类活动对斜坡体扰动程度大，加大了崩塌灾害发生的可能性[16]。

(5) 土体特征

以黄土崩塌土体为例，全新世堆积黄土(Q_4)孔隙度大，压缩容易产生较大变形，渗透性强，浸水后内聚力迅速降低，导致结构破坏；晚更新世马兰黄土(Q_3)为浅黄色粉土，结构松散，土层中含有大孔隙，垂直节理发育，透水性较强，遇水易软化崩解，具有湿陷性；中更新世离石黄土(Q_2)由黄土(砖红色亚黏土)、古土壤层组成，结构较为密实，透水性和压缩性均较弱；早更新世黄土(Q_1)地层为黄褐色，较中更新世黄土密实，强度比较大，压缩性小，透水性较小。

节理裂隙发育是黄土的一大特性，另外，在现代坡积、洪积、冲积的黄土层中还发育有水平纹理和斜纹理。由于黄土的上述自身特性，加之其他因素的共同影响，黄土斜坡极易发生崩塌[18]。

(6) 实例

涩宁兰输气管道 K905+575 处崩塌灾害点为一黄土崩塌，位于甘肃省兰州市红古区河湾村，地处湟水河右岸Ⅳ级阶地，崩塌体南侧为湟水河一级支沟。该段管道从阶地前缘坡脚处与坡体走向平行通过，距坡脚约 5 m，如图 4-23 所示。阶地上部为 25 m 厚的灰黄色马兰黄土，其下为厚约 8 m 的灰褐、棕褐色水成黄土，阶地下部为厚约 5 m 的卵石层，橘红、红褐色白垩系泥岩出露厚 30 m，为湟水河阶地的基座。斜坡高约 70 m，长 50 m，斜坡上陡下缓，下部泥岩地层斜坡坡角约 30°，上部坡角平均约 70°，如图 4-24 所示。

人为采砂破坏了斜坡的自然状态，使卵石层上部的水成黄土前缘局部悬空，失去支撑，在自重、降雨作用下，发生崩塌，堆积于泥岩顶面的平台处，崩塌土体滚落堆积于斜坡坡脚的管道附近，最大土块体积为 1.5 m×1.1 m×1.2 m，如图 4-25 所示，目前水成黄土前缘临空，垂直坡脚管道处堆积的大块土体裂隙发育，裂隙最宽达 30 cm，稳定性较差。

该处崩塌主要为阶地卵石层采砂取石引发，卵石上部水成黄土垂直裂隙发育，土体结构疏松，稳定性差，在降水、风化、地震等作用下，土体沿节理裂隙发生破坏，以至裂隙面贯通，从而发生倾倒式崩塌，崩落土体可能滚落(坠落)冲击管道，使管道变形破坏，对管道的安全运营构成一定的威胁。

图 4-23　涩宁兰输气管道 K905+575 处崩塌全貌

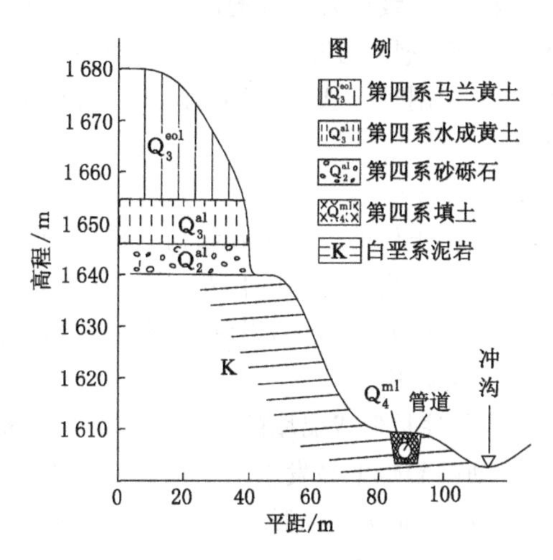

图 4-24　涩宁兰输气管道 K905+575 处崩塌剖面图

图 4-25　涩宁兰输气管道 K905+575 处崩塌在坡脚堆积

第四节　油气长输管道崩塌灾害形成条件与机理

崩塌与岩土体所处地质环境条件有关，也与岩土体中发生的物理力学作用有关，崩塌的产生往往是这两方面综合作用的结果。其中，岩土体所处地质环境条件为崩塌发育的控制因素，而气候条件、地震及人类活动等为其诱发因素。

一、地质条件

崩塌的形成需要特殊的地质条件，起主导作用的有以下四个方面。

1. 地形地貌

我国地势西高东低，地形复杂多样。西部多高原、崇山，东部多丘陵、平原。自西向东地形高度逐级下降，大致构成三级台阶。第一级是青藏高原，平均海拔 4 000 m 以上；其北面以东，海拔下降到 1 000～2 000 m，山地广布，为第二级；大兴安岭—云贵高原线以东为第三级，一般海拔 500 m 以下，地形平缓，切割较弱。

在第一、二级台阶区域的山区，地形切割强烈，斜坡坡度越大，势能越高，软弱面也越暴露，易于失稳，崩塌分布较集中，形成规模也较大，危害也较严重。特别是在两级台阶的过渡地带，地形切割较剧烈，崩塌灾害分布广泛，灾情也严重。而在第三级台阶的低山、丘陵区，规模较小。

2. 地层岩性

斜坡岩、土体的性质及其结构是形成崩塌的物质基础。形成崩塌的岩石多为坚硬的块状岩体，如石灰岩、厚层砂岩、花岗岩、玄武岩等。在黄土地区，由于黄土本身的节理裂隙发育加上其特殊的湿陷性和崩解性，在一些地势陡峻的地方也容易发生崩塌。

3. 断裂构造

构造条件是形成崩塌的基本条件之一。断裂带岩体破碎，并为地下水渗流创造了条件。此外，活动断裂带上易发生构造地震。断裂带控制着崩塌的发育地带的延伸方向、发育规模及分布密度。崩塌体成群、成带、成线状分布的特点几乎都与断裂构造分布有关。

4. 地下水活动

地下水活动也是形成崩塌的重要因素之一。在土质边坡或岩质边坡(含泥质岩层，如页岩、凝灰岩、黏土岩等)受地下水作用时，泥质岩层往往会泥化、软化；另外，地下水使孔隙水压增高，产生浮托力、动水压力，这些都会使岩石抗剪强度降低，易于形成软弱面。

二、诱发因素

形成崩塌的各种影响因素十分复杂。诱发因素为崩塌的发生提供了外动力条件或触发条件。一般来说，降水、地震和人为活动是最主要的诱发因素。

1. 降水

我国年降水量从西北向东南逐渐增加。秦岭—淮河一线上，年总降水量约为 800 mm。此线以北，降雨稀少，为半干旱、干旱区；此线以南雨量丰沛，为湿润区。我国西部的新疆、青海、甘肃等广大地区，年降暴雨(指日降雨量≥50 mm 或每小时降雨量在 16 mm 以上者)平均日数几乎为 0，向东南增加，至东南沿海(广东、福建沿海区及台湾、海南岛等地)，此值最高可达 10 d。

降水量大小决定了水动力作用的强弱。降雨下渗引起地下水活动状态的变化可成为崩塌的直接诱发因素。因此，崩塌频频在雨季发生，同时，雨量丰沛的南方因灾害性降雨引起的崩塌较北方明显增多。

2. 地震

我国是一个多地震国家。它集中分布在：东部的台湾、渤海—鲁中地区及华北平原地区(其中，台湾地震最为强烈、频繁)；北部的祁连山、吕梁山、贺兰山区；西南的云南、西藏及四川西部地区；西北的天山及阿尔泰山地区。从震中分布看，大部集中在挽近地质时期形成的构造带或断裂带上。地震是崩塌的最主要的触发因素之一。往往在烈度为Ⅶ度(震级为 6 级)以上地震活动地区，尤其在坡角大于 25°的斜坡地带，地震诱发崩塌灾害的情况更为常见。

3. 人类活动

随着科技的进步，人类活动的范围与规模日益增大。城镇、工业、交通、矿山、水电、森林、土地资源的开发和工程建设等活动，都使地质环境发生改变。修建铁路、公路，人为开挖边坡堆载于斜坡上等造成崩塌的现象不胜枚举。

另外，我国是一个多山的国家，山区城市较多，“向山要地、上山建城”的现象十分普遍。在城镇、工矿企业中，由于修建建筑物、开挖边坡而出现大量堆载，加之排水系统不完善，大量水体渗入坡体，都可能造成严重的崩塌地质灾害问题。此外，还有许多人为因素，如砍伐森林、水土流失、渠道灌溉水渗入等也会影响边坡稳定。总之，人类活动对地质环境的不合理、不适当的作用越大，对斜坡变形破坏的影响就越大，形成崩塌灾害的概率也就越大。

三、崩塌形成机理

崩塌的发育过程可以划分为三个阶段。

1．潜在崩塌体的形成阶段

（1）边坡岩体中软弱结构面的组合是潜在崩塌体形成的基础。

边坡岩体在漫长的地质时期中，岩体中都或多或少存在着各种结构面。这些结构面包括构造结构面、沉积结构面和风化结构面等，产状不尽相同，其中倾向临空面且在边坡上出露的结构面最不稳定。如图4-26所示，某边坡上岩体有三组结构面，结构面a倾向山里；结构面c走向平行于管道线路，倾向管道。显然，倾向山里的结构面a是较稳定的结构面，而倾向管道的结构面c是不稳定的；另一组直立结构面b常常为岩体的切割面，它和倾向管道的结构面组合，共同切割岩体，可能形成潜在崩塌体，但是这两组结构面都是闭合的，所以潜在崩塌体还没有明显形成。如果这两组结构面在重力、风化营力、震动等作用下，不断发展而张开，则可形成潜在崩塌体[5,14]。

（2）重力和风化营力在潜在崩塌体形成中的作用。

如图4-27所示，倾向油气长输管道的结构面c以上的岩体，在重力作用下，沿结构面有一个向下的分力，这个分力的方向大致与结构面b相垂直，因此，沿结构面b最易被拉开。

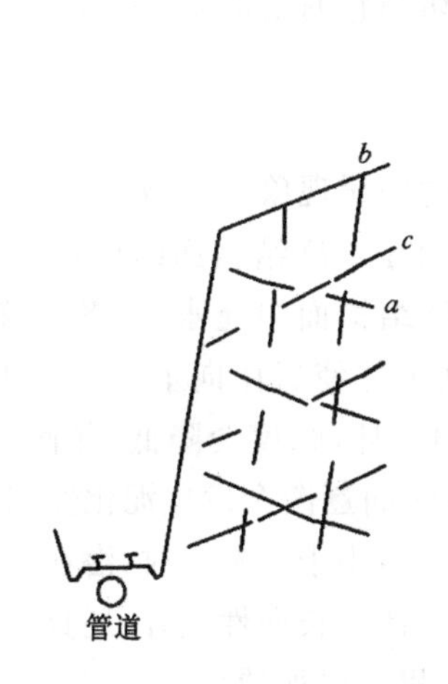

图4-26　边坡结构面组合

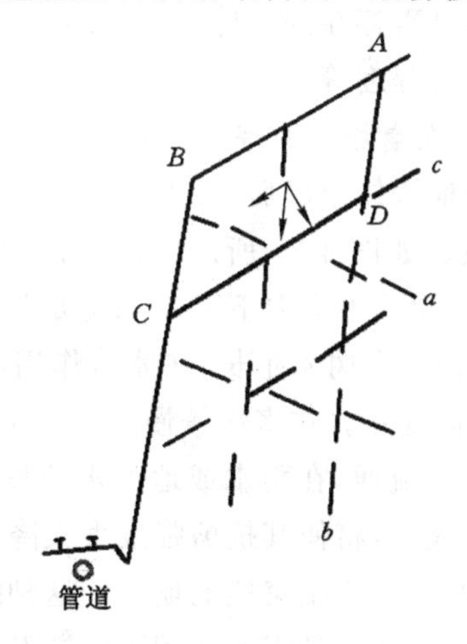

图4-27　潜在崩塌体形成

风化营力主要包括阳光、气温、雨水等，在这些营力的作用下，岩体中的结构面将不断张开，由闭合向微张、张开、宽张发展。结构面b产状直立，雨水易于渗入，在雨水、冰劈、气温等长期作用下，结构面b较结构面a更易于张开，结构面b和结构面c容易贯通。一旦结构面b和结构面c贯通，则被它们切割的岩体$ABCD$就形成了潜在崩塌体。图4-27中的岩体$ABCD$是在边坡横断面上的岩体，还需要在岩体的两侧有两个切割面。在重力和风化等营力作用下，上述各结构面相贯通时，潜在崩塌体真正形成[5,14]。

(3) 地貌演变在潜在崩塌体形成中的特殊作用。

地壳表层的岩体都处在一定的地应力环境之中,当遭到河流冲刷或人工开挖时,地貌发生变化,地应力状态遭到破坏,导致与河岸或与开挖边坡平行的卸荷裂隙产生,见图4-28。卸荷裂隙继续发展与倾向河流或倾向油气长输管道的结构面贯通,就会形成潜在崩塌体。因开挖高陡路堑而引起的卸荷裂隙,通常在油气长输管道主体工程施工中就能出现,致使施工中崩塌现象发生较多。可见,人工开挖和河流冲刷造成的地貌演变都能促进潜在崩塌体的形成。

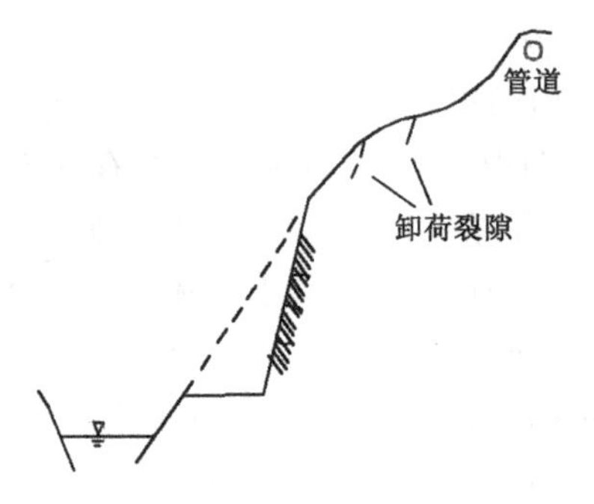

图4-28 开挖引发卸荷裂隙

总的来说,潜在崩塌体的形成阶段是较长的,但是对于油气长输管道工程来说,在管道施工过程中,边坡岩体上可能已有一些潜在崩塌体存在,或者虽不存在,但已具备形成潜在崩塌体的条件和可能。这些都应在勘测和施工中查清,以便采取适当的防治措施。判别潜在崩塌体是否存在的条件是看它的边界条件是否清楚,切割它的结构面是否贯通,以及各结构面的张开程度等。

2. 潜在崩塌体的蠕动位移阶段

潜在崩塌体形成后,并不意味着马上就要发生急剧的崩塌现象,一般要经过较长的蠕动位移阶段。如图4-27所示的潜在崩塌体 *ABCD*,可能由于 *CD* 结构面的抗剪力大于下滑力,潜在崩塌体不会向下滑动而造成崩塌。但是,当 *AD* 结构面中充水,在冬季冻结,或在 *AD* 结构面中有树木生长,在冰劈作用或根劈作用下,则可能使岩体向下缓慢发生位移,使 *AD* 结构面变宽。在多次缓慢的位移中,*CD* 结构面遭到破坏,强度会降低,并使裂隙加大,更便于水的流通,在雨水或地下水的长期作用下,*CD* 结构面逐渐会发生泥化作用或被黏土质风化物充填,将使其抗剪强度大大降低。当该面的抗剪力小于下滑力时,潜在崩塌体就会向下蠕动,继而产生突然的崩塌。这种蠕动位移除具有上述的长期性之外,还具有断续性和累进性,其会在各种因素作用下间断发生,其位移量也是累进增加的。

这个阶段在微地貌上也会有相应的变化:

(1) 坡顶上的大致与坡脚油气长输管道平行的拉张裂缝不断扩展、加长;

(2) 坡面上相应部位不断外鼓或下错;

(3) 有时会掉落岩石,有时能听到岩体位移的响声。

3. 突然崩落阶段

当潜在崩塌体的重心移出边坡,突然而急剧的崩塌就会产生。突然崩落的过程短的仅几秒钟,一般多在20 min之内完成。在崩塌过程中,岩体翻倒、滚动、坠落、互相撞击,最后堆于坡脚。大型崩塌体常由于崩塌速度大，产生巨大的冲击气浪激起泥土灰尘，并常伴有强烈的震动和巨大的响声[6]。

第五节　油气长输管道崩塌灾害稳定性分析

边坡崩塌的稳定性分析方法主要有：基于有限元的强度折减法、有限元法、极限分析法和极限平衡条分法等。大体上可以将它们分为定性分析、确定性分析和不确定性分析三类。大部分方法在“油气长输管道滑坡灾害理论基础”一章中已有介绍，本章主要介绍强度折减法。

大量崩塌实例表明，边坡崩塌破坏主要是由于岩土体剪应力值超过软弱结构面的强度而产生。对于天然岩质边坡而言，边坡崩塌破坏主要是由边坡岩体抗剪强度降低而引起的，因此可以通过降低岩体抗剪强度指标（强度折减法）来进行边坡稳定性分析。有限元法和有限差分法能够较好地模拟边坡真实的地形地质情况，也能考虑岩体的非线性本构关系，适用于任意复杂的边界条件；而传统的极限平衡条分法虽然可通过找出最小安全系数来搜索破坏面，但需事先假定各安全系数对应的破坏面。基于有限元的强度折减法则无须假定破坏面，可直接求解出工程所需的安全系数及破坏面的位置。由于强度折减法的诸多优点，早在1975年O. C. Zienkiewicz等就对这一方法进行了尝试。1992年，Matsui与San采用O. C. Zienkiewicz等的方法分析了多个边坡的稳定性，并把该方法正式命名为“强度折减技术”[18-19]。此后国内外大量学者以及工程技术人员研究和应用过该方法。强度折减法的研究是现在岩土工程领域研究的一个热点。

一、强度折减法的基本原理

Bishop等将边坡稳定安全系数F定义为沿破坏面的抗剪强度与实际抗剪强度的比值，工程中广为采用的各种极限平衡条分法，便是以此来定义边坡稳定安全系数的。强度折减系数法的基本思想与极限平衡条分法一致，均可称之为强度储备安全度，因后者无法直接用公式计算安全系数，而需根据某种破坏判据来判定边坡是否进入极限平衡状态，这样不可避免地会带来一定的人为误差。尽管如此，有关学者[2]仍发展了一些切实可行的平衡判据，如在限定求解迭代次数的前提下，当超过限值仍未收敛则认为破坏发生；或限定节点不平衡力与外荷载的比值大小；或利用可视化技术，当广义剪应变等值线自坡脚与坡顶贯通则定义为坡体破坏[15,18-19]。

Duncan(1996)指出抗剪强度折减系数可以定义为：使边坡刚好达到临界破坏状态时，对岩体抗剪强度进行折减的程度。强度折减技术应用到有限差分或有限元中可以表述为：保持岩体的重力加速度为常数，通过逐步减小抗剪强度指标，将内聚力c、内摩擦角φ值同时除以折减系数F_{sr}，得到一组新的指标c'、φ'后再进行有限差分或有限元分析，反复计算直至边坡达到临界破坏状态，此时采用的强度指标与岩体原有的强度指标之比即为边坡的安全系数F。

$$c' = \frac{c}{F_{sr}};\quad \varphi' = \arctan\frac{\tan\varphi}{F_{sr}} \tag{4-1}$$

赵尚毅、郑颖人等通过比较毕肖普法和强度折减法的安全系数定义，认为两者安全系数具有相同的物理意义，强度折减法在本质上与传统方法是一致的。采用强度折减法分析边坡稳定时，通常将 c、φ 同时除以折减系数 F_{sr} 进行折减，即采用等比例强度折减的方法[15,18-19]。

二、破坏标准的确定方式

强度折减法的原理比较简单，不需要做任何假定和假设滑动面，可以比较直观地反映坡体的实际滑动面。但这种方法存在一个问题：如何在不断降低岩体强度参数时，判断边坡是否达到临界破坏状态，这是有限元、有限差分计算中经常遇到的一个比较难解决的问题，引起了众多学者的兴趣。目前边坡稳定性数值分析中常用到的判断边坡失稳破坏的标准有如下几种：迭代求解不收敛、边坡网格变形、剪应变破坏、塑性区的范围及其连通状态、边坡内某点位移与折减系数关系曲线等。

K. Ugai 与 E. M. Dawson 分别采用迭代次数超过 500 次和节点不平衡力与节点外荷载的比值不大于 10^{-3} 作为迭代求解的收敛性条件，迭代次数和节点不平衡力与节点外荷载的比值均需事先假定，用这种方法来确定安全系数具有一定的人为任意性。郑颖人、赵尚毅、孙伟等认为：当折减系数达到某一数值，边坡内一定幅值的广义剪应变自坡底向坡顶贯通时，边坡破坏；栾茂田采用塑性应变作为失稳评判指标，根据塑性区的范围及其连通状态确定潜在破坏面及其相应的安全系数[15,18-19]。

三、强度折减法的改进

一般情况下，岩体材料的抗剪强度指标 c 和 φ 越大，其弹性模量 E 也越大，泊松比 ν 就越小。在传统强度折减法中，只是对 c 和 φ 进行折减，而没有对 E 和 ν 做相应的调整。郑宏、李春光等提出并证明对于满足 Mohr-Coulomb 强度准则的岩体材料，ν 和 φ 满足如下的不等式[18]：

$$\sin\varphi \geqslant 1 - 2\nu \tag{4-2}$$

对强度参数 c 和 φ 折减时，为保持式(4-2)成立，可假设下面的关系式始终成立：

$$\sin\varphi^{\text{trial}} = \beta(1 - \nu^{\text{trial}}) \tag{4-3}$$

式(4-3)中 φ^{trial} 和 ν^{trial} 对应的折减系数为 Z_i，β 为常数。

$$\beta = \frac{\sin\varphi}{1 - 2\nu} \tag{4-4}$$

根据以上等式，采用如下的算法：

① 利用式(4-4)求得参数 β；

② 取一试验折减系数 Z_i，由式(4-5)和式(4-6)得到折减后的 c^{trial} 和 φ^{trial}：

$$c^{\text{trial}} = \frac{c}{Z_i} \tag{4-5}$$

$$\varphi^{\text{trial}} = \arctan\left(\frac{\tan\varphi}{Z_i}\right) \tag{4-6}$$

③ 由式(4-7)和式(4-8)求得调整后的 E^{trial} 和 ν^{trial}：

$$\nu^{\text{trial}} = \frac{1}{2}\left(1 - \frac{\sin\varphi^{\text{trial}}}{\beta}\right) \tag{4-7}$$

$$E^{\text{trial}} = \frac{E\nu}{\nu^{\text{trial}}} \tag{4-8}$$

④ 以 c^{trial}，φ^{trial} 和 E^{trial}，ν^{trial} 为参数进行快速拉格朗日分析或有限元分析；

⑤ 如果刚好达到临界平衡状态，此时的折减系数 Z_i 即为要求的安全系数；否则，取一个新的强度折减系数 Z_i 重复步骤②进行计算。

四、实例分析

在如图 4-29 所示边坡中铺设油气长输管道，图 4-30 为在边坡顶部（坡肩）铺设油气长输管道的剖面图。为了简化计算，假设：油气长输管道是方形实心的；不同序号表示油气长输管道铺设的不同位置；在边坡中铺设油气长输管道等价于增加管道所在位置岩层的天然重度和泊松比[20]。

图 4-29　某地边坡中管道铺设示意图

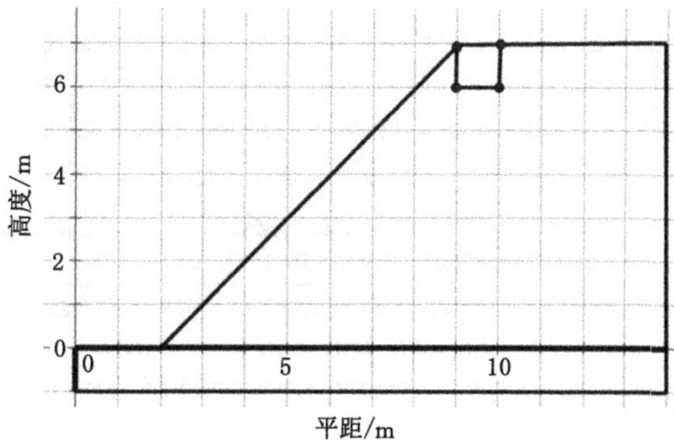

图 4-30　边坡上部管道铺设示意图

针对在图 4-30 所示位置铺设油气长输管道和未铺设油气长输管道的情况，计算比较边坡的安全系数的变化，计算参数如表 4-6 所列。

表 4-6　安全系数计算参数

计算参量	边坡坡体参数值	油气长输管道所在位置岩层参数值
弹性模量 E/MPa	20.50	20.50
泊松比 ν	0.30	0.35
天然重度 γ/(kN/m³)	19.00	30.00
内摩擦角 φ_{ef}/(°)	15.00	0.00
内聚力 C_{ef} /kPa	24.00	50.00
剪胀角 ψ/(°)	0.00	0.00
饱和重度 γ_{sat} /(kN/m³)	30.00	30.00

利用 GEO5 软件分析得到，在图 4-30 所示位置铺设油气长输管道和未铺设油气长输管道时边坡的安全系数分别为 1.58 和 1.60。说明在边坡顶部铺设油气长输管道会使边坡的安全系数减小，不利边坡的稳定。

如图 4-31 所示，分析在边坡不同位置铺设油气长输管道对边坡稳定性的影响。根据有限元强度折减法原理，用 GEO5 软件计算边坡的安全系数，结果如表 4-7 所列，其中 0 表示未铺设油气长输管道时边坡的安全系数。

表 4-7　管道铺设位置与边坡安全系数的关系

管道铺设位置	0	①	②	③	④	⑤	⑥	⑦
F	1.60	1.58	1.60	1.60	1.60	1.60	1.62	1.62

表 4-7 中的数据表明：在图 4-31 所示边坡中铺设油气长输管道，边坡的安全系数都随

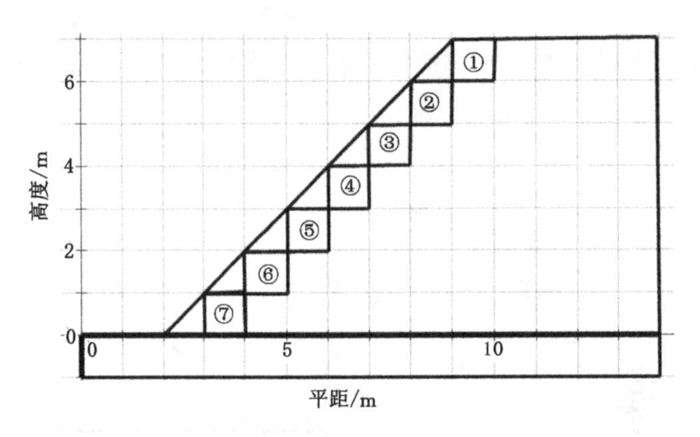

图 4-31　管道铺设位置示意图

着铺设位置的下移而增加，但在位置①铺设油气长输管道时边坡安全系数小于不铺设油气长输管道时的安全系数，在边坡下部（位置⑥、⑦）铺设油气长输管道时边坡的安全系数大于不铺设油气长输管道时的安全系数。

将表 4-6 中边坡坡体计算参数中的内摩擦角分别改为 20°、30°、40°，以此来模拟不同土质的边坡，并分别计算在图 4-31 位置①～⑦处铺设管道边坡的安全系数，进而分析在不同土质的边坡中铺设油气长输管道对边坡稳定性的影响，结果如表 4-8 所列。

表 4-8　不同土质、不同管道铺设位置的边坡安全系数

管道铺设位置	0	①	②	③	④	⑤	⑥	⑦
F_1（内摩擦角 20°）	1.81	1.76	1.76	1.78	1.78	1.78	1.78	1.81
F_2（内摩擦角 30°）	2.16	2.09	2.09	2.12	2.14	2.14	2.14	2.17
F_3（内摩擦角 40°）	2.51	2.44	2.48	2.45	2.48	2.48	2.54	2.54

表 4-8 中的数值表明：在位置①铺设油气长输管道时，对边坡的天然重度影响最大，且边坡安全系数都小于不铺设油气长输管道时的边坡安全系数，因此可以得到在边坡上部铺设油气长输管道不利于边坡稳定的结论。同时，随着油气长输管道铺设位置的下移，边坡的安全系数也逐渐增大[20]。

第六节　崩塌灾害作用下油气长输管道的力学行为

一、崩塌落石运动理论分析

研究崩塌落石对油气长输管道的影响是在落石运动特性分析、落石运动动力学理论分析的基础上进行的。崩塌落石运动理论包括运动特性理论和动力学理论。分析落石的运动特性可以获得落石触地位置、弹跳高度及触地动能等信息；根据落石动力学理论进行分析可以得出落石作用于坡面或者对油气长输管道的冲击力[21-23]。

1. 落石在各种坡面上的运动状态分类

崩塌落石具体的运动形式与坡面形态和坡面覆盖物密切相关。从坡面形态特征和落石运动形式出发，可将崩塌落石在坡面的运动形态分为以下四类，如表 4-9 所列[21]。

表 4-9　崩塌落石在各种坡面上的运动状态[21]

运动状态	落石坡面运动示意图	运动特点
单坡运动	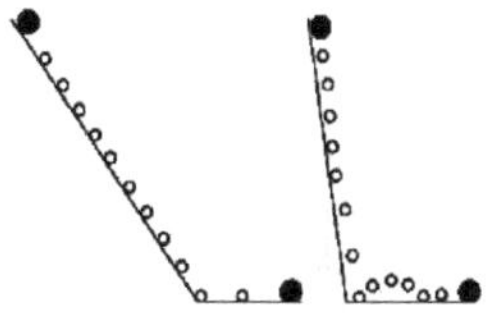	坡面整体坡度基本一致，崩塌落石沿着坡面滚动或坠落，根据坡面植被和基岩出露情况，在坡面或坡脚停止
陡-缓-陡坡复合运动	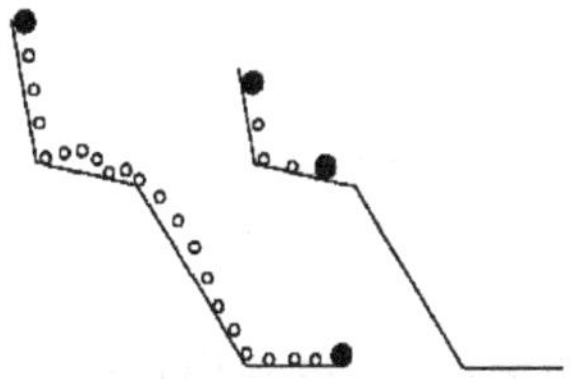	两级陡崖间有坡度小于 30°的缓坡或者平台。若上级陡崖坠落高度较大且基岩裸露或为前期堆积块状乱石堆，落石开始运动后，冲击平台后弹跳、直接弹跳或滚动进入下级陡崖后继续做弹跳、滚动运动；反之，若上级陡崖坠落高度较小且基岩为坡积物或植被覆盖，落石开始运动后，冲击平台后短距离滚动和滑动后停止
缓-陡-缓坡复合运动	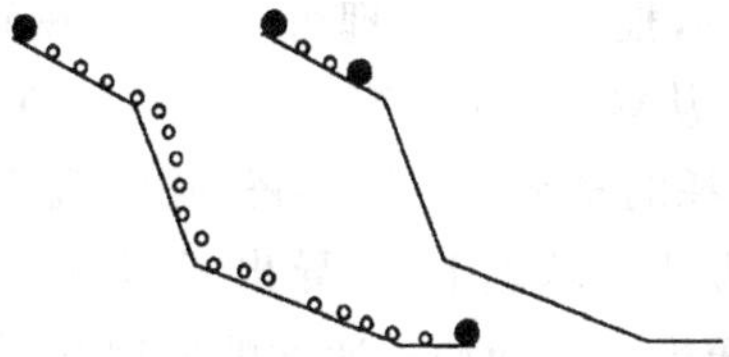	上部缓坡基岩裸露、光滑，落石开始运动后，运动加速度较大，进入缓-陡坡交界点飞出，而后继续弹跳、滚动；若上部缓坡有植被或坡积物覆盖，落石在该坡段滚滑运动至停止，或由于运动速度小，在下部坡度变陡后不飞出，沿坡面滚动
负地形-缓坡复合运动	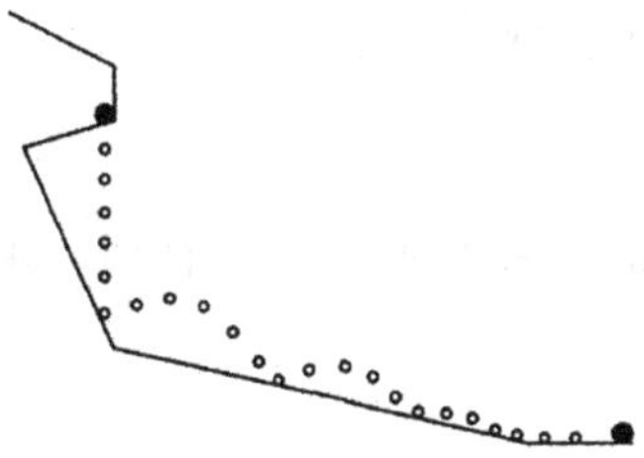	多为岩腔上方危岩坠落，直接冲击崖脚后弹跳，在缓坡上继续弹跳、滚滑运动直至停止

上述落石坡面运动状态分类基本反映了落石在坡面上可能出现的运动状态和运动转换情况，不过崩塌落石实际运动状态还取决于以下因素：落石重量，落石形状，边坡的坡度、高度、坡面参数（摩擦系数、法向碰撞回弹系数、切向碰撞回弹系数）等。其中，摩擦系数和碰撞回弹系数主要取决于坡面的岩性组成、风化程度以及表面植被覆盖程度。落石同坡面发生弹性碰撞时，反弹速度与入射速度相等，相应恢复系数为 1，即完全可恢复的碰撞；若发生完全塑性碰撞，则落石陷入坡面，不发生回弹，相应恢复系数为 0。实际落石与坡面之间的碰撞行为既不是弹性碰撞也不是塑性碰撞，而是可能发生反弹，并且必然伴随着一定的能量损失，也就是说恢复系数应位于 0～1 之间[21-22]。

兰成渝成品油管道 K0526＋300 处危岩体边坡面积较大，危岩体数量多，悬空位置较高且距离管道近，为此，选择典型断面 2 处不同高度位置的危岩块体，考虑最不利情况，块体体积假定均为 3 m×2 m×2 m，质量为 30×10^3 kg，使用 Rocscience RocFall 4.042 软件计算确定出落石运动轨迹，如图 4-32 所示[9]。

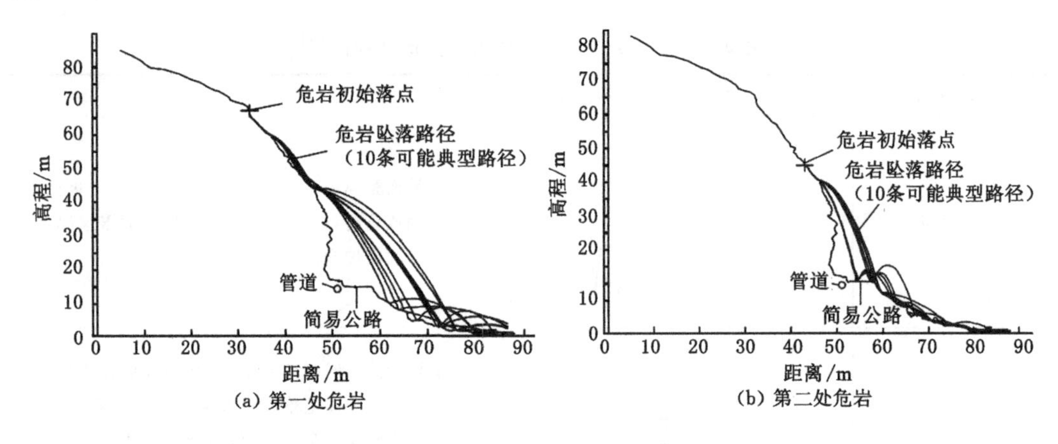

图 4-32　不同高度危岩坠落运动轨迹

2. 崩塌落石动力学理论分析

落石冲击力是油气长输管道的主要荷载之一，为得到崩塌落石对油气长输管道产生冲击力的理论算法，需进行崩塌落石动力学理论分析。落石从高空坠落，对油气长输管道的冲击作用时间很短，持续时间 $10^{-3}\sim10^{-2}$ s，根据冲量定理可知，撞击瞬间会产生很大的冲击力[22]。崩塌落石冲击过程的复杂性使得从能量、变形等方面直接计算其冲击力困难较大，而根据冲量定理则可回避变形和能量损耗的复杂性。叶四桥、陈洪凯等根据冲量定理，在日本道路公团算法和杨其新、关宝树等人方法的基础上，推导出了落石理论冲击力计算公式，该公式适用于不同覆土厚度、不同冲击角度和不同冲击速度的崩塌落石，如下式[23]：

$$F = k\left[\frac{m\,v_{\mathrm{bn}}(1+e_n)}{\Delta t} + mg\cos\alpha\right] \tag{4-9}$$

式中　F——理论冲击力，N；

k——冲击力放大系数，具体取值如图 4-33 所示，通过插值法求取；

m——落石质量，kg；

g——重力加速度，m/s^2；

v_{bn}——落石法向入射速度，m/s；

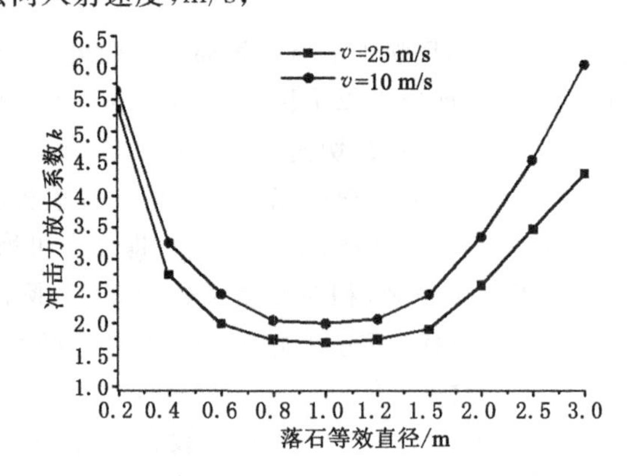

图 4-33　冲击力放大系数 k 取值曲线

e_n——法向碰撞回弹系数；

Δt——冲击持续时间，s；

α——碰撞斜面倾角，(°)。

Δt 的计算式如下：

$$\Delta t = \frac{1}{100}(0.097mg + 2.21h + \frac{0.045}{H} + 1.2) \tag{4-10}$$

式中　m——落石质量，t；

h——结构顶部缓冲土层厚度，m；

H——自由落体落高，m。

在非初始碰撞过程中，将自由落体落高以等效法向速度代换，得到下式：

$$\Delta t = \frac{1}{100}(0.097mg + 2.21h + \frac{0.09g}{v_{bn}^2} + 1.2) \tag{4-11}$$

3. 油气长输管道荷载

埋地油气长输管道的工作状态远较地面露天管道复杂，其原因主要是油气长输管道在各种外部载荷（如地面载荷、土体重力等）的作用下，管道周围的土体介质与管壳结构之间存在着变形约束与力的相互作用[24]。为了便于分析计算，做出如下假设：

① 崩塌落石垂直坠落于油气长输管道正上方土体，在管沟任一深度的平面上，荷载沿整个沟宽均匀分布；

② 分析落石冲击力对管顶产生的附加荷载时，忽略油气长输管道截面刚度不同对管顶附加荷载分布的影响；

③ 埋地油气长输管道为均匀无限长结构，管道视为水平、等截面、薄壁弹性管；

④ 只考虑冲击荷载和管周土压力的共同作用，忽略温度变化、腐蚀缺陷等对埋地油气长输管道力学性状的影响。

(1) 管顶垂直土压力

土体压力分为垂直土压力和侧向土压力，假设发生崩塌时落石垂直冲击油气长输管道正上方，此时只考虑垂直土压力作用。埋地油气长输管道所受土压力大小与许多因素有关，其中埋设方法是首先要考虑的因素。埋设方法不同，受力特点不同，作用于油气长输管道上的土压力计算方法也不相同[24]。

对于沟埋式油气长输管道，基于散体极限平衡条件，利用马斯顿提出的沟内埋管垂直土压力计算模型，如图 4-34 所示，可得出深度 z 处垂直土压力 σ_z[24]。

深度 z 处垂直土压力 σ_z 为：

$$\sigma_z = \frac{B(\gamma - \frac{2c}{B})}{2K\tan\varphi}(1 - \mathrm{e}^{2K\frac{z}{B}\tan\varphi}) + q\,\mathrm{e}^{-2K\frac{z}{B}\tan\varphi} \tag{4-12}$$

对于 $\varphi=0°$ 的情况，σ_z 的计算公式为：

$$\sigma_z = (\gamma - \frac{2c}{B})z + q \tag{4-13}$$

根据 σ_z 可知，作用在管顶的单位长度垂直总土压力 N 为：

$$N = \sigma_z D\,|_{z=H} = D\left[\frac{\gamma B - 2c}{2K\tan\varphi}(1 - \mathrm{e}^{2K\frac{H}{B}\tan\varphi}) + q\,\mathrm{e}^{-2K\frac{H}{B}\tan\varphi}\right] \tag{4-14}$$

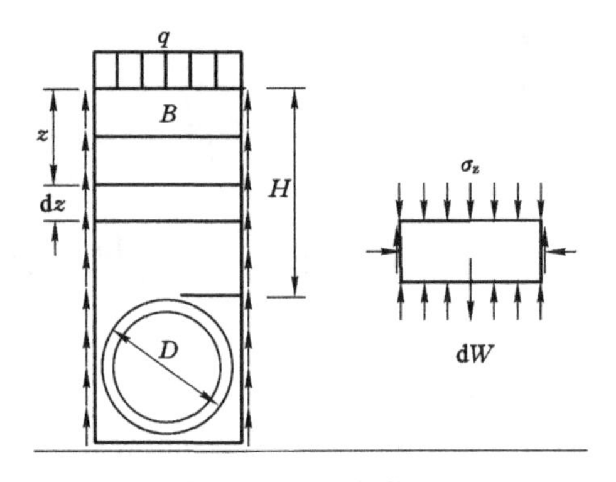

图 4-34 管沟内埋管垂直压力计算模型

式中 σ_z——垂直土压力，kPa；

γ——管沟中填土的重度，kN/m³；

c——管沟填土与管沟沟壁之间的内聚力，kPa；

φ——管沟填土与管沟沟壁之间的内摩擦角，(°)；

B——沟槽宽度，m；

K——土压力系数，马斯顿采用主动土压力系数 K_a，$K_a=\tan^2(45°-\varphi/2)$；

D——埋管直径，m；

H——地表到埋管顶部的填土深度，m；

q——填土表面的均布荷载，kN/m²。

值得提出的是，沟槽宽度 B 值的大小对作用于埋管上的土压力影响较大，《输油管道工程设计规范》(GB 50253—2014)对沟槽宽度做了规定，当管沟深度小于 5 m，沟槽宽度 B 值应按下式计算：

$$B=D+b \tag{4-15}$$

式中 D——埋管直径，m；

b——沟底加宽裕量，m，可查《输油管道工程设计规范》(GB 50253—2014)中表 4.2.4 获得。

(2) 落石冲击荷载

在式(4-14)中，填土表面均布荷载 q 的值应由崩塌落石自高空坠落于油气长输管道上方的土壤所产生的冲击力来确定。冲击力由重物从高处落下时所产生的碰撞能量在有限时间内转化而成，可由最基本的动量定理解释，其计算式为：

$$P_{\max}=\sqrt{\frac{32W H_f G r_0}{\pi^2(1-\nu)}} \tag{4-16}$$

式中 $P_{\max}$——填土表面的最大冲击力，kN；

W——下落物体的重量，kN；

H_f——物体下落高度，m；

G——土的剪切模量，kPa；

r_0——下落物体的最小水平半径，m；

ν——土的泊松比。

则管沟填土表面的均布荷载 q 为：

$$q=\frac{P_{\max}}{\pi r_0^2} \tag{4-17}$$

式中符号意义同前。

由式(4-14)～式(4-17)可以得到管道在落石冲击力作用下油气长输管道上的外部总荷载 Q：

$$Q=D\left[\frac{\gamma(D+b)-2c}{2K\tan\varphi}\left(1-\mathrm{e}^{-2K\frac{H}{D+b}\tan\varphi}\right)+\frac{1}{\pi^2 r_0}\sqrt{\frac{32W\,H_f G}{r_0(1-\nu)}}\ \mathrm{e}^{-2K\frac{H}{D+b}\tan\varphi}\right] \tag{4-18}$$

式中符号意义同前。

4. 油气长输管道应力分析

埋地油气长输管道受到内压引起的环向应力和由外部静态荷载(土壤荷载)及动态荷载(冲击荷载)所引发的环向弯曲应力的作用,这两种应力相互叠加对管道强度产生影响。

(1) 管道内压产生的环向应力

内压是影响油气长输管道强度的主要作用荷载之一。内压产生环向应力,油气长输管道多属于薄壁管道,一般由薄壁管道计算公式可得：

$$\sigma_h=\frac{pD}{2t} \tag{4-19}$$

式中　σ_h——管壁的环向应力,Pa；

p——管道内压,Pa；

t——管道壁厚,m。

(2) 管道外部荷载产生的环向弯曲应力

埋地管道在外部总荷载的作用下产生环向弯曲应力,根据 Spangler 公式可得：

$$\sigma_{hb}=\frac{6K_b QEtR}{Et^3+3K_z pD^3} \tag{4-20}$$

式中　σ_{hb}——管道的环向弯曲应力,Pa；

K_b——弯曲参数(对于开挖管沟,K_b取 0.235)；

K_z——挠度参数(对于开挖管沟,K_z取 0.108)；

E——管材弹性模量,Pa；

R——埋地管道半径,m；

其余符号意义同前。

根据应力叠加原理,由式(4-19)和式(4-20)可得管道总环向应力：

$$\sigma=\sigma_h+\sigma_{hb}=\frac{pD}{2t}+\frac{6K_b QEt}{Et^3+3K_z pD^3} \tag{4-21}$$

内压力和外部荷载作用所产生的环向应力之和不得超过管道的许用应力,即 $\sigma\leqslant[\sigma]$,输送油气的管道,其许用应力应按下式计算：

① 输油

$$[\sigma]=F\Phi\sigma_s \tag{4-22}$$

② 输气

$$[\sigma]=F\Phi m_{折}\,\sigma_s \tag{4-23}$$

式中　$[\sigma]$——输送油气管道许用应力,Pa；

F——强度设计系数；

Φ——钢管焊缝系数(这里 Φ 取 1.0)；

$m_{折}$——温度折减系数(当温度小于 120 ℃时，$m_{折}$ 值取 1.0)；

σ_s——钢管规定屈服强度，Pa。

5. 油气长输管道变形分析

埋地油气长输管道在土压力和冲击荷载作用下，即使管道不发生破裂，但仍可能有较大幅度的变形(图 4-35)[25]，这种大幅度变形也会使管道失效。

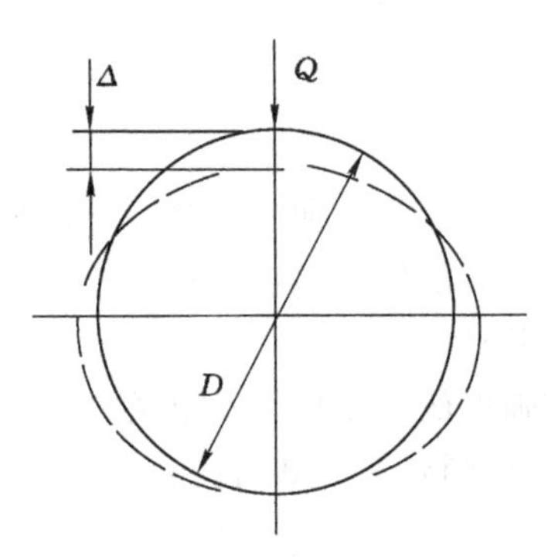

图 4-35　外力作用下油气长输管道断面变形

假设将油气长输管道横截面视为一个没有有效横向土体支撑的弹性环，在冲击荷载作用下，其竖向变形量完全由管壁弯曲作用的弹性抗力控制，则由爱荷华计算公式可得：

$$\Delta = \frac{1.5K_z QD^3}{Et^3 + 3K_z pD^3} \tag{4-24}$$

式中　Δ——竖向变形位移，m；

其余符号意义同前。

由于内压对冲击荷载作用下油气长输管道的竖向变形起到阻挠作用，根据管道失效评定原理，无内压是管道发生竖向变形的最坏荷载情况，故在式(4-24)计算中应忽略内压的影响，则油气长输管道的竖向变形位移为：

$$\Delta = \frac{1.5K_z QD^3}{Et^3} \tag{4-25}$$

式中符号意义同前。

变形超过一定极限时，油气长输管道将丧失外部荷载的承载能力。为了油气长输管道的安全，规定油气长输管道允许的最大变形量不得超过钢管外径的 3%，即 $\Delta/D \leqslant 3\%$[24]。

6. 实例分析

在岩土崩塌灾害发生地域，某埋地输油管道受到落石的冲击而变形，管径 610 mm，壁厚 10 mm，管材为 X70 钢，规定屈服强度 485 MPa，弹性模量 $E=200$ GPa；落石质量为 1 t，下落高度 $H_f=7$ m；管道上方土层为粉质黏土，忽略内聚力影响，土壤密度 $\rho_土=1\ 700\ \text{kg/m}^3$，土壤泊松比 $\nu=0.38$，内摩擦角 $\varphi=30°$，剪切模量 $G=15$ MPa，冲击区域的当量半径 $r_0=1.8$ m；管道输送汽油时，管道内压 6 MPa。落石冲击管道正上方[24]，在不同埋深情况下，可计算出管道轴向附加荷载的分布情况(图 4-36)以及管道应力变形情况(表 4-10)。

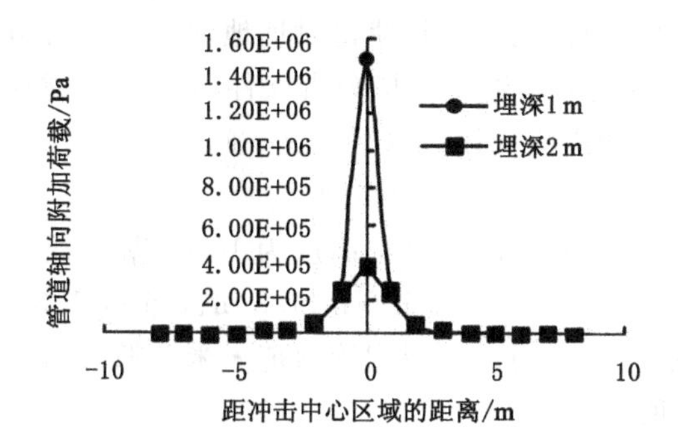

图 4-36　埋深为 1 m 和 2 m 时输油管道轴向的附加荷载分布

表 4-10　落石冲击下不同埋深输油管道的应力与变形[24]

管道埋深/m	总环向应力/MPa	管道变形量/%	应力判断[σ]/MPa	变形量判据/%	应力结论	变形量结论
1.0	374.59	4.31	349.2	3	失效	失效
1.5	350.36	3.77	349.2	3	失效	失效
2.0	329.98	3.31	349.2	3	安全	安全
2.5	312.85	2.92	349.2	3	安全	安全
3.0	298.44	2.60	349.2	3	安全	安全

从图 4-36 可以看出，落石冲击区域下方土层产生应力集中，正下方管道附加荷载最大，沿管体轴向向两侧骤减至消失，管体所受荷载逐渐趋于土柱压力，因此，冲击中心正下方管道为最危险管段[24]。

从表 4-10 中的应力与变形情况可知，岩土崩塌灾害中落石产生的冲击荷载相当大，使管道瞬时产生强大的附加应力。当管道埋深较浅（≤1.5 m）时，易引起管道变形失效。随着管道埋深的增加，管道在冲击荷载作用下的总环向应力与变形量逐渐减小并趋于稳定，如图 4-37 所示，即崩塌产生的冲击荷载带来的破坏效应越来越小。

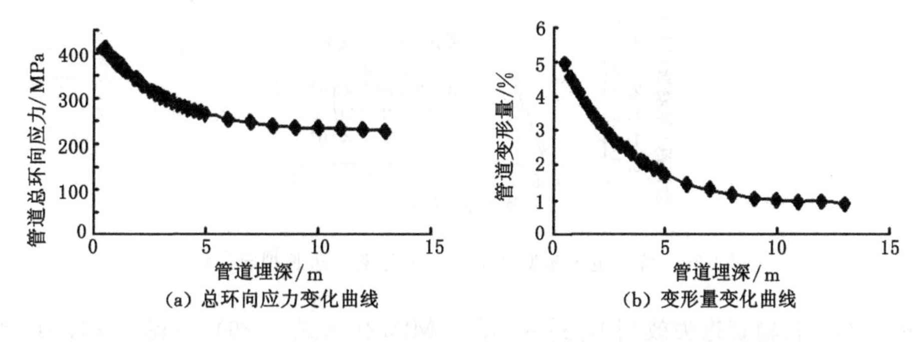

图 4-37　不同埋深情况下管道总环向应力与变形量变化趋势

二、油气长输管道崩塌荷载作用下的安全评价

崩塌落石冲击荷载作用于埋地油气长输管道的过程是一个复杂的系统工程，由于涉及

的因素较多，且不同因素的影响程度不同，使得对埋地油气长输管道进行安全评价较为困难[26]。运用 LS-DYNA 显式动力学数值模拟分析软件，在假定一些因素不变的情况下，研究某一因素对埋地管道安全的影响规律可以解决这一问题。

1. 崩塌落石规模对油气长输管道安全的影响

假设上覆土体厚度为 1 m，崩塌落石悬空高度为 10 m，落石地点位于埋地油气长输管道正上方，选取边长分别为 0.5 m、0.8 m、1.0 m、1.3 m、1.5 m、1.8 m、2.0 m 的崩塌落石，进行埋地油气长输管道受力模拟计算，可得到管顶范·米塞斯应力随崩塌落石边长的变化而变化的曲线，如图 4-38 所示。

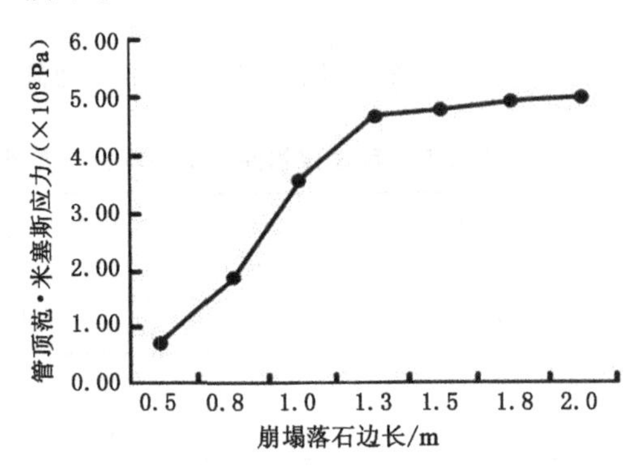

图 4-38　管顶范·米塞斯应力与崩塌落石边长的关系

由图 4-38 可见：随着崩塌落石边长的增加，管顶范·米塞斯应力增长较快，呈线性增长的趋势；当崩塌落石边长达到 1.3 m 以上时，增长缓慢，主要因为此时埋地油气长输管道已经出现破坏，尽管冲击力继续增大，范·米塞斯应力逐渐趋于极值。通过拟合分析(图 4-39)，得到管顶范·米塞斯应力与崩塌落石边长的关系式为：

$$y = -3.5682 \times 10^8 + 9.6604 \times 10^8 x - 2.6972 \times 10^8 x^2 \tag{4-26}$$

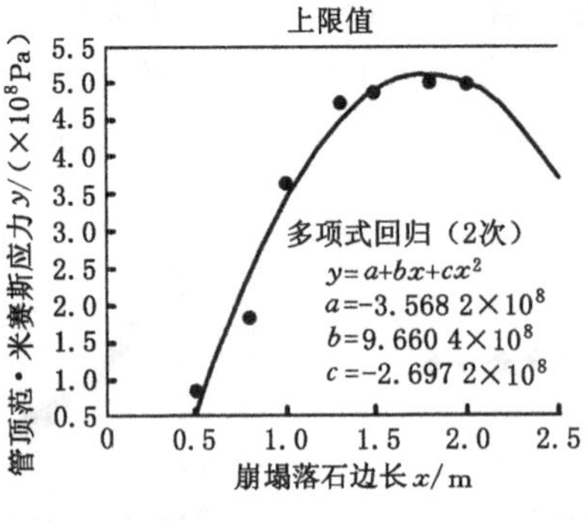

图 4-39　管顶范·米塞斯应力与崩塌落石边长拟合曲线

将埋地油气长输管道失效判据$[\sigma]=349.2$ MPa 代入式(4-26)，可得 $x \approx 1.01$，即当 x 略大于 1.01 m 时，管顶范·米塞斯应力略大于 349.2 MPa，埋地油气长输管道出现破坏，处于不安全状态。

2. 崩塌落石悬空高度对油气长输管道安全的影响

崩塌落石悬空高度越大，所具有的冲击动能越大，造成的破坏也越严重，因此找到埋地油气长输管道破坏对应的崩塌落石临界悬空高度，将有助于埋地油气长输管道的安全评价。假设上覆土体厚度及崩塌落石边长均为 1 m，落石地点位于埋地油气长输管道正上方，悬空高度在 2～20 m 之间变化，步长为 2 m，模拟计算得到管顶范・米塞斯应力随崩塌落石悬空高度变化曲线，如图 4-40 所示。

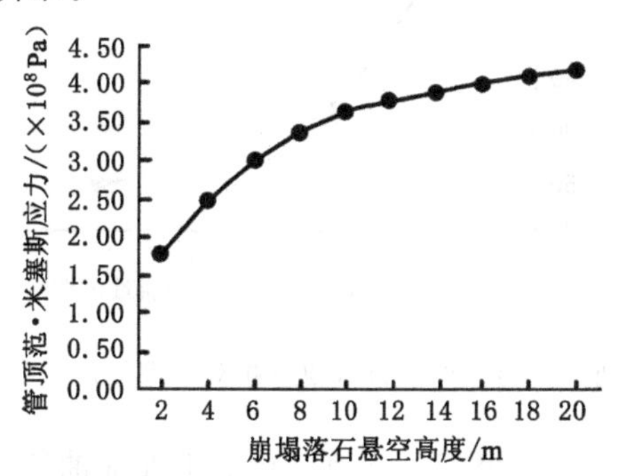

图 4-40　管顶范・米塞斯应力与崩塌落石悬空高度的关系

由图 4-40 可以看出：当崩塌落石悬空高度低于 10 m 时，随着崩塌落石悬空高度的增加，管顶范・米塞斯应力增长较快，当崩塌落石悬空高度超过 10 m 时，管顶范・米塞斯应力增长趋势变缓，逐渐趋于极值，整个曲线类似于二次抛物线，当埋地油气长输管道出现破坏时，即使冲击力继续增大，管顶范・米塞斯应力也不再出现明显变化。通过拟合分析(图 4-41)，管顶范・米塞斯应力与崩塌落石悬空高度的关系式为：

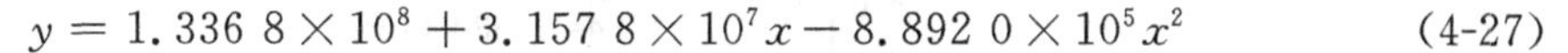

$$y = 1.3368 \times 10^8 + 3.1578 \times 10^7 x - 8.8920 \times 10^5 x^2 \quad (4\text{-}27)$$

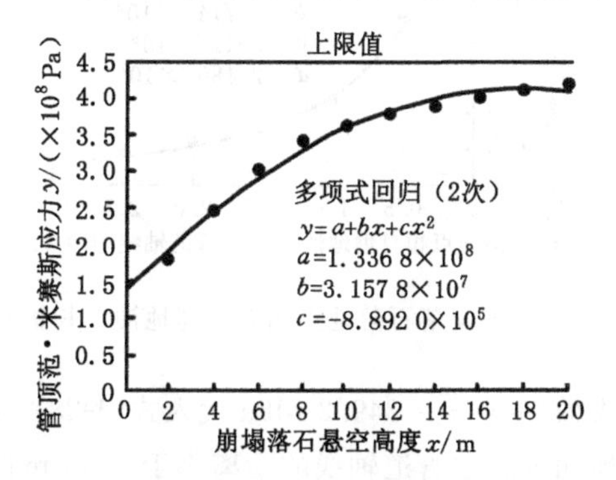

图 4-41　管顶范・米塞斯应力与崩塌落石悬空高度的拟合曲线

将埋地油气长输管道失效判据[σ]=349.2 MPa 代入式(4-27)，可得 $x \approx 9.4$ m，即当崩塌落石悬空高度大于 9.4 m 时，埋地油气长输管道将出现破坏，处于不安全状态。

3. 崩塌落石落地点与管道轴线的距离对油气长输管道安全的影响

崩塌落石从母岩体脱落之后，只有少数情况下，落地点刚好在埋地油气长输管道正上方，大多数情况都与埋地油气长输管道有一定的距离。假设上覆土体厚度及崩塌落石边长均为 1 m，悬空高度为 10 m，落地点与油气长输管道轴线的距离在 0.5～3 m 范围内变化，可通过模拟计算得到管顶范・米塞斯应力随崩塌落石落地点与油气长输管道轴线距离的变化而变化的曲线，如图 4-42 所示。

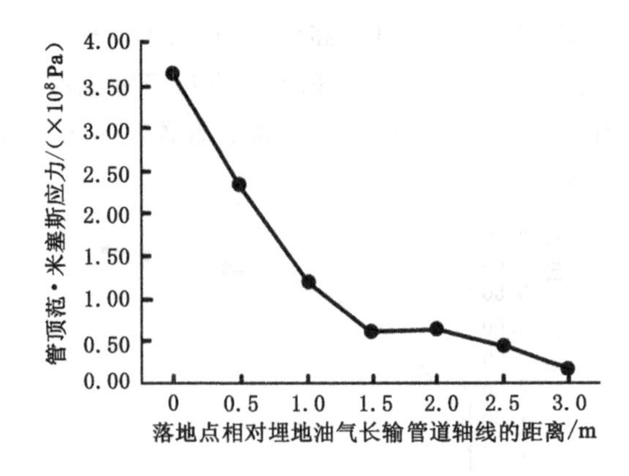

图 4-42　管顶范·米塞斯应力与崩塌落石落地点相对于埋地油气长输管道轴线距离的关系

由图 4-42 可知：初始，随着崩塌落石落地点相对于埋地油气长输管道轴线的距离增大，管顶范·米塞斯应力消减变快；当距离超过 1.5 m 时，管顶范·米塞斯应力下降一个数量级，之后几乎不会对埋地油气长输管道造成影响。通过拟合分析(图 4-43)，管顶范·米塞斯应力与崩塌落石落地点相对埋地油气长输管道轴线距离的关系式为：

$$y = 3.688\ 1\times 10^8 - 3.714\ 9\times 10^8 x + 1.511\ 3\times 10^8 x^2 - 2.186\ 7\times 10^7 x^3 \quad (4\text{-}28)$$

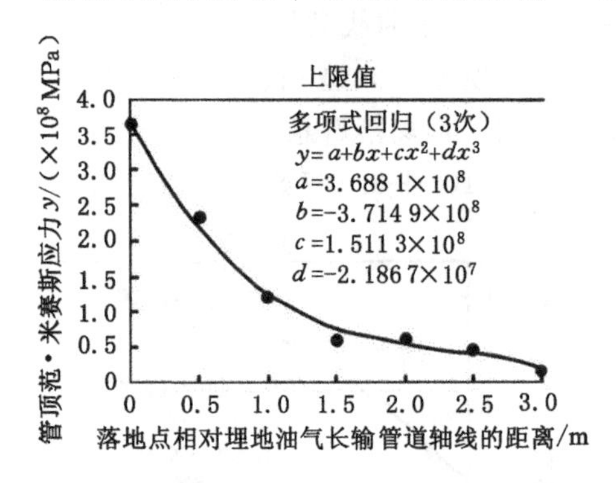

图 4-43　管顶范·米塞斯应力与崩塌落石落地点相对于埋地油气长输管道轴线距离的拟合曲线

将埋地油气长输管道失效判据[σ]=349.2 MPa 代入式(4-28)，可计算得出 $x\approx 0.05$ m，即当崩塌落石落地点相对埋地油气长输管道轴线的距离小于 0.05 m 时，埋地油气长输管道出现破坏，处于不安全状态。

管顶竖向变形量与崩塌落石落地点相对于埋地油气长输管道轴线距离变化如图 4-44 所示。

由图 4-44 可知：初始，随着崩塌落石落地点相对于埋地油气长输管道距离的增加，埋地油气长输管道管顶竖向变形量迅速降低，相对距离超过 1.5 m 时，管顶竖向变形量接近零，因此，在埋地油气长输管道安全评价时，相对距离较远的情况可不予考虑。

4. 上覆土体厚度对埋地油气长输管道安全的影响

上覆土体为弹塑性材料，弹性模量远小于崩塌落石，能够起到缓冲的作用。假设崩塌落石边长为 1 m，悬空高度为 10 m，落地点位于埋地油气长输管道正上方，上覆土体厚度在 0.4～2.0 m 范围内变化，管顶范·米塞斯应力变化曲线如图 4-45 所示。

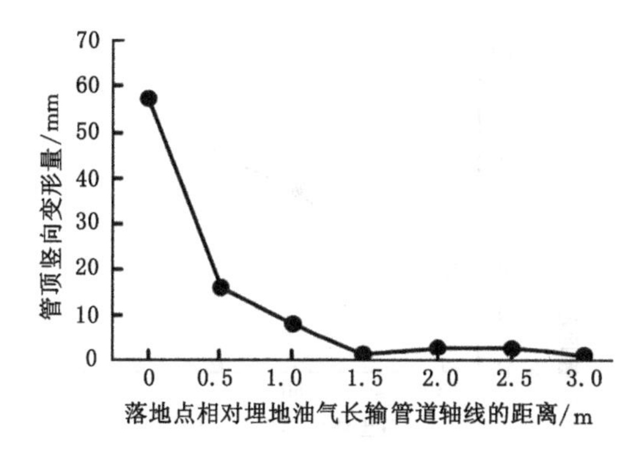

图 4-44　管顶竖向变形与崩塌落石落地点相对于埋地油气长输管道轴线距离的关系

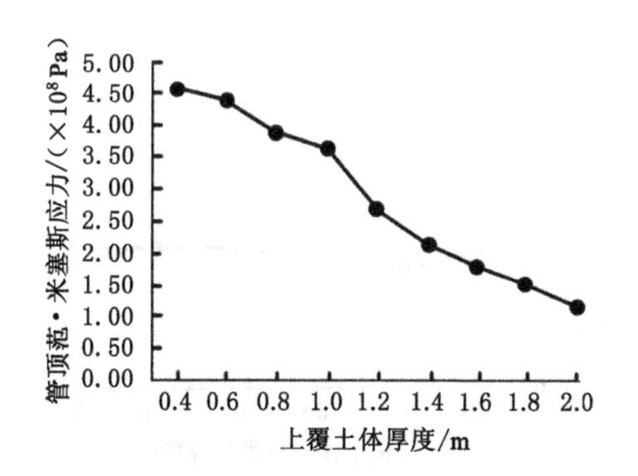

图 4-45　管顶范·米塞斯应力与上覆土体厚度关系

由图 4-45 可知：上覆土体厚度增大，管顶范·米塞斯应力呈减小趋势；厚度在 0.4～1.0 m 时，管顶范·米塞斯应力下降较慢；厚度在 1.0～2.0 m 时，管顶范·米塞斯应力下降较快；当厚度增大到 2.0 m 以后，管顶范·米塞斯应力较小，不会对埋地油气长输管道安全造成威胁。管顶范·米塞斯应力与上覆土体厚度的拟合关系式为：

$$y = 4.110\,6 \times 10^8 + 2.879\,8 \times 10^8 x - 4.973\,5 \times 10^8 x^2 + 1.413\,1 \times 10^8 x^3 \quad (4\text{-}29)$$

将埋地油气长输管道失效判据$[\sigma]=349.2$ MPa 代入式(4-29)，可得 $x \approx 0.98$，即当 $x=1.0$ m 时，管顶范·米塞斯应力略大于 349.2 MPa，埋地油气长输管道出现破坏，处于不安全状态。

5. 上覆土体性质对埋地油气长输管道安全的影响

油气长输管道沿线穿越的地质单元类型多样，不同地质类型的上覆土体性质也大不相同，它们在软、硬程度及松散状态方面存在较大差异。假设上覆土体厚度及崩塌落石边长均为 1 m，悬空高度为 10 m，落地点位于埋地油气长输管道正上方，当上覆土体变形模量在 30～80 MPa 范围内变化时，通过模拟计算可得管顶范·米塞斯应力随上覆土体变形模量的变化而变化的曲线，如图 4-46 所示。

由图 4-46 可知：初始，随着上覆土体变形模量的增大，管顶范·米塞斯应力逐渐增大，但增加的幅度不大，说明上覆土体性质对埋地油气长输管道安全的影响较小。埋地油气长输管道管顶竖向变形量与上覆土体变形模量关系曲线中，几乎没有大的波动，如图 4-47 所示，说明在埋地油气长输管道安全评价时，上覆土体性质可以不作为主要考虑影响因素。

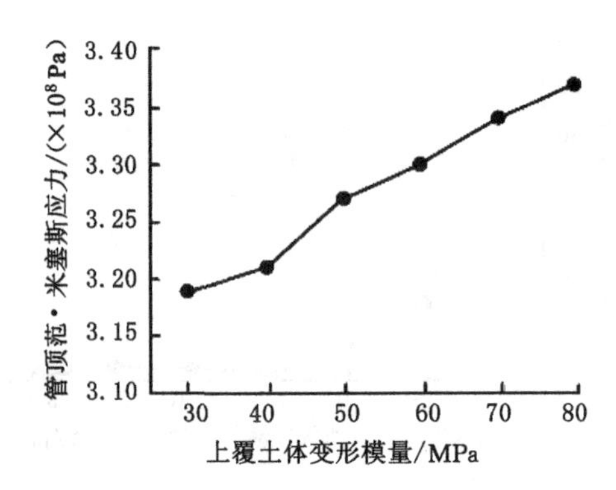

图 4-46　管顶范·米塞斯应力与上覆土体变形模量的关系

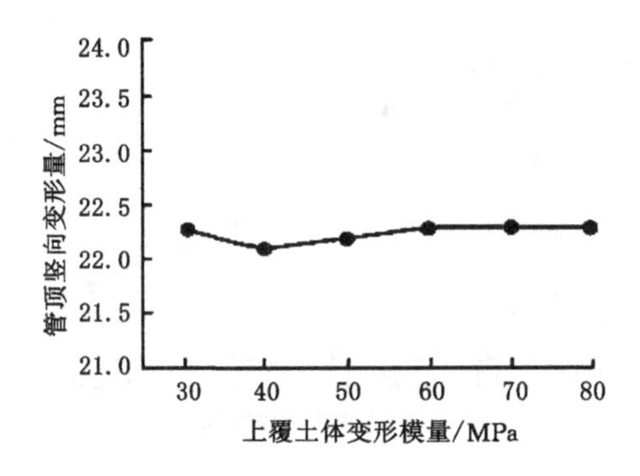

图 4-47　管顶竖向变形量与上覆土体变形模量的关系

6. 管道直径对埋地油气长输管道安全的影响

随着管道技术的发展，埋地油气长输管道的直径越来越大，如西气东输二线管道直径达到了 1 219 mm，而忠武输气埋地管道直径也达到了 711 mm。假设上覆土体厚度及崩塌落石边长均为 1 m，悬空高度为 10 m，落地点位于埋地油气长输管道正上方，当埋地油气长输管道直径在 711～1 311 mm 范围内变化时，通过模拟计算得到管顶范·米塞斯应力随管道直径变化而变化的曲线，如图 4-48 所示，管顶竖向变形变化如图 4-49 所示。

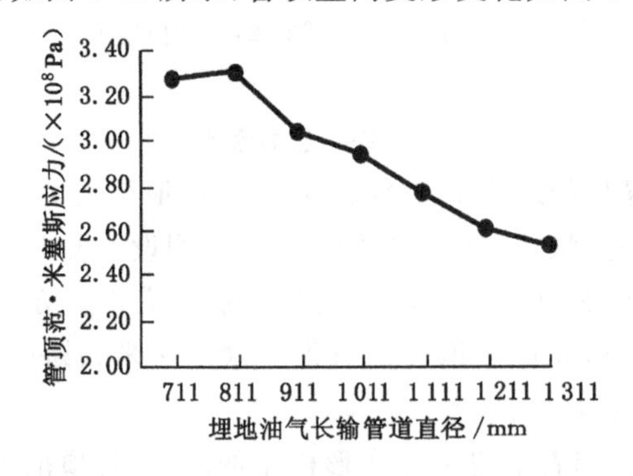

图 4-48　管顶范·米塞斯应力随埋地油气长输管道直径的变化

由图 4-48 可知：当埋地油气长输管道直径在 711～811mm 之间时，随着管道直径增大，

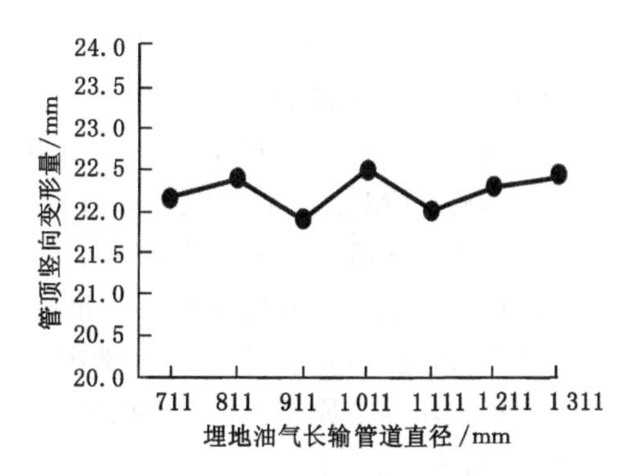

图 4-49　管顶竖向变形随埋地油气长输管道直径的变化

管顶范·米塞斯应力逐渐增大,但增大的幅度很小;当埋地油气长输管道直径大于 811 mm 时,随着管道直径增大,管顶范·米塞斯应力逐渐减小,减小的幅度也不大,表明管道直径对埋地油气长输管道安全的影响有限。管顶竖向变形量在 21～23 mm 范围内波动,变化不大,说明管道直径大小对埋地油气长输管道的安全影响也不大,不是主要考虑的影响因素。

综上所述,在埋地油气长输管道安全评价中,崩塌落石规模、悬空高度、落地点相对于埋地油气长输管道轴线的距离和上覆土体厚度对管顶范·米塞斯应力的影响较大,是应该考虑的主要影响因素,而上覆土体性质和管道直径则不是需要考虑的主要影响因素。

参考文献

[1] 刘晓娟,袁莉,刘鑫.地质灾害对油气管道的危害及风险消减措施[J].四川地质学报,2018,38(3):488-492.

[2] 徐永生.华中区域成品油管道地质灾害评估及监测技术体系构建探索[J].石油规划设计,2017,28(6):18-21,51.

[3] 马文清.塔输轮南-鄯善输油(气)管道工程崩塌灾害危险性评估[J].地下水,2016,38(6):245-246.

[4] 张博.涩宁兰输气管道黄土地区地质灾害防治措施研究[D].兰州:兰州大学,2012.

[5] 胡厚田.崩塌与落石[M].北京:中国铁道出版社,1989.

[6] 倪振强.输油气管道建设中的水土保持研究[J].长江科学院院报,2016,33(1):20-23,42.

[7] 地质矿产部环境地质研究所.中国滑坡崩塌类型及分布图[M].北京:中国地图出版社,1992.

[8] 房浩.中国崩塌滑坡泥石流易发程度图(1∶5 000 000)说明书[M].北京:地质出版社,2017.

[9] 施晓文,邓清禄,董国梁.崩塌落石对管道的危害性[J].油气储运,2013,32(3):295-299.

[10] 王东源,赵宇,王成华.阳坝落石对输油管道的冲击分析[J].自然灾害学报,2013,22(3):229-235.

[11] 颜宇森,李友成,刘传正,等.西气东输二线工程(宁甘界—陕甘界段)地质灾害危险性评估报告[R].北京:中国地质环境监测院,2007.
[12] 张洪涛.忠武输气管道地质灾害风险控制研究[D].青岛:中国石油大学(华东),2015.
[13] 潘懋,李铁锋,孙竹友.环境地质学[M].北京:地震出版社,1997.
[14] 曾廉.崩塌与防治[M].成都:西南交通大学出版社,1990.
[15] 吴琴.岩质边坡崩塌破坏机理及其稳定性分析方法[D].重庆:重庆交通大学,2010.
[16] 王念秦,张倬元.黄土滑坡灾害研究[M].兰州:兰州大学出版社,2005.
[17] 张倬元,王士天,王兰生.工程地质分析原理[M].北京:地质出版社,1981.
[18] 郑宏,李春光,李焯芬,等.求解安全系数的有限元法[J].岩土工程学报,2002,24(5):626-628
[19] 蒋承杰,楼华锋,汪洋,等.关于确定边坡稳定性安全系数的方法研究[J].科技通报,2014,30(3):117-121.
[20] 韩维强,周世玉,邓冬梅,等.管道位置对边坡稳定性影响的数值试验研究[J].绿色科技,2017(22):10-12.
[21] 吴世娟.崩塌落石对澜沧江跨越管道的影响及其防治研究[D].成都:西南石油大学,2016.
[22] 荆宏远.落石冲击下浅埋管道动力学响应分析与模拟[D].武汉:中国地质大学(武汉),2007.
[23] 叶四桥,陈洪凯,唐红梅.落石冲击力计算方法[J].中国铁道科学,2010,31(6):56-62.
[24] 李渊博,王建华,张国涛,等.岩土崩塌冲击作用下埋地管道应力与变形分析[J].后勤工程学院学报,2010,26(6):31-35,65.
[25] 李渊博,王建华,罗朔.地质崩塌冲击作用下埋地油气管道应力变形分析[J].中国储运,2010(9):92-93.
[26] 熊健,邓清禄,张宏亮,等.崩塌落石冲击荷载作用下埋地管道的安全评价[J].安全与环境工程,2013,20(1):108-114.

第五章　油气长输管道崩塌灾害防治

油气长输管道崩塌的勘查、设计、治理措施与其他区域崩塌防治既有共性又有其特殊性，需要特别关注油气长输管道工程特点以及其与崩塌的空间位置关系。总体来说，油气长输管道须绕避大型崩塌区，远离中型崩积区，通过小型崩塌区需辅以必要治理措施。治理措施主要有清除、遮挡、拦截、护坡、护墙、锚固、灌浆、排水等。

第一节　油气长输管道崩塌灾害勘查

一、崩塌调查内容

油气长输管道崩塌的调查分为危岩体的调查以及已有崩塌堆积体的调查，内容主要包括[1]：

（1）危岩体和崩塌的类型、规模、范围，崩塌体的大小和崩落方向。

（2）岩体基本质量等级、岩性特征和风化程度。

（3）地质构造，岩（土）体结构类型，裂缝和结构面的产状、组合关系、闭合程度、力学属性、延展及贯穿情况。

（4）崩塌前的迹象和崩塌原因。

（5）崩塌与油气长输管道工程的空间位置、相互作用关系。

二、崩塌区的地质环境条件及诱发动力因素调查

崩塌区地质环境条件及诱发动力因素调查包括[1]：

（1）地形地貌特征。

（2）地层岩性及地质构造特征，包括岩（土）体结构类型、斜坡组合结构类型等，重点查明软弱（夹）层、断层、褶曲、裂隙、裂缝、岩溶、采空区、临空面、侧边界、底界（崩滑带）以及它们对崩塌的控制和影响。

（3）水文地质条件。

（4）崩塌变形发育史和崩塌类型，包括崩塌发生的次数、规模、发生时间、崩塌前兆、崩塌方向、崩塌运动距离、堆积场所、崩塌规模、诱发因素、变形发育史、崩塌发育史、灾情等。

（5）人为孕灾因素（如切蚀、硐掘、爆破等）的强度、周期以及它们对崩塌变形破坏的作用和影响。

（6）油气长输管道工程特点，如管道材料、管径、钢级以及管道埋深与敷设施工方式等。

三、已有崩塌体特征调查

已有崩塌体特征调查内容包括[1]：已有崩塌的产出、运移、堆积特征及其灾害现状，特别是要进行崩塌对油气长输管道危害现状评价。

四、潜在崩塌体（危岩体）可能的变形破坏及成灾情况调查

潜在崩塌体（危岩体）变形破坏及成灾情况调查内容主要包括：

(1) 危岩体的性状特征，包括危岩体赋存环境、形成条件、边界、内部组构(重点是软弱夹层及结构面的分布与特征)及含水情况。

(2) 裂缝的分布、组数、展布方向、长度、宽度、可测深度与推断深度。

(3) 危岩体稳定情况。根据危岩体块、段的位移，裂缝的深、宽变化迹象和块体稳定分析评价危岩体稳定性。

(4) 崩塌产生后可能的运移斜坡，在不同崩塌方量条件下崩塌运动的最大距离。在峡谷区，要重视气垫浮托效应和折射回弹效应的可能性及由此造成的特殊运动特征。

(5) 危岩体的风化、岩体结构、岩体质量特征。

(6) 潜在崩塌可能到达并堆积的场地的形态、坡度、分布、高程、岩性、产状及该场地的最大堆积容量。在不同崩塌方量条件下，崩塌块石越过该堆积场地向下运移的可能性，最大可能崩塌方量的最终堆积场地。

(7) 初步划定潜在崩塌造成的灾害范围，进行经济损失调查和灾情趋势分析，特别是要查清潜在崩塌可能的危害范围，并阐述灾害范围与油气长输管道的位置关系。

(8) 分析预测可能派生的灾害类型(如涌浪、堵河形成堰塞湖而导致滑坡、泥石流等二次灾害)、规模，及其成灾范围，并进行经济损失调查评估。

五、防治现状及效果调查

调查了解崩塌灾害的勘查、监测、工程治理措施、防治现状及效果，提出防治建议，特别是要提出油气长输管道保护措施建议。

六、崩塌(危岩体)灾害的勘查

(1) 勘查方法应以物探、剥土、探槽、探井等山地工程为主，可辅以适量的钻探验证。

(2) 危岩体和崩塌体应有不低于 1 条实测剖面，每条勘查剖面上的勘探点不少于 3 个，剖面上要清晰表达崩塌体与油气长输管道空间位置关系。

(3) 勘探孔的深度应穿过堆积体或探至拉张裂缝尖灭处。

(4) 勘查剖面及勘探点的布置要综合考虑在运油气长输管道的安全问题。

七、油气长输管道崩塌灾害勘查实例

受国家管网集团西南管道有限责任公司兰州输油气分公司的委托，甘肃省科学院地质自然灾害防治研究所承担了兰郑长成品油输送管道 K282＋275 处潜在崩塌体(不稳定斜坡)的勘查工作。

K282＋275 处斜坡调查结果：该处斜坡类型为土质斜坡，斜坡土质为黄土和碎石土。斜坡展布方向为 NW330°，临空面倾向 NE60°左右。斜坡延伸长度 40 m，坡高 18 m，坡度在 47°～77°之间，坡顶缓、坡脚陡，断面上呈折线，如图 5-1 所示。地层岩性顶部为风成马兰黄土，疏松多孔，垂直节理发育，遇水易软化，干强度低，韧性低，具较强湿陷性，该层土厚度 40 m 左右；其下为冲洪积黄土，土质不均，具水平层理，含砂和砂砾石透镜体，具弱湿陷性，该层土出露厚度约 15 m。

K282＋275 处斜坡成因：该斜坡是在修建坡脚公路时削坡而成，管道顺坡穿越该斜坡体，坡体原始地形坡度为 45°左右，削坡后斜坡坡度最大达 77°，形成高陡临空面，使得卸荷裂缝发育并逐渐延伸，坡体应力状态发生改变，降低了斜坡的稳定性；另外，坡顶汇水面较大，坡体大量积雨可沿裂缝和垂直节理渗入斜坡体深部，使岩土体含水量不断增加，逐渐降低土体的抗剪强度，加上此区域内湿陷性黄土的特殊岩土性质，斜坡的稳定性逐步降低和恶

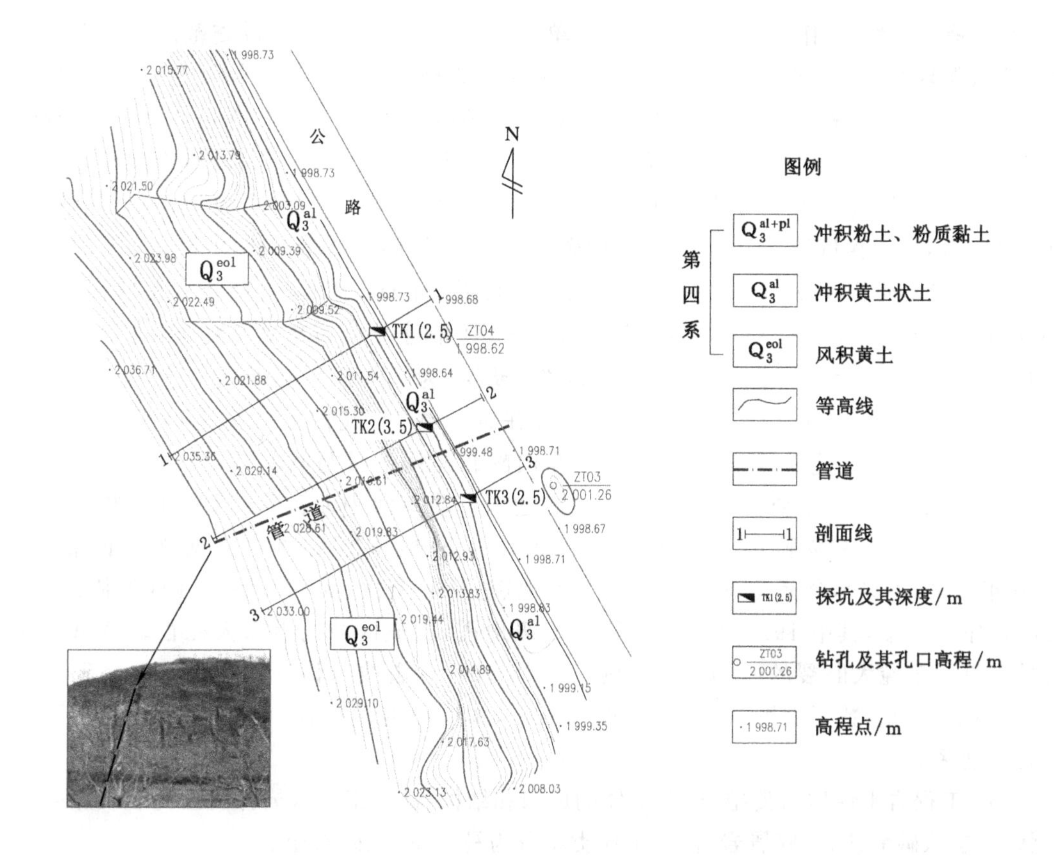

图 5-1　K282+275 处不稳定斜坡灾害及工程地质平面图

化，可能形成崩塌，进而对管道安全运营造成直接威胁。

该斜坡孕灾地质环境条件为：

(1) 气象：斜坡位于甘肃省平凉市静宁县仁大乡刘川村，六盘山西麓，气候属于温带干旱、半干旱气候区，多年年平均气温为 7.4 ℃；年最大降水量 634.7 mm(1961 年)，年最小降水量 286.3 mm(1995 年)，多年平均降水量 447.8 mm，多年平均蒸发量为 1 512 mm，是降水量的 3.38 倍；区域内历年最大冻土深度为 91 cm。降雨量在年内分配极不平衡，主要集中于 5—10 月，其中 7、8、9 三个月的多年平均降水量之和占全年降水量 80%以上。瞬时降水强度较大，日最大降雨量 65.3 mm(1999 年)，小时最大降雨量 27.9 mm(1981 年)。

(2) 水文：以葫芦河为干流，东西两侧有 9 条支流，从北向南陆续汇集。葫芦河源于西吉县月亮山，从八里乡阎家庙村入境，流经城川、威戎川，汇集长易河、狗娃河、南河、高界河、红寺河、甘沟河、甘渭河至受家峡出境，向南顺山谷沿静宁、庄浪流出，至高家峡再入境折向西南流入仁大川，汇集李店河、清水河，又转向南流入刘家峡口出境入秦安。由于沿途经七峡八川，忽放忽收，状似葫芦而得名。流域总面积 1.073×10^4 km²，年径流总量 3.644×10^7 m³，流长 269.3 km，其中静宁县境长 53.5 km。区内地下水按含水介质和埋藏条件可分为基岩裂隙水和松散岩类孔隙水两类。

(3) 地形地貌：根据区内地形地貌特征，可分为低中山地和河谷阶地，斜坡位于葫芦河左岸的山前Ⅱ级阶地的斜坡地带。

(4) 地层岩性：工作区出露地层相对简单。涉及本次不稳定斜坡勘查范围内的主要有新近系及第四系地层(图 5-1)：① 新近系(N)：上部为橘黄、浅黄褐、浅棕红色粉砂质泥岩、泥岩；中部为砖红色粉砂质泥岩夹少量次生石膏及钙质结核；下部为棕红色含砂泥岩、砂砾岩；底部为砾岩，厚度在 229.4 m。② 上更新统(Q_3)和全新统(Q_4)广泛分布于新近系地层之上。(Ⅰ) 风积黄土(Q_3^{eol})：黄褐色～淡黄色，风积成因，稍密～中密，可塑，具大孔隙，垂直节理发育，粉土含量较高，可见薄膜状的碳酸盐结晶体，偶含钙质结核，主要分布于斜坡坡体上部。(Ⅱ) 冲积黄土状土(Q_3^{al})：褐黄色，夹砾石、卵石，中密，主要分布在坡脚部位。(Ⅲ) 冲积粉土、粉质黏土(Q_4^{al+pl})：土黄色，稍密～中密，主要分布在斜坡坡脚以东的河流阶地上部。(Ⅳ) 人工填土(Q_4^{ml})：主要是公路路基垫层，为砾卵石土，厚度为 0.5～1.0 m。

(5) 地质构造与地震：该区处于青藏高原东北边缘，是我国中央造山系重要组成部分，主体隶属于祁连造山带东段，贺兰—六盘山南北向构造带与其斜接，同时西秦岭造山带与本区南部毗邻。主要区域性边界断裂有通渭—葫芦河中元古代断裂、甘沟驿—隆德断裂、华家岭—莲花城脆韧性变形带及六盘山逆冲推覆断裂带等。据文献记载，自1920 年以来，本区域邻近地区发生 5 级以上地震达 10 余次，大部分发生在西海固地区，其次在庄浪一带，其中 1920 年宁夏海原 8.5 级地震，造成区域内万余人死亡。海原大地震是六盘山东麓大断裂的西端强烈左旋扭动引起的，等震线与该断裂走向基本一致。依据《中国地震动参数区划图》(GB 18306—2015)，本区地震动峰值加速度为0.15g，属Ⅶ度地震烈度区。

(6) 工程岩土性质与类型：根据土体的成因和结构特征，工作区岩体类型为软硬相间的层状、薄层状碳酸盐岩、碎屑岩岩组，土体类型分为马兰黄土、碎石土。

稳定性评价：K282＋275 处潜在崩塌体(不稳定斜坡)相对高差大，一旦失稳将严重影响管道安全，破坏后果严重，按照《建筑边坡工程技术规范》(GB 50330—2013)中表 3.2.1 和表 5.3.1 的判别标准，本边坡的安全等级为一级，利用圆弧滑动法计算的边坡稳定安全系数要求大于 1.3。现状条件下 3 条斜坡剖面的，稳定性计算如图 5-2、图 5-3 所示，稳定系数

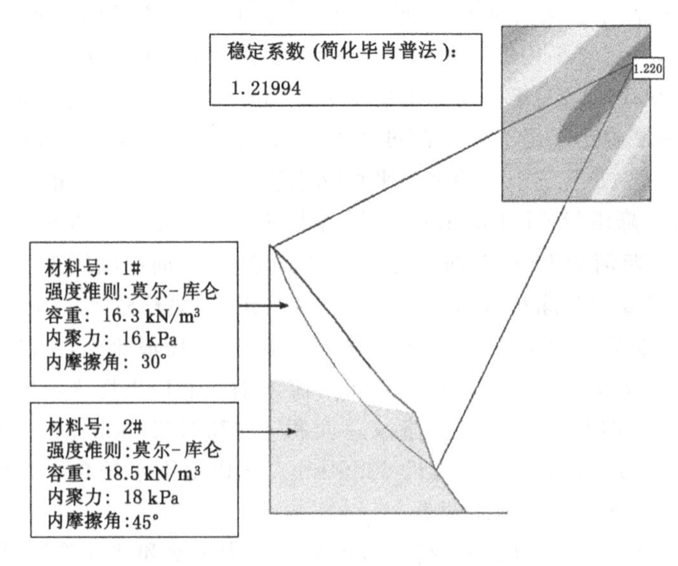

图 5-2 2—2 剖面现状条件下稳定性计算

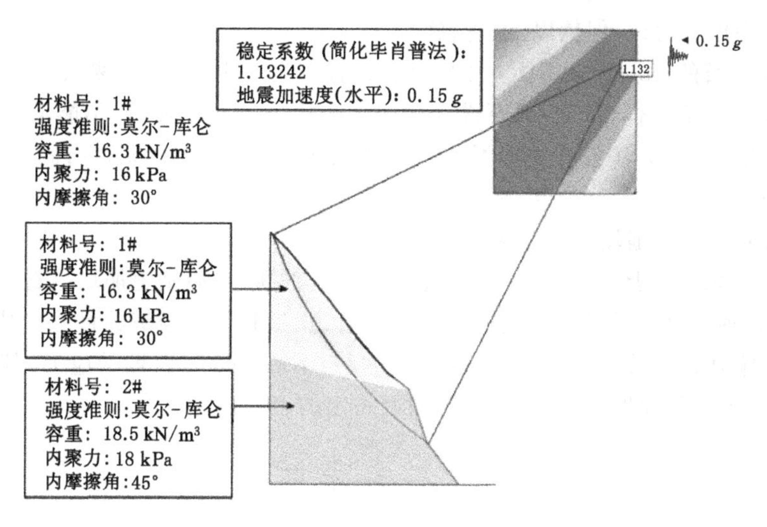

图 5-3　2—2 剖面地震条件下稳定性计算

均小于 1.3，不满足规定。该段斜坡整体稳定性较差，在地震、降水等作用下，大部分斜坡将失稳破坏，尤其是在降雨的影响下，斜坡会由于雨水入渗加重坡体负荷而发生变形破坏，破坏的土层最大厚度为 10～11 m，这将严重影响兰郑长成品油输送管道的安全运营，应采取必要的防护对策。

第二节　油气长输管道崩塌灾害防治措施与应用

一、油气长输管道崩塌落石防治原则

油气长输管道崩塌防治措施应遵循如下基本原则：

① 当油气长输管道通过崩塌落石区，宜采取清除危岩、加大埋深或在管道上方设置缓冲层的措施。

② 无法完全消除威胁时，应采取在危岩体与油气长输管道之间平行管道走向设置拦石墙或拦石网等被动拦挡措施。

③ 当被动防护难以满足安全需求时，应在对管道存在威胁的危岩区域，采取主动防护措施。

针对崩塌地质灾害，油气长输管道选线时需要遵循的原则有[2]：

(1) 绕避大型崩塌区

大型崩塌落石具有极大的摧毁力，非拦截、遮挡建筑物所能抵抗。因此，对于可能发生大型崩塌、落石的地区，油气长输管道选线时必须设法绕避，其方法有 3 种：其一，远离病害地区，另选路由；其二，远离崩塌落石停积区，如绕到山谷对岸；其三，将线路移至较稳定的山体内，以隧洞方式通过，洞口路线应远离崩塌落石的影响范围，如图 5-4 所示。

(2) 远离中型崩积区，并修建必要的防治工程

中型崩塌、落石具有相当强的冲击破坏力，其选线原则是在有条件的情况下，以绕避为上策；如果受地形所限，非通过不可时，宜将线路外移，使其远离崩积区，同时修建必要的防治工程。

(3) 小型崩塌可通过,但辅以治理措施

小型崩塌落石的冲击荷载不大,加上管道又有一定的埋深,一般来说,可以大胆通过。但需对不稳定的局部岩体、危岩、孤石进行加固。经检查确定是孤石,不能清除或不能用其他方法处理,或用其他方法处理经济不合理时,可采用灌浆、水泥砂浆片石固定嵌补、小型支顶等治理措施。

二、油气长输管道崩塌主要防治措施

由于油气长输管道具有一定的强度,能抵抗较大的压力,原则上崩塌落石地区的防护工程尽量少做,可通过加大管道埋深的办法来保护管道,达到安全经济的目的。其一是深挖深埋,开挖前进行预支护,管道安装后迅速复原地貌,不破坏原始斜坡的应力;其二是浅挖深埋,如图 5-5 所示。如地形条件不满足,则采取一定的工程措施[2]。

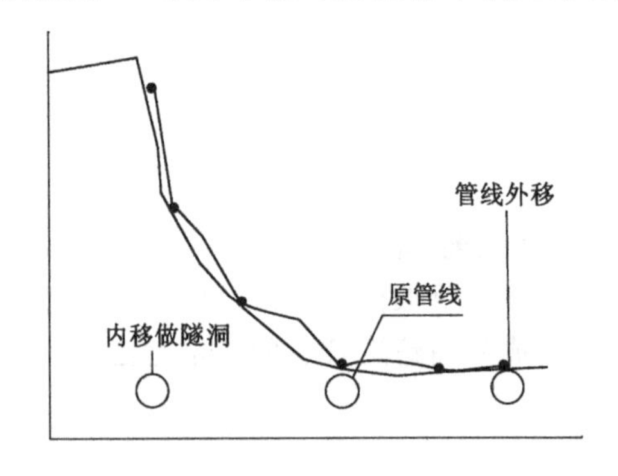

图 5-4　油气长输管道改线示意图

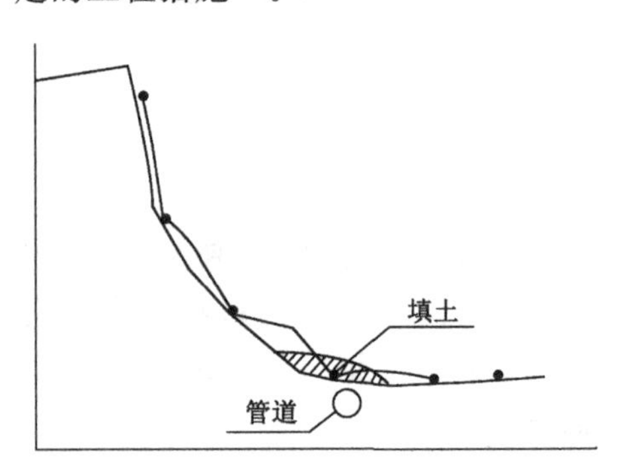

图 5-5　浅挖深埋保护管道示意图

目前,国内外整治崩塌落石的工程措施概括起来有清除、遮挡、拦截、护坡、护墙、锚固、灌浆、排水等十大类。在油气长输管道敷设、运维过程中可根据情况,比较各方式的优劣,综合考虑后选用。

1. 清除

清除危岩是防治崩塌落石最简易和最有效的方法之一。在油气长输管道施工前期,根据地质勘察资料对崩塌体进行清除,既经济又合理,但清除危岩应注意不能扩大化,以免愈清愈多。

危岩体下方地表坡度比较平缓(20°以内)、具有危岩体 50%～100%陡崖高度的地形平台,且平台上无重要建筑物及居民居住或危岩体下方具有有效的防御措施时,可采用清除技术对整个危岩体或危岩体的局部进行清除。清除危岩体时,可采用风枪凿眼、人工凿石、静态爆破、工程爆破等方法,化整为零、逐步清除,但应注意清除后危岩体可能存在的灾害风险,在危岩体清除过程中应加强施工监测,避免产生新的不稳定危岩体。

动态爆破(工程爆破),适合于人员稀少、设备易于布置、人员易于接近的地段,该方法的选择不仅要考虑危岩爆破后碎块滚动或碎块飞散的距离,而且要考虑爆破产生的冲击波、飞石对周围环境的影响。静态爆破,采用向炮眼中灌注静态膨胀破碎剂的方法,通过膨胀作用破碎岩石,该方法安全方便,适合于建筑物、人员密集地段的危石清除[3]。

2. 遮挡建筑物

危岩不可能全部被检查出来,也不可能全部被清除,采取遮挡危岩落石也是有效的防治方法。通过准确的地质论证与力学计算，在油气长输管道上方设置拦石挡墙[图 5-6(a)]或导石棚[图 5-6(b)]可使管道免受崩塌落石的破坏，一劳永逸[4]。油气长输管道盖板涵就是导石棚的演变形式。

导石棚是固定于油气长输管道之上的一种拦挡设施，以引导崩塌落石跨越油气长输管道而避免受其伤害。常用的导石棚就是明洞，其按结构形式的不同，明洞可分为拱形明洞和棚洞两类，其中，棚洞又可分为板式棚洞和悬臂式棚洞两类。

(1) 拱形明洞

拱形明洞由拱圈和两侧边墙构成，如图 5-7 所示，其结构较坚固，可以抵抗较大的崩塌推力，适用于路堑、半路堑及隧道进出口，是最常使用的明洞形式，油气长输管道位于洞内，洞顶填土，土压力经拱圈传于两侧边墙。因此，两侧边墙均须承受拱脚传来的水平推力、垂直压力和力矩，其中外边墙所承受的压力更大，故截面较大，基底压应力也大。拱形明洞要求外侧有良好的地基和较宽阔的地势，以便砌筑截面较大的外边墙。一般情况下，可采用钢筋混凝土的拱圈和浆砌片石边墙，但在较大崩塌地段或压力较大处，拱圈和内外边墙均以采用钢筋混凝土为宜。

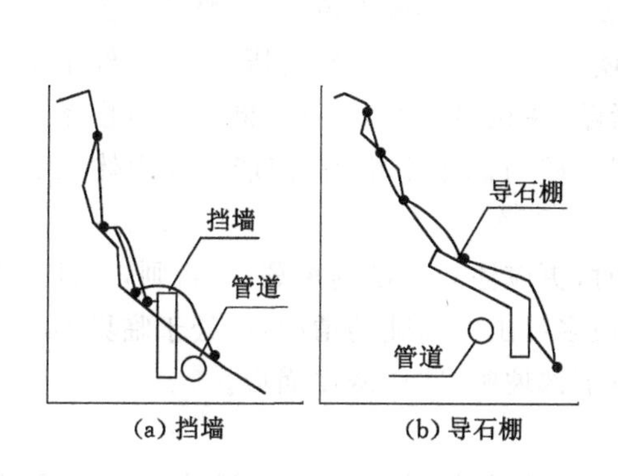

图 5-6 油气长输管道崩塌遮挡工程示意图

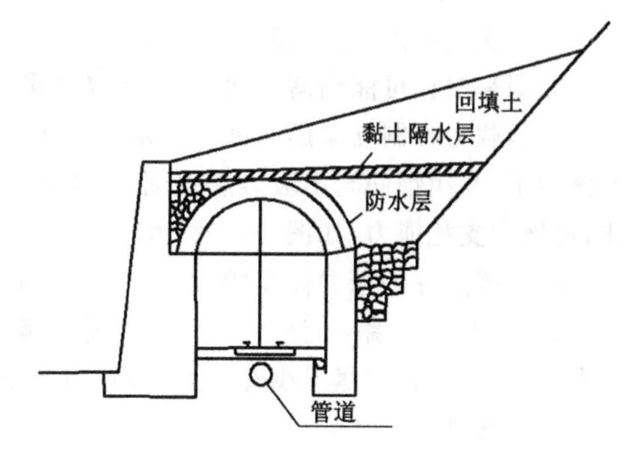

图 5-7 拱形明洞

(2) 板式棚洞

板式棚洞由钢筋混凝土顶板和两侧边墙构成，油气长输管道位于洞内，如图 5-8 所示，顶部填土及山体侧压力全部由内边墙承受，外边墙只承受由顶板传来的垂直压力，故墙体较薄。由于侧压力全部由内边墙承受，强度有限，故不适用于山体侧压力较大的情况，只能抵抗内边墙以上的中小型崩塌，一般使内边墙紧贴岩层砌筑，有时在内边墙和良好岩层之间加设锚固钢筋[4]。

(3) 悬臂式棚洞

悬臂式棚洞，其结构形式与板式棚洞相似，只因外侧地形狭窄，没有可靠的基础可以支撑，故将顶板改为悬臂式。其主要结构由悬臂顶板和内边墙组成，油气长输管道置于悬臂梁下方的土层，如图 5-9 所示，内边墙承担全部洞顶填土压力及全部侧向压力，故应力较大。适用于外侧没有基础，内侧有良好稳固且不产生侧压力的岩层。这种明洞的优点是结构简单，施工较方便，缺点是稳定性较差，不宜用于大型崩塌之处[4]。

3. 支撑建筑物

岩质边坡防崩支撑建筑物根据其结构形式可划分为一般高支墙、明洞式支墙、柱状支

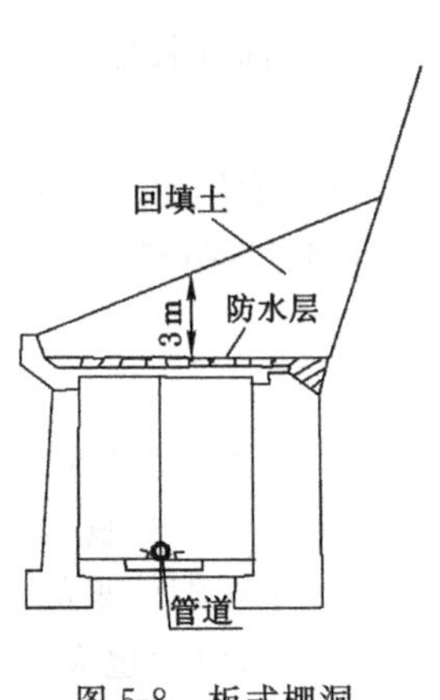

图 5-8　板式棚洞

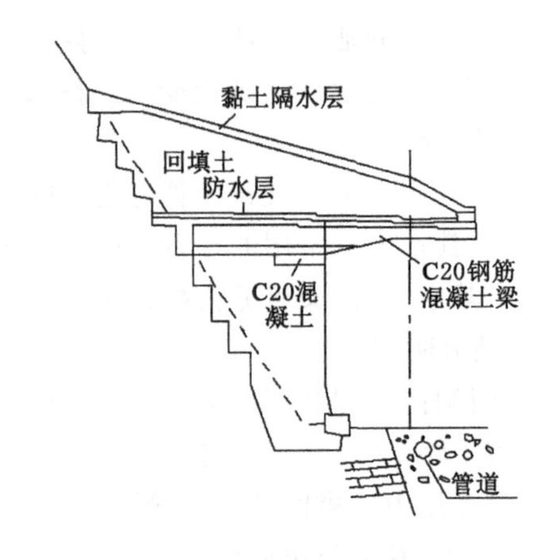

图 5-9　悬臂式棚洞

墙、支撑挡墙和支护墙五种[4]。

(1) 一般高支墙

为防止高陡山坡上的悬岩崩塌，保护敷设于坡顶的油气长输管道，常常修建高支墙。其设计原则是根据可能崩落石块重量、下坠力和支墙本身的重量对基础的压力而定，经常是地基允许承载力控制支墙的高度。支墙需与山坡紧贴，在相当高度时，结合断面加以横条形成整体圬工，并用钢筋与山坡岩层锚固，以承担悬岩下坠时的水平推力，使墙身与山体构成一体，可增大支托能力，如图 5-10 所示。

高支墙支撑的悬岩体积较大，且基底为软岩时，更应注意基础的承载力，否则，一旦悬岩下错，可能连同支墙一起破坏。一般修建支墙地段多系山坡高陡的情况，已处于临界不稳定状态，故支墙设计应尽量少开挖原山坡，以免挖空下部坡脚，造成悬崖崩塌。

(2) 明洞式支墙

在高陡边坡上部有大块危岩倒悬在边坡之上，油气长输管道在其下部时，可建拱形明洞，其上设支墙以支撑大块危岩，将油气长输管道置于洞内，如图 5-11 所示。

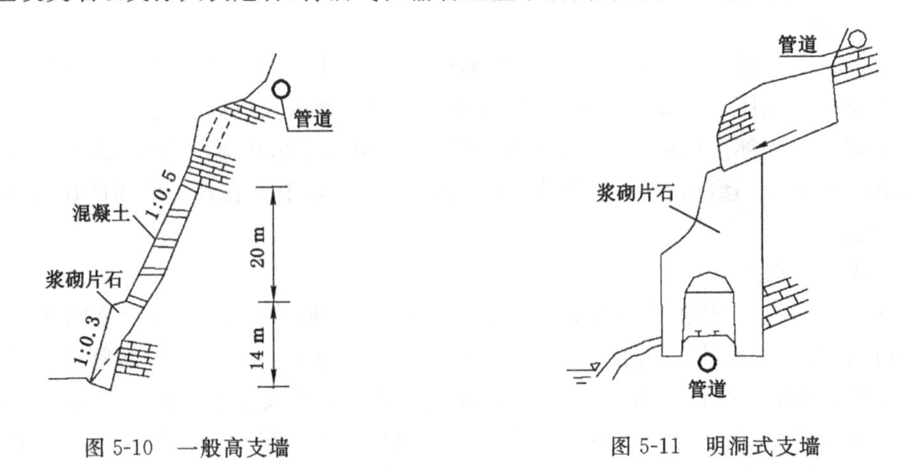

图 5-10　一般高支墙　　图 5-11　明洞式支墙

(3) 柱式支墙

对高陡边坡上的个别大块危岩，如果不便清除，在其他条件允许的情况下，可采用柱式支墙。

(4) 支撑挡土墙

当斜坡上有显然不同的两种地层,上层为较坚硬的节理发育的岩石,下层为软质岩石。坡度较大时,下部软质岩石易于坍塌,上部岩体易发生崩塌落石,可采用支撑挡墙,如图 5-12 所示,既可挡住下部软质岩石不致坍塌,又可支撑上部破碎岩石,从而使整个斜坡的稳定性得到保证。

(5) 支护墙

支护墙主要作用是防止边坡岩体继续风化,同时还兼有对上部危岩的支撑作用,这种墙必须和边坡岩体紧密相贴,如图 5-13 所示。

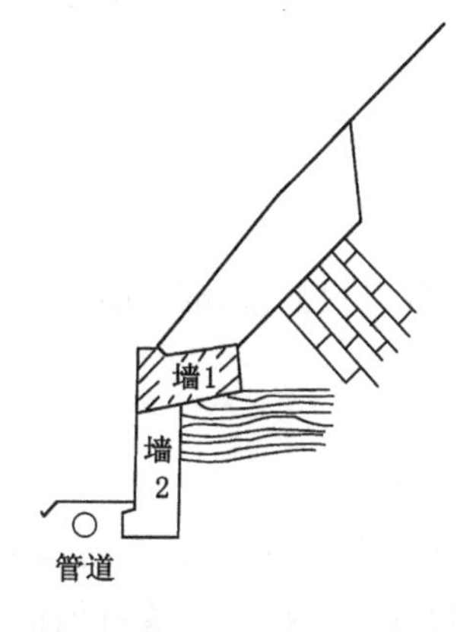

图 5-12　支撑挡土墙

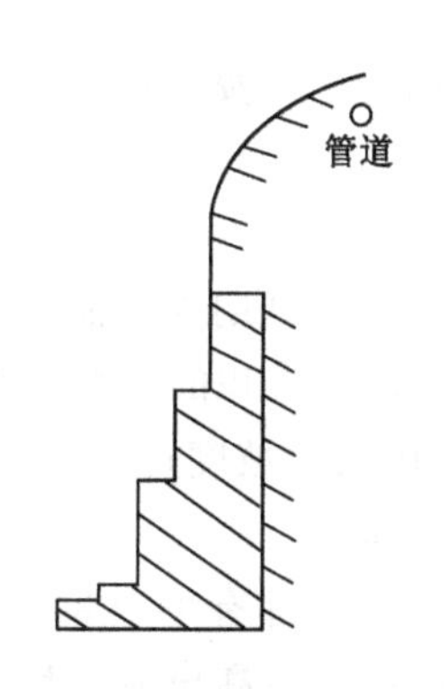

图 5-13　支护墙

4. 拦截构筑物

当斜坡岩体节理裂隙发育,风化破碎,崩塌落石物质来源丰富,崩塌规模虽不大,但可能频繁发生时,宜根据具体情况,采用从侧面防护的拦截措施(如落石平台或落石槽、拦石堤或拦石墙、钢轨栅栏等)。

被动防崩拦截措施(或构筑物)的主要作用是把崩落下来的岩体或岩块拦截在油气长输管道上侧,使油气长输管道免受崩塌落石危害。根据崩塌落石地段的地形、地貌情况,对崩落岩体的大小及其位置进行落石速度、弹跳距离的计算后,进行具体防治措施的选用与设计[4]。

(1) 落石平台

落石平台是最简单、经济的拦截建筑物之一。落石平台宜设在不太高的山坡或路堑边坡的坡脚处。当坡脚有足够的宽度或者可以将油气长输管道向外移动一定距离时,在不影响边坡稳定、不增加大量土石方的条件下,可以扩大开挖范围以修筑落石平台,一般宜将修筑拦石墙或挡土墙和落石平台联合使用起拦截崩塌落石的作用,如图 5-14 所示。落石平台的宽度可根据落石计算确定,也可以根据现场试验确定。

(2) 落石槽和拦石墙

当油气长输管道距崩塌落石山坡坡脚有一定距离,且管沟顶部标高高出坡脚地面标高较多(大于 2.5 m)时,宜在坡脚修筑落石槽,如图 5-15 所示。若山坡坡角大于 30°,落石高度超过 60~70m 时,则以修筑带落石槽的拦石墙为宜,如图 5-16 所示。注意拦石墙应布设在油气长输管道与崩塌体之间,且与油气长输管道中线的间距不宜小于 15m。

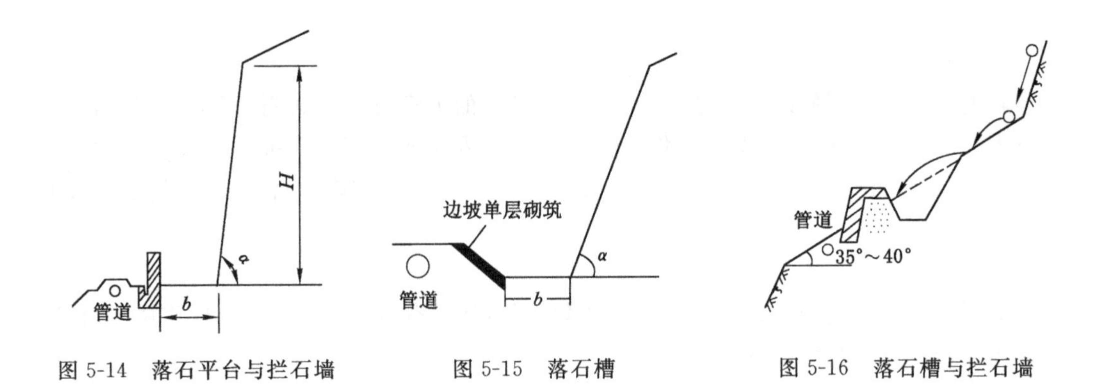

图 5-14　落石平台与拦石墙　　　图 5-15　落石槽　　　图 5-16　落石槽与拦石墙

落石槽槽底宽 b 按下式计算：

$$b=\sqrt{\frac{2W(1-\cot\alpha\tan\alpha_1)}{\tan\alpha_1}} \tag{5-1}$$

式中　W——在计算期内顺油气长输管道方向每延米的落石堆积数量，m^3/m；

α_1——落石堆积的自然坡度角，(°)；

α——山坡的坡度角，(°)。

(3) 拦石堤

当陡峻山坡下部有小于 30°的缓坡地带，而且有较厚的松散堆积层，且落石高程不超过 60～70 m 时，适宜在高出油气长输管道管沟不超过 20～30 m 处，修筑带落石槽的拦石堤，如图 5-17 所示。

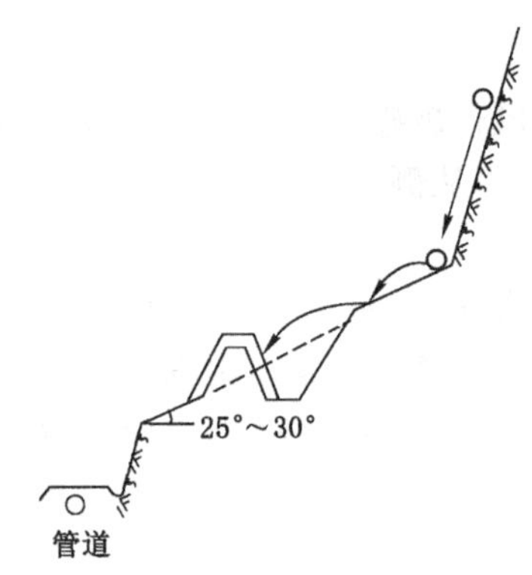

图 5-17　带落石槽的拦石堤

拦石堤通常使用当地土筑成，一般采用梯形断面，其顶宽为 2～3 m。其外侧可以根据土的性质，采用不加固的较缓的稳定边坡，也可以采用较陡的边坡，并予以加固；其内侧迎石坡可用 1∶0.75 的坡度，并进行加固。

(4) 钢轨栅栏

钢轨栅栏可以代替拦石墙起到拦截落石的作用。它可以用浆砌片石或混凝土作基础，用废钢轨作立柱、横杆，立柱一般高 3～5 m，间隔 3～4 m，基础深 1～1.5 m，横杆间距一般为 0.6 m 左右，立柱、横杆用直径 20 mm 的螺栓联结，如图 5-18 所示。栅栏背后留有宽度不小于 3.0 m 的落石沟或落石平台。钢轨栅栏基本克服了拦石墙的圬工量大、工程费用高、劳动强度大的缺点，可当落石太大时(体积超过 2 m^3)，虽然也能拦住落石，但常常把立柱、横杆冲击折断，或冲击弯曲或冲击倾斜，为此，可以采用双层钢轨栅栏进行加强。

(5) SNS 被动防护系统技术

SNS(safety netting system)被动防护系统(图 5-19)是一种新型的柔性防护系统，整个系统由钢绳网、减压环、支撑绳、钢柱和拉锚等部分构成，如图 5-20 所示，系统的柔性主要来自钢绳网、支撑绳和减压环等结构，且钢柱与基座间亦采用可动联结以确保整个系统的柔性匹配。目前落石拦截系统的高度有 2 m、3 m、4 m、5 m、6 m、7 m 六种型号。

图 5-18　钢轨栅栏

图 5-19　SNS 被动防护网

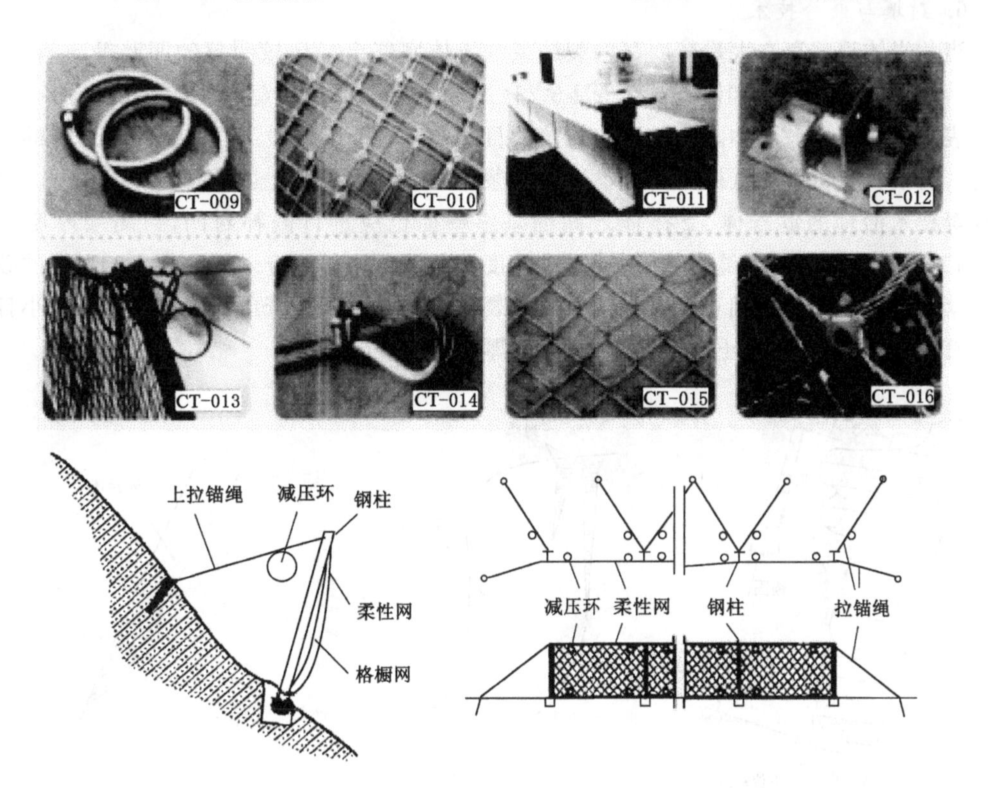

图 5-20　SNS 被动防护系统示意图

与传统的防护方法相比较，此技术具有明显的优点：具有足够的柔度和强度，可防护高冲击能量的落石，如高陡边坡的大块落石；对各种地形的适应性强，标准化部件安装作业，可以在不做额外开挖的条件下进行施工，从而减小整体工程开挖量并且不破坏坡体原有的稳定性和植被；具有足够的工作寿命，无须或仅需少量维护工作，且维护工作简便。中缅油气管道工程澜沧江跨越分工程中就采用了 SNS 被动防护技术[5]。

(6) 森林防护技术

当陡崖或斜坡坡脚不太陡峻，并有一定厚度的覆土，且崩塌体对油气长输管道威胁不太严重时，可以通过植树造林防治崩塌体，但在种植初期，防护效果尚未显现，须依靠其他防护设施。森林防护崩塌体的根本出发点在于增大地面的粗糙度，减缓崩塌体在林中的运动速度；森林类型应为乔木，尽可能构建乔、灌、草相结合的生态系统。乔木成林后可用建筑纽扣将钢绳固定在树木主干上，将森林防护系统构成整体，提高防护有效性。

5. 锚固防治技术

锚固防治技术是指采用普通(预应力)锚杆、锚索、锚钉进行危岩体治理的技术，如图 5-21 所示。锚杆、锚索及锚钉的锚固力应根据计算确定，并据此进行锚孔、锚筋及锚固深度设计。采用锚杆治理危岩体时，对于整体性较好的危岩体外锚头宜采用点锚，对于整体性较差的危岩体外锚头可采用竖梁、竖肋或格构等形式以加强整体性。锚固砂浆标号不低于 M30；危岩体锚固深度按照伸入主控裂隙面计算，不应小于 5～6 m；当高陡的岩质边坡上有巨大的危岩和裂缝时，为了防止产生崩塌落石，也可以采用锚索进行加固。

6. 封填与嵌补技术

当危岩体顶部存在大量较明显的裂缝或危岩体底部出现比较明显的凹腔等缺陷时，宜采用封填技术(图 5-22)和嵌补技术(图 5-23)进行防治。顶部裂缝封填封闭的目的在于减少地表水下渗进入危岩体。底部凹腔封填的目的在于显著地减慢危岩体基座岩土体的快速风化。封填材料可以用低标号高抗渗性的砂浆、黏土或细石混凝土。对于采用柱撑、拱撑、墩撑等技术治理的危岩体，支撑体之间的基座壁面也应进行嵌补封闭，封闭层厚度宜在 30～40 cm。在对顶部裂缝封填时，若裂缝宽度在 2 cm 以上时，应采用具有一定强度的砂浆或坍落度超过 20 cm 的细石混凝土使其入渗裂缝内进行固化。若顶部表面裂缝宽度小且广泛发育时，应用细石混凝土或黏土全面浇筑，厚度 20～30 cm。

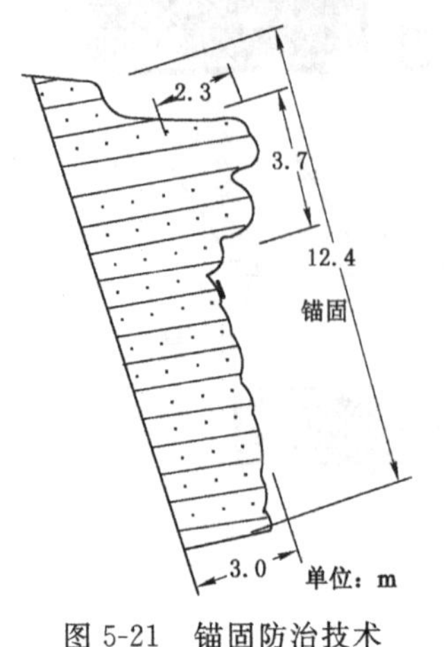

图 5-21 锚固防治技术

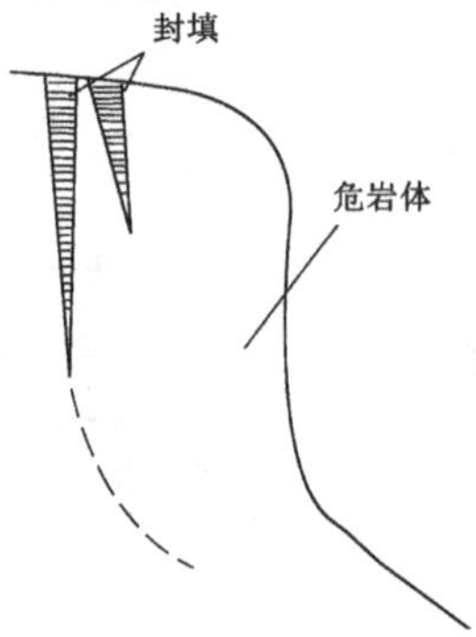

图 5-22 封填技术示意图

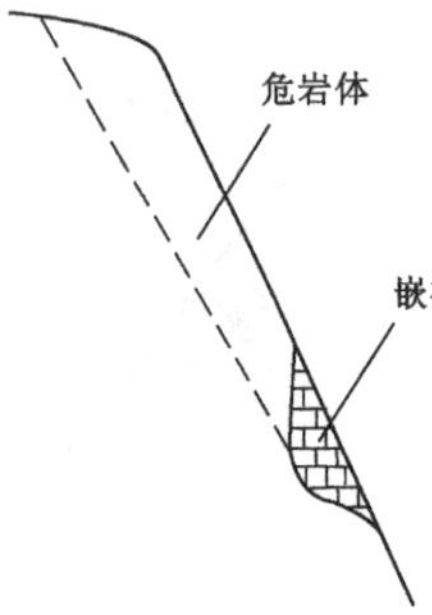

图 5-23 嵌补技术示意图

7. 灌浆技术

危岩体中破裂面较多、岩体比较破碎时，为了确保危岩体的整体性，宜进行有压灌浆处理。灌浆技术应在危岩体中、上部钻设灌浆孔。灌浆孔宜陡倾，并在裂缝前后一定宽度内按照梅花形布设。灌浆孔应尽可能穿越较多的岩体裂隙面，尤其是主控裂隙面。灌浆材料应具有一定的流动性、锚固力要强。对于危岩体四周的裂缝，可以采用灌浆技术进行加固。对于顶部出现显著裂缝，且稳定性差的危岩体，应谨慎采用灌浆技术，防止灌浆产生的静、动水压力造成危岩体的破坏失稳。若需采用灌浆技术，可进行分段无压灌浆，灌浆过程中应注意检测危岩体的变形。通过灌浆处理的危岩体，不仅整体性得到提高，而且也使主控裂隙面的力学强度参数得以提高、裂隙水压力减小。

对于危岩四周的裂缝，可以采用灌浆法进行加固，用以提高它的稳定性。这种方法常和其他加固措施相配合，在使用上述加固措施的地段，所有危岩裂缝都应用水泥砂浆灌注并勾缝。

8. 刷坡及护面技术

采用刷坡来放缓边坡时，必须注意：① 如危岩体位于构造破碎带、边缘接触带或节理裂隙极度发育的陡山坡地带，一般不宜刷方；② 刷方边坡不宜高于 30～40 m；③ 刷坡时对边坡上或坡顶的大孤石、危岩可采用局部爆破清除；④ 对于位于已建好油气长输管道附近的大孤石，宜采用静态爆破的方法使其破碎，而后加以清除。

各类土质填方边坡坡率的取值如表 5-1 所列；岩质填方边坡坡率取值如表 5-2 所列[6]。

表 5-1　土质填方边坡坡率

填料类别	边坡坡率	
	上部高度($H \leqslant 8$ m)	下部高度($H \leqslant 12$ m)
细粒土	1∶1.5	1∶1.75
粗粒土	1∶1.5	1∶1.75
巨粒土	1∶1.3	1∶1.5

表 5-2　岩质填方边坡坡率

填料类别	边坡坡率	
	上部高度($H \leqslant 8$ m)	下部高度($H \leqslant 12$ m)
硬质岩石	1∶1.1	1∶1.3
中硬岩石	1∶1.3	1∶1.5
软质岩石	1∶1.5	1∶1.75

不同高度、不同密实程度的土质边坡坡率可参见表 5-3；岩质边坡坡率可按表 5-4 确定[6]。

表 5-3　土质挖方边坡坡度表

土的类别		边坡坡率
黏土、粉质黏土、塑性指数大于 3 的粉土		1∶1
中密以上的中砂、粗砂、砾砂		1∶1.5
卵石土、碎石土、圆砾土、角砾土	胶结和密实	1∶0.75
	中密	1∶1

表 5-4　岩质挖方边坡坡率

边坡岩体类型	风化破碎程度	边坡坡率	
		$H<15$ m	15 m$\leqslant H<30$ m
Ⅰ类	未风化、微风化	1∶0.1～1∶0.3	1∶0.1～1∶0.3
	弱风化	1∶0.1～1∶0.3	1∶0.3～1∶0.5
Ⅱ类	未风化、微风化	1∶0.1～1∶0.3	1∶0.3～1∶0.5
	弱风化	1∶0.3～1∶0.5	1∶0.5～1∶0.75
Ⅲ类	未风化、微风化	1∶0.3～1∶0.5	—
	弱风化	1∶0.5～1∶0.75	—
Ⅳ类	弱风化	1∶0.5～1∶1	—
	强风化	1∶0.75～1∶1	—

注：有可靠的资料和经验时，可不受本表限制；Ⅳ类强风化包括各类风化程度的极软岩。

9. 排水技术

降雨和地表水渗入不稳定的岩土体，将降低其稳定性，诱发崩塌落石的产生。倾倒式和滑移式危岩体的稳定性受孔隙水及裂隙水压力的影响很大，可采用排水技术来排除危岩体周围的地表水和危岩体内部水。通常采用地表明沟进行截、排水，其断面尺寸由降雨量及地表汇流面积计算确定(具体设计方法参见本书第三章第三节中“地表排水工程设计”相关内容)。排水沟由浆砌块石或浆砌条石砌筑，底部地基为填土时，压实度不小于 85%。危岩体中地下水较丰富时，宜在危岩体中、下部适当位置设排水孔，排水孔应在较大范围内穿越渗透层结构面。

10. 缓冲层填筑技术

油气长输管道通过崩塌落石区时，可通过在管道上部填筑缓冲层，降低落石对管道的冲击力。崩塌落石的冲击力及缓冲土层陷入深度应按下列公式进行计算[7]：

$$P=P_{(Z)}\cdot F=2\gamma Z\left[2\tan^4\left(45^\circ+\frac{\varphi}{2}\right)-1\right]F \tag{5-2}$$

$$Z=v_R\cdot\sqrt{\frac{Q}{2g\gamma F}}\cdot\sqrt{\frac{1}{2\tan^4(45^\circ+\frac{\varphi}{2})-1}} \tag{5-3}$$

$$F=\pi R^2 \tag{5-4}$$

$$R=\sqrt[3]{\frac{3Q}{4\pi\gamma_1}} \tag{5-5}$$

式中　P——落石冲击力，kN；

$P_{(Z)}$——落石冲击缓冲层后陷入缓冲层的单位阻力，kPa；

F——落石等效球体的截面积，m^2；

γ——缓冲层重度，kN/m^3；

φ——缓冲层内摩擦角，(°)；

Z——落石冲击的陷入深度，m；

v_R——落石块体接触缓冲层时的冲击速度，m/s；

Q——石块重量，kN；

g——重力加速度，取 9.80 m/s^2；

γ_1——落石重度，kN/m^3。

缓冲层结构应符合下列规定：① 缓冲层厚度应大于落石冲击的陷入深度；② 地面以上缓冲层应保证自身稳定，且高度不宜超过 5 m；③ 缓冲层宜采用粉质黏土、黏土或碎石土等材料填筑；④ 缓冲层顶面宜设置成顺落石运动方向的斜坡；⑤ 缓冲层填土密实度不应小于 0.85；⑥ 缓冲层顶应设计保护层，保护层厚度不宜小于 0.5 m。

三、油气长输管道崩塌防治案例

西气东输三线天然气管道陕西段岔沟崩塌防治采用 SNS 被动防护技术，坡面上按 5.0 m×5.0 m 正方形规格布置锚杆孔位，锚杆长 3.0 m，孔径为 10 cm，钻凿锚杆孔并以高压气清孔，埋设锚杆并注浆，按正方形布置支撑绳形成网格，支撑绳与锚杆相连接并进行预张拉，在支撑绳网格内铺设 8/300/2.5 m×2.5 m 型热镀锌钢丝绳网，钢丝绳网与支撑绳之间采用 ϕ8 mm 缝合绳进行连接，如图 5-24 所示[8]。

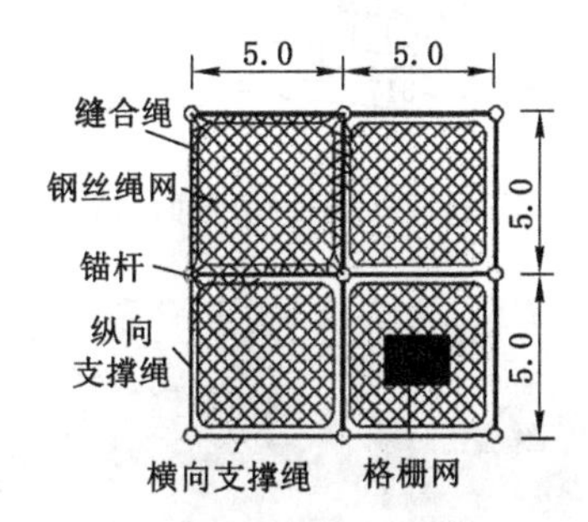

图 5-24　SNS 被动防护网示意图(单位：m)

川渝地区天然气管道 A 线和 B 线沿途的崩塌采用图 5-25 所示的盖板涵进行遮挡防治[3]。

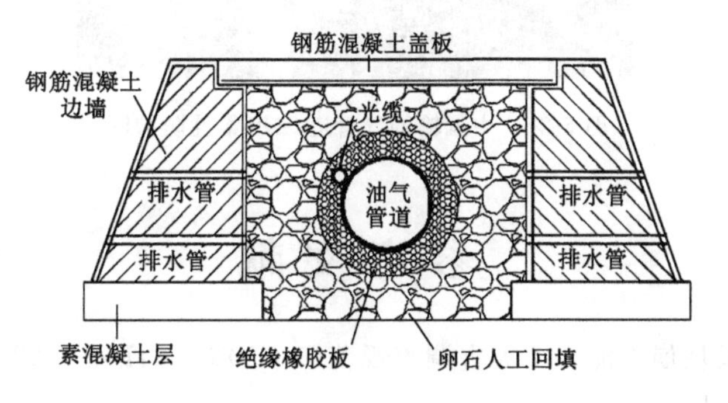

图 5-25　盖板涵

兰成渝管道某危岩体采用图 5-26 所示的锚固和封填综合治理技术[9]。

轮南—鄯善输油(气)管道工程在库尔勒—塔什店阿拉塔格构造-侵蚀低中山区(KS022—KS024)和塔什店北东 3 km(KS030+500)处发育的小型崩塌灾害，危岩体方量小于 500 m^3，通过危岩清除工作消除隐患[10]。

图 5-27 为中缅油气管道澜沧江跨越分工程两岸高陡边坡现场安装的被动型 SNS 柔性防护网(RXI 型)。

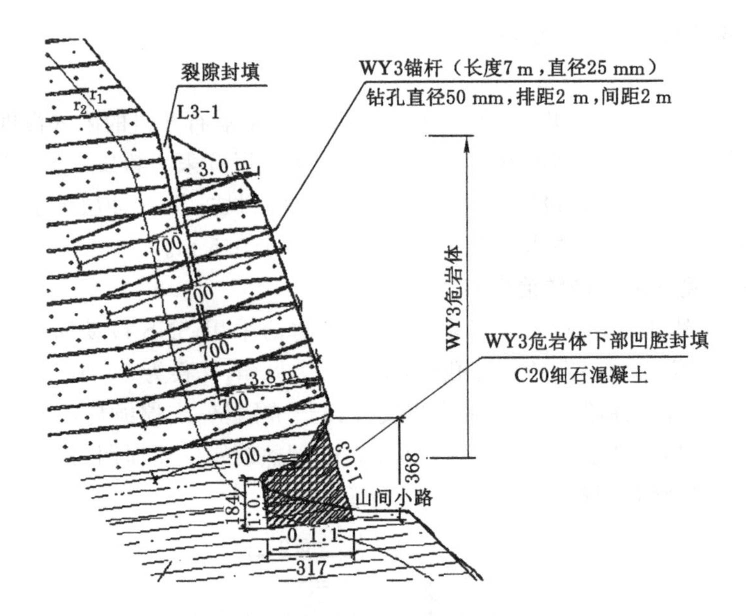

图 5-26　锚固＋封填剖面示意图

图 5-27　中缅输油气管道 SNS 柔性防护网

参考文献

[1] 国土资源部. 滑坡崩塌泥石流灾害调查规范(1∶50 000)：DZ/T 0261—2014[S]. 北京：中国标准出版社，2014.

[2] 马清文，王成华，孔纪名，等. 崩塌落石地区长输油气管道防护[J]. 水土保持研究，2007，14(5)：146-148.

[3] 魏孔瑞，姚安林，鲜涛，等. 川渝地区山地管道主要地质灾害成因及工程治理[J]. 管道技术与设备，2015(2)：19-21.

[4] 门玉明，王勇智，郝建斌，等. 地质灾害治理工程设计[M]. 北京：冶金工业出版社，2011.

[5] 吴世娟. 崩塌落石对澜沧江跨越管道的影响及其防治研究[D]. 成都：西南石油大学，2016.

[6] 郑颖人，陈祖煜，王恭先，等. 边坡与滑坡工程治理[M]. 2 版. 北京：人民交通出版社，2010.

[7] 国家能源局. 油气输送管道工程地质灾害防治设计规范：SY/T 7040—2016[S]. 北京：石油工业出版社，2016.

[8] 李华东，唐培连，姜永玲. 西气东输三线陕西段地质灾害发育特征及防治[J]. 山西建筑，2016，42(9)：86-87.

[9] 刘晓娟，袁莉，刘鑫. 地质灾害对油气管道的危害及风险消减措施[J]. 四川地质学报，2018，38(3)：488-492.

[10] 马文清. 塔输轮南—鄯善输油(气)管道工程崩塌灾害危险性评估[J]. 地下水，2016，38(6)：245-246.

第六章 油气长输管道塌陷灾害理论基础

油气长输管道塌陷灾害是指管道周边岩土体中洞穴顶部错断坍塌，形成塌陷坑、洞、槽的地质现象，塌陷会导致油气长输管道弯曲下沉或悬空，一些部位应力集中，当应力超过油气长输管道强度极限时，会发生断裂。油气长输管道塌陷灾害主要有三大类型：岩溶塌陷、黄土洞穴塌陷和采空塌陷，其形成条件、机理、特征各异，对管道的力学作用也不同。

第一节 油气长输管道塌陷灾害概述

一、油气长输管道塌陷灾害定义

油气长输管道塌陷灾害是指在人为和自然地质因素作用下，地表岩、土体中洞穴顶部向下错断坍塌，形成塌陷坑、塌陷洞、塌陷槽，并危及油气长输管道安全的地质现象[1-2]，在塌陷区往往伴随有围绕塌陷坑的若干裂缝，形成大小不等的环形或弧形开裂，由于下陷的不均一性，有时会在塌陷区内形成一些起伏不平的鼓丘或不规则开裂。当油气长输管道周边岩土体发生塌陷时，会导致油气长输管道裸露或悬空，极其严重的情况会导致油气长输管道断裂破坏。

二、塌陷对油气长输管道的危害

塌陷灾害会危及油气长输管道本体及其附属设施的安全。

1. 岩溶塌陷对油气长输管道的危害

岩溶塌陷对油气长输管道的破坏行为主要表现为受塌陷土体作用而发生扭曲变形、压裂、拉断等[1]。具体来说，岩溶塌陷会引起地面塌陷，使油气长输管道受力不均，导致油气长输管道弯曲下沉或悬空，一些部位应力集中，当应力超过油气长输管道强度极限时，就会发生断裂。另外，岩溶塌陷还可能导致地裂缝和滑坡等次生灾害[2]，进而影响油气长输管道的安全运行。

2. 黄土洞穴塌陷对油气长输管道的危害

降水、农田灌溉水渗入黄土地区油气长输管道回填管沟后，沿管沟发生渗流潜蚀破坏，形成串珠状分布的暗洞，进而发展成为塌陷，常造成油气长输管道露管或悬空，如图 6-1 所示。幸运的是，目前黄土洞穴塌陷引起的油气长输管道大型灾害还鲜见报道，但油气长输管道内含高压易燃易爆介质，较小的灾害规模也能造成重大危害，需要防微杜渐。

3. 采空塌陷对油气长输管道的危害

采空塌陷对油气长输管道的破坏形式主要表现在三个方面：一是由于塌陷改变了油气管道的原有坡度，造成油气长输管道流通不畅，降低了输送效率；二是由于土体变形，对管体产生拉、压、剪等附加应力，当其值超过油气长输管道所能承受的极限强度时，管体就会破裂损坏；三是当油气长输管道处在高浅水位区时，由于塌陷使地下水位相对上升到油气长输管道标高附近，甚至超过油气长输管道标高，给维修造成很大困难，严重时可造成漂管[3]。

采空塌陷对油气长输管道的危害按照危害对象分为管道附属设施（建构筑物）损害和管道本体损害[3-5]。

（1）采空塌陷对油气长输管道附属设施的影响和损害

随着地表产生的移动和变形，采空塌陷破坏了建（构）筑物与地基之间的原有平衡状态。伴随着这种平衡状态的重新建立，必然使建（构）筑物结构内部应力重新分布，造成建（构）筑物发生变形，变形严重时将导致建（构）筑物破坏。而地表下沉、倾斜、弯曲、水平变形（拉伸或压缩）等对油气长输管道附属设施的影响和损害也不同。

图 6-1　黄土洞穴塌陷（涩宁兰输气管道工程 K802＋600 处）

具体来说，地表下沉对油气长输管道附属设施的影响和损害主要表现在：

① 盆地内中央部位各点的下沉速率一般是均匀的，但当下沉量较大、地下水埋藏深度小时，可造成油气长输管道附属设施内长期积水或过度潮湿，影响附属设施的强度，危害其正常使用；

② 在沉降区与非沉降区之间，必然出现沉降差异，特别是当下沉量较大且下沉发生突然时，所产生的塌陷将造成油气长输管道水工保护设施、伴行路或工艺站场等设施地基基础损毁。

当采空塌陷导致地表发生倾斜时，其上的建（构）筑物也随之发生歪斜，威胁建（构）筑物的正常使用，特别是基础底面积小而高耸的塔形结构物（如放空管线、过滤器），对这种地表倾斜所带来的危害尤为敏感。

因采空塌陷导致地表产生弯曲变形时，可使油气长输管道附属建（构）筑物基础底部出现瞬时局部悬空，使建（构）筑物原来的受力体系发生变化，严重时会导致建（构）筑物出现裂隙、变形直至倒塌破坏。

采空塌陷导致地表水平变形时，往往造成地表岩土体破裂，并出现地裂缝、局部鼓胀凸起，同时既可出现因拉应力产生的拉裂缝，也可出现因剪切力产生的成组剪切裂缝（变形点平移错动），地下采空引起的地表应力场变化所产生的地表移动和变形时间较长，因此，油气长输管道及其附属建（构）筑物亦有可能在一定时间段内产生拉张裂缝和成组的剪切裂缝。

（2）采空塌陷对油气长输管道本体的影响和损害

当垂直位移和水平位移变化较大，油气长输管道可能发生拉伸或压缩形式的破坏，进一步引发裂纹、管内介质泄漏、燃爆等严重灾害事故。当地表发生非连续性的突发塌陷或开裂移动变形破坏时，会直接导致油气长输管道本体剪切损坏、管内介质泄漏、爆管等灾害发生。

在采动充分、地表移动结束后，地表移动和变形对埋地油气长输管道的危害可按地表移动盆地分为外边缘区、内边缘区和中间区，如图 6-2 所示[3-5]。

① 外边缘区的管道拉裂与沉降变形

外边缘区产生拉伸变形后，地表拉裂缝一般出现在这个区域。在靠近内边缘区，会出现少量的地表下沉。因此埋设在该区域平行于矿体开采方向的油气长输管道将与外边缘区的岩土体共同受拉力作用，以至于在油气长输管道本体的拉应力集中处（如受预应力的弯头、弯管或存在焊接缺陷的焊缝）产生变形，甚至失效。

埋设在地表移动盆地外边缘区与矿体开采方向斜交的油气长输管道不但要承受拉应力，也承受剪切应力。而埋设在地表移动盆地外边缘区且与矿体开采方向垂直的油气长输管道则更容易遭受剪（切）力的破坏。

② 内边缘区的管道局部鼓胀与扭曲变形

当外边缘区存在拉应力使得地表出现拉裂缝时，内边缘区会因受压产生压缩变形，这种压缩变形一般不出现明显的裂缝，但在地表局部可能会出现鼓胀，并且随着地表局部鼓胀的出现，这个区域埋设的油气长输管道会因受压发生变形，首先会表现出防腐补口带卷边、隆起，严重时管体发生变形、皱褶；同时由于内边缘区下沉值要比外边缘区下沉值大，可能造成油气长输管道长距离悬空或者变形，如图 6-3 所示，其破坏力仍不可忽视。

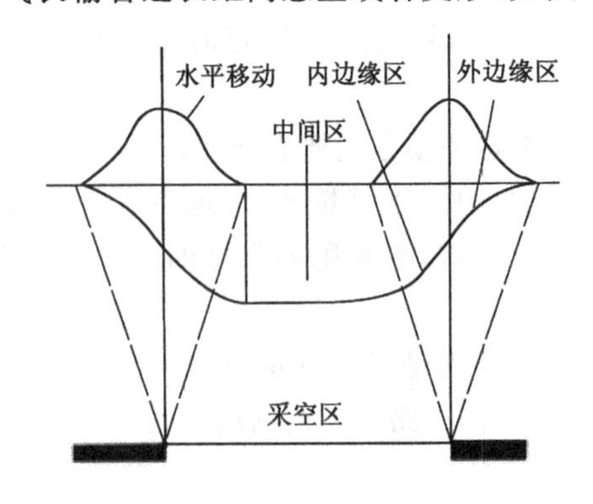

图 6-2　地表移动盆地剖面示意图

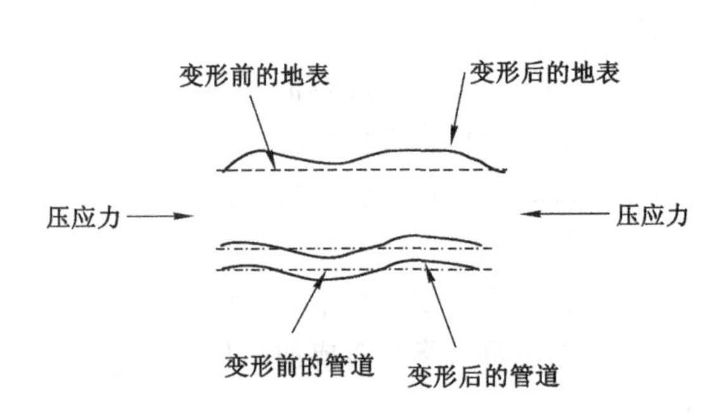

图 6-3　管道受压力变形剖面示意图

③ 中间区的管道大沉降与塌陷悬空变形

中间区位于采空区正上方，地表下沉均匀，地面平坦，一般不出现裂缝，地表下沉值最大。这个区域也是发生地表采空塌陷的主要区域，对经过此区域的油气长输管道危害较大。由于地表发生大沉降或塌陷，油气长输管道极易悬空，可能会随地表自重和上覆岩土荷载发生弯曲变形，乃至失效，如图 6-4 所示。

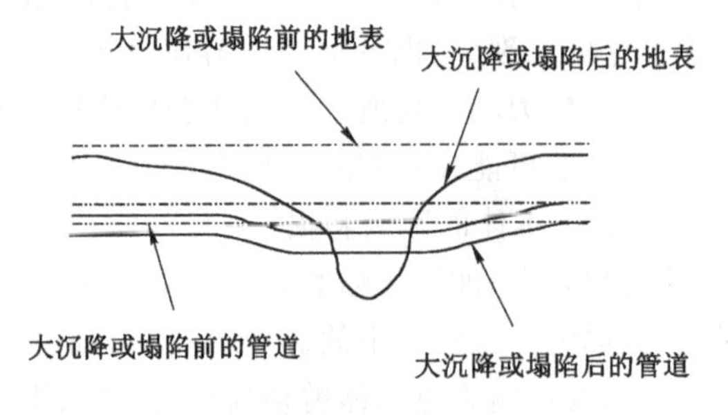

图 6-4　地表塌陷后的管道变形剖面示意图

因地下采空造成地表塌陷进而引起山体滑坡（边坡失稳）、坍塌、崩塌等地质灾害都对油气长输管道的安全运营产生危害，甚至使管道失效、附属设施破坏[4]。

第二节　油气长输管道塌陷灾害类型、分布与特征

一、油气长输管道塌陷类型

油气长输管道塌陷主要有三大类型：岩溶塌陷、黄土洞穴塌陷和采空塌陷。

1. 岩溶塌陷

岩溶塌陷是指在岩溶发育地区，溶洞上覆土层或隐伏岩溶顶板在人为活动或天然因素作用下，特别是因水动力条件改变引起的环境效应作用下，发生突然坍塌的现象[1-2]。岩溶塌陷可分为塌陷点和塌陷群。塌陷点是指具有一定数量塌陷坑的一处塌陷；塌陷群是指两个以上塌陷点的总和。按可溶岩类型可分为：① 碳酸盐岩类塌陷；② 蒸发岩类塌陷（岩盐塌陷）；③ 可溶性钙质碎屑岩类塌陷（简称红层岩溶塌陷），其中以碳酸盐岩类塌陷占绝大多数。按塌陷盖层的岩性结构可分为：① 土层塌陷；② 基岩塌陷，其中土层塌陷占多数，陷落柱属于基岩塌陷中的一种。按岩溶塌陷成因可分为：① 自然塌陷；② 人为塌陷。据此，可将岩溶塌陷分为 10 种类型[6]，具体参见表 6-1。

表 6-1　岩溶塌陷类型划分表

<table>
<tr><th>塌陷时期</th><th colspan="2">成因</th><th>可溶岩类型</th><th>盖层岩性结构</th></tr>
<tr><td rowspan="4">古塌陷
（陷落柱）</td><td rowspan="4">自然塌陷</td><td>暴雨塌陷</td><td rowspan="10">碳酸盐岩类塌陷
蒸发岩类塌陷（岩盐塌陷）
可溶性钙质碎屑岩类塌陷
（红层岩溶塌陷）</td><td rowspan="10">土层塌陷
基岩塌陷</td></tr>
<tr><td>洪水塌陷</td></tr>
<tr><td>重力塌陷</td></tr>
<tr><td>地震塌陷</td></tr>
<tr><td rowspan="6">现代塌陷
（新塌陷）</td><td rowspan="6">人为塌陷</td><td>坑道排水、突水塌陷</td></tr>
<tr><td>抽吸岩溶地下水塌陷</td></tr>
<tr><td>水库蓄水、引水塌陷</td></tr>
<tr><td>震动或加载塌陷</td></tr>
<tr><td>表水、污水下渗塌陷</td></tr>
<tr><td>多成因复合塌陷</td></tr>
</table>

2. 黄土洞穴塌陷

黄土洞穴塌陷是一种出露于地表的黄土洞穴，一般由黄土暗穴发展而来，黄土暗穴在水流侵蚀等作用下进一步扩容，在上覆土体自重作用下塌陷，在地表形成垂直形态的黄土洞穴。根据黄土洞穴塌陷形态的不同也可分为漏斗状塌陷、竖井状塌陷、葫芦状塌陷等；按其组合方式及分布特点可分为零散分布黄土洞穴塌陷、串珠状黄土洞穴塌陷和蜂窝状黄土洞穴塌陷[7]。

3. 采空塌陷

采空塌陷是由地下矿产资源开采引起地面移动和变形的一种地表破坏形式，多见于矿山特别是煤矿开采地区。当开采地下矿层时，上覆岩层的天然平衡状态被破坏，在自重和上覆岩层压力作用下形成垮落带；虽然在垮落带之上的上覆岩体有垮落带岩块的支撑，但仍会发生下沉和弯曲，并在一定范围内因其自重和上覆岩层压力产生裂缝与断裂而形成裂缝带。当垮落带及上覆岩层的下沉和弯曲逐渐增大并以整体移动的形式而延续至地表时，便在该

处地表形成了各点向采空区中心方向移动的周围高中央低的下沉盆地[3]。采空塌陷按矿种可分为:① 煤矿采空塌陷;② 金属矿采空塌陷。其中,煤矿采空塌陷又可按煤矿采空塌陷形成与停采时间分为:① 临时稳定采空塌陷;② 非稳态采空塌陷;③ 稳态采空塌陷;④ 稳定采空塌陷。按开采方式可分为:① 长壁垮落法分层开采采空塌陷;② 长壁放顶开采采空塌陷;③ 短壁垮落法采空塌陷;④ 巷柱或房柱式采空塌陷;⑤ 特殊开采方法采空塌陷。按开采深厚比划分为:① 浅层(深厚比 $H/m<30\sim40$,放顶煤开采 $H/m<30$,或开采深度 $H<150\sim200$ m)采空塌陷;② 中层(深厚比 $H/m>30\sim40$ 且 $H/m<200$,放顶煤开采 $H/m=30\sim150$ 或开采深度在 200～500 m)采空塌陷;③ 深层(深厚比 $H/m\geqslant200$,放顶煤开采 $H/m\geqslant150$ 或开采深度 $H>500$ m)采空塌陷[4]。

无论是何种塌陷,可根据所形成的塌陷坑的数量和受影响的油气长输管道长度,将油气长输管道塌陷划分为4 个等级:① 小型塌陷。塌陷坑洞 1～3 处,合计影响油气长输管道长度小于 0.5 km。② 中型塌陷。塌陷坑洞 4～10 处,合计影响油气长输管道长度 0.5～2 km。③ 大型塌陷。塌陷坑洞 11～20 处,合计影响油气长输管道长度 2～5 km。④ 特大型塌陷。塌陷坑洞超过 20 处,合计影响油气长输管道长度在 5 km 以上。

二、油气长输管道塌陷分布

1. 岩溶塌陷的分布

我国岩溶塌陷主要分布于岩溶强烈及中等发育的覆盖型碳酸盐岩地区,分布面积广泛,其范围北自黑龙江,南到海南岛,西起青海盐湖,东至东海之滨,已见于 23 个省区。其中大部分分布于桂、粤、黔、湘、赣、川、鄂等省区。早在 2009 年,贺可强等[2]就统计出全国岩溶塌陷总数 903 处,塌陷坑超过 3×10^4 个,塌陷面积大于 300 km^2,如表 6-2 所列。岩溶塌陷绝大多数分布于碳酸盐岩分布的岩溶强烈和中等发育地区,主要是扬子准地台碳酸盐岩分布区,其次是华北地台碳酸盐岩分布区[5],而在这些区域,油气长输管道主要有西气东输管道、中缅油气管道、川气东送管道以及一些地区性油气长输管道。

表 6-2 中国岩溶塌陷统计表[2]

编号	省份	现代岩溶塌陷					古岩溶塌陷	总计
		自然塌陷(处)	人为岩溶塌陷					
			坑道突水排水	抽水	蓄水	其他不明因素		
1	广西	112	11	104	46	27	—	300
2	贵州	41	1	23	21	15	—	101
3	江西	34	15	25	5	9	—	88
4	云南	7	3	20	16	35	—	81
5	湖南	6	19	26	19	4	—	74
6	湖北	16	21	17	4	5	—	63
7	四川	32	8	3	14	1	—	58
8	河北	2	7	4	1	4	8	26
9	山西	—	5	—	—	—	19	24

表 6-2(续)

编号	省份	现代岩溶塌陷					古岩溶塌陷	总计
		自然塌陷(处)	人为岩溶塌陷					
			坑道突水排水	抽水	蓄水	其他不明因素		
10	广东	3	6	10	1	3	—	23
11	山东	1	5	9	—	—	1	16
12	辽宁	3	3	4	1	1	1	13
13	江苏	—	2	3	—	—	7	12
14	安徽	—	7	2	—	—	1	10
15	陕西	—	—	—	—	2	1	3
16	河南	—	3	—	—	—	—	3
17	福建	—	—	2	—	—	—	2
18	青海	2	—	—	—	—	—	2
19	海南	—	—	1	—	—	—	1
20	黑龙江	—	—	1	—	—	—	1
21	吉林	—	—	1	—	—	—	1
22	内蒙古	1	—	—	—	—	—	1
总计		260	116	255	128	106	38	903
比例		28.79%	12.85%	28.24%	14.17%	11.74%	4.21%	100%

例如，中国石化销售有限公司华中分公司成品油管道江西管段发育有岩溶塌陷灾害6处，其中管道跨越岩溶塌陷强发育区1处（长约1.5 km）、中等发育区3处（长约8.34 km）、弱发育区2处（长约1.77 km），具有发生岩溶塌陷的可能；江西境内管道南端沿线采煤区分布面积约为25.8 km^2，区段管线长度约为3.5 km，具有采空塌陷的可能[8]；川气出川管道工程在湖北鄂西南中、低山区分布有地面塌陷8处，岩溶槽谷洼地区有岩溶地面塌陷1处，鄂中、北丘陵岗地平原区分布有采空地面塌陷3处，如图6-5所示[9]；大连LNG工程大连—营口段GK107—GK110处潜在岩溶地面塌陷地段[10]；川气出川管道工程HB143＋744右174 m穿越湖北省钟祥市双河斑竹铺隐伏岩溶塌陷区[9]；中缅油气管道经过的广西忻城县欧洞乡理苗村，发育有多处岩溶塌陷坑[11]；川气东送管道工程经过3个岩溶塌陷区：恩施崔坝岩溶塌陷群、建始百步梯岩溶塌陷区及大冶市大箕铺镇—金湖街办岩溶塌陷区[12]。

2. 黄土洞穴塌陷的分布

我国黄土分布面积约为64×10^4 km^2，主要分布在甘肃、陕西、山西三省，部分分布在青海、宁夏、河南，另外在河北、山东、辽宁、黑龙江、内蒙古和新疆等省区也有不连续或零星的分布。湿陷性黄土面积占黄土分布总面积的60%左右，大部分分布在黄河中游地区，主要见于陕西、甘肃、宁夏、河南、山西等5个省区[13-15]，仅河南省塌陷面积就达4.53×10^4 km^2。

黄土洞穴塌陷广布于黄土地区已建15条油气长输管道（兰成渝线，涩宁兰线，西气东输一、二、三线，乌兰线，忠武线，中贵线，陕京一、二、三、四线，兰郑长线，榆济线，马惠宁线）管周回填土及附近原状土中。如西气东输二线甘陕段496 km范围内，已发现63处；涩宁兰

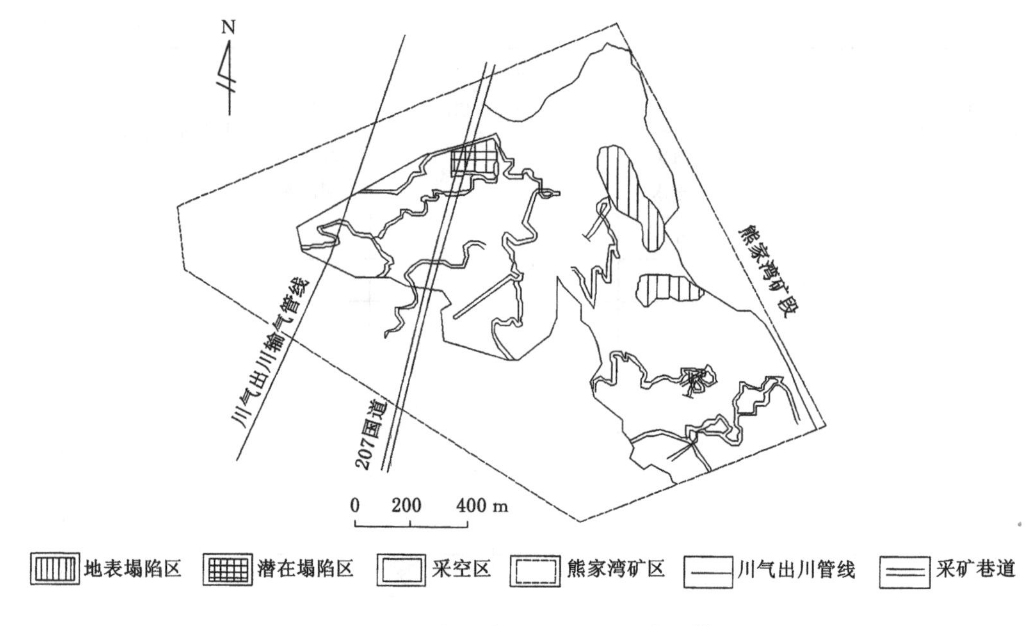

图 6-5 熊家湾磷矿采空塌陷示意图[9]

管道西宁—兰州段已发现近 100 处；西气东输一线陕西段 343.2 km 范围内有 268 处；兰成渝管道兰州至渭源段 146 km 范围内发育 76 处；乌兰管道在 K1666＋630 处 30 m 范围内发育串珠状落水洞 10 个；西气东输一线子长—永坪一段 500 m 管道沿线发育 27 处[13-15]。

涩宁兰输气管道在 K762＋850 处（青海省平安区石家营村）形成长 150 m，宽 3 m，深 1.5 m 的管沟回填黄土塌陷带，如图 6-6 所示。马惠宁输油管道横向穿越某台田地，在雨水和灌溉水作用下形成多个黄土塌陷坑[16]，如图 6-7 所示。

图 6-6 K762＋850 处管沟回填黄土塌陷带

图 6-7 马惠宁输油管道管周黄土塌陷坑

3. 采空塌陷的分布

黑龙江、山西、安徽、江苏、山东等省是采空塌陷的严重发育区，在全国的采煤、采矿区也大都有出现，尤其是个体采矿业比较发达、法律制度不健全且执行不力的地区更容易发生。据不完全统计，在全国 20 个省区内，共出现采空塌陷 180 处以上，塌坑超过 1 595 个，塌陷总面积大于 1 150 km^2。

西气东输一线沿线有采空塌陷 99 处，其中，陕西段在子长煤矿焦家沟—王家湾段、栾家坪矿区甄家沟煤矿，瓦窑堡矿区南家咀煤矿，余家坪矿区庙砭、禾草沟煤矿都存在采空塌陷；山西段，采空塌陷则主要分布在浮山和阳城境内，共发现采空塌陷 19 处，尤以蒲县—临汾煤矿和浮山后交煤矿最甚；河南段，共有采空塌陷 63 处，如河南沁阳市常平乡，即桩号 FA008 和 FA012＋1 东处，已出现多个采空区，管道从采空区附近或顶部通过，一旦发生塌陷，将对管道安全产生威胁[13-14,17-18]；在山西境内管线穿越区分布有 53 座铁矿，采空后可能形成采空塌陷区[18]。中缅油气管道贵州段穿越滴水岩煤矿采空塌陷区[19]。大连 LNG 工程大连—营口段 GK20 和 GK24 两处跨越大连市金州石棉矿开采塌陷区[10]。川气出川管道工程 HB410＋988 至 HB425＋007 段穿越荆门石膏矿区采空塌陷区，HB469＋900 段穿越湖北省钟祥市胡集磷矿区熊家湾磷矿采空塌陷区[9]。

三、油气长输管道塌陷特征

1. 岩溶塌陷特征

岩溶塌陷在空间上的发展具有隐蔽性，在时间上具有突发性[20]。岩溶塌陷是从基岩洞穴或裂隙向上逐步发展的，均在地下，无法直接识别，只有通过专门的仪器或手段才能发现，但也很难查清其具体发展情况。岩溶塌陷还有一些伴生和共生的现象。比如地面下沉、地面开裂和塌陷地震等，它们可随洞穴发育而产生，有时甚至是岩溶塌陷发生的前兆现象。

岩溶塌陷的平面形态多呈圆形、椭圆形，少数为长条形等不规则形状；剖面形态多呈井筒状、坛状，以砂质土为主的塌陷往往呈碟状或漏斗状。塌陷的直径及深度主要取决于塌陷盖层的厚度及下伏岩溶洞穴的规模，其塌陷直径差异较大，一般以 2～5 m 居多，有的达到 10～16 m，最大的可达 30～55 m。塌陷的可见深度一般较小(2～5 m)，最深可达 15 m[21]。

岩溶塌陷发育于可溶岩的各个层位，包括 AR(太古宇)、PT(元古宇)、$Є_{2\text{-}3}$(中上寒武统)、$O_{1\text{-}2}$(下中奥陶统)、C_2(上石炭统)，但主要发育于 Є-O，约占总数的 81.8%[21]，仅在山东莱芜的顾家台和业庄矿区见有厚度小于 30 m 的古近系砂、泥岩塌陷。

岩溶塌陷规模可按塌陷的影响范围分为三级：大型，影响范围大于 1 km^2；中型，影响范围为 0.1～1 km^2；小型，影响范围小于 0.1 km^2。岩溶塌陷的强度可按塌陷坑总数分为三级：强烈，塌陷坑总数大于 100 个；中等，塌陷坑总数为 10～100 个；微弱，塌陷坑总数小于 10 个。

岩溶塌陷发育具有阶段性、同步性、持续性、周期性及重复性等特征。单个岩溶塌陷的发育过程可分为孕育阶段(土洞形成和发展)、塌陷阶段(塌陷形成)、调整阶段(塌陷坑壁不稳定土体坍塌，以达到新的平衡状态)及休止阶段(后期的充填堆积)，如表 6-3 所列。

表 6-3　岩溶塌陷形成过程阶段划分

阶段划分	塌陷坑的形成	塌陷区的发展
孕育阶段	土洞的形成和扩展	土洞、溶洞的形成和扩展
塌陷阶段	地面出现局部下降、开裂	塌陷出现，大量向外围扩展
调整阶段	坑壁逐渐塌落，稳定边坡出现	滞后少量塌陷产生，塌陷坑稳定
休止阶段	塌坑被后期堆积物充填，坑壁变缓，树木生长	堆积充填物，或被改造

岩溶塌陷产生时间的快慢主要取决于其所受动力作用的强度和形成条件的差异。岩溶塌陷的形成条件或诱发因素的周期性变化，导致其也出现周期性的变化。受气象水文因素

的影响，岩溶塌陷作用随其周期性变化而做强弱波动，如一年中的雨季和春耕泡田季节，岩溶塌陷作用强烈，塌陷数量多而集中，其他季节塌陷作用减弱，数量减少。在一个周期中，这种波动随着塌陷发展逐渐向外围扩展，其幅度逐渐减弱以致消失。对于一个特定的岩溶塌陷来说，由于诱发源的不断变化，可经历多个周期的重复塌陷，表现为新的塌陷产生或者是先期岩溶塌陷的复活。

川气出川管道工程 HB143＋744 右 174 m 处的岩溶塌陷坑呈“串珠状”，分布于 207 国道两侧约 200 m 长的坳沟河槽内，平面上多呈圆形或椭圆形、纺锤形，直径 1～10 m，椭圆形长轴最大可达 30 m；剖面形态多为圆柱形、梯形，深度为 2～10 m 不等，坑底有溶蚀的岩块[9]。1987 年 8 月 8 日大连 LNG 工程大连—营口段(GK107—GK110)三家子曾发生大规模的岩溶塌陷，在 1.2 km^2 范围内共有大小塌陷坑共 25 个[10]。

2. 黄土洞穴塌陷特征

根据在野外观察到的西气东输二线泾川丈八寺村段管周黄土洞穴塌陷平面形态，可将其分为近圆形、狭缝状、葫芦状及其他一些不规则状，如图 6-8 所示。

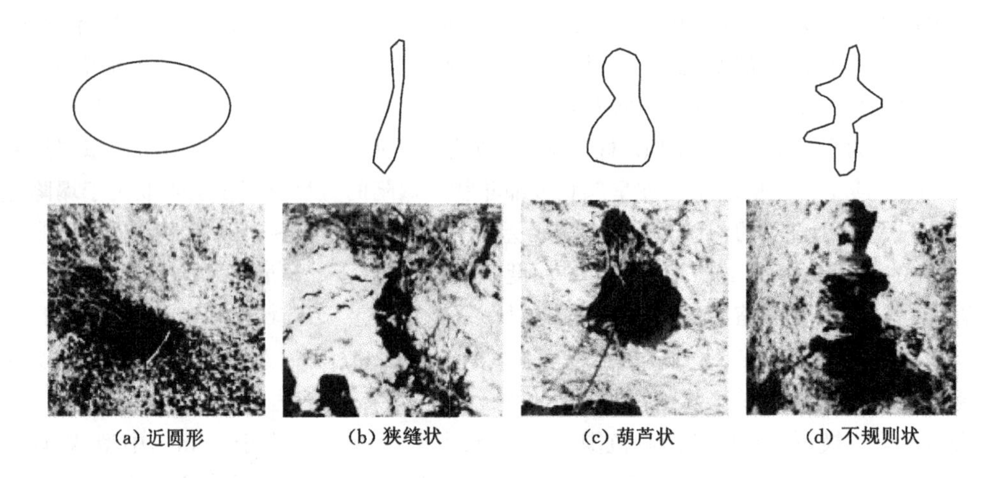

图 6-8　黄土洞穴平面形态

油气长输管道管周黄土洞穴塌陷初期为狭缝状的居多，而中后期则多呈三角形状或葫芦状、不规则状或者圆拱状。黄土洞穴塌陷剖面形态有如下几种：缓倾型(倾角＜30°，图 6-9)、垂直重叠型(图 6-10)、变倾型(图 6-11)、陡倾型(倾角≥30°，图 6-12)等。

由于油气长输管道埋深基本在地表 2 m 以下，因此管周黄土洞穴塌陷按塌陷前黄土洞穴垂向深度可划分为三类：表层黄土洞穴塌陷、浅层黄土洞穴塌陷、中深层黄土洞穴塌陷。

(1) 表层黄土洞穴塌陷

表层黄土洞穴塌陷普遍发育于耕作层，深度一般在 1 m 以内，塌陷前以微型黄土洞穴为主，一般为生物洞穴，洞穴形态呈圆形或近似圆形，如图 6-13 所示。

(2) 浅层黄土洞穴塌陷

浅层黄土洞穴塌陷，深度在 1～3 m，平面形态为圆形和椭圆形，剖面上呈葫芦状，塌陷前的黄土洞穴往往会与管道下方的黄土暗穴连通，是管道下方黄土暗穴形成过程中水流的优势通道之一，如图 6-14 所示。

(3) 中深层黄土洞穴塌陷

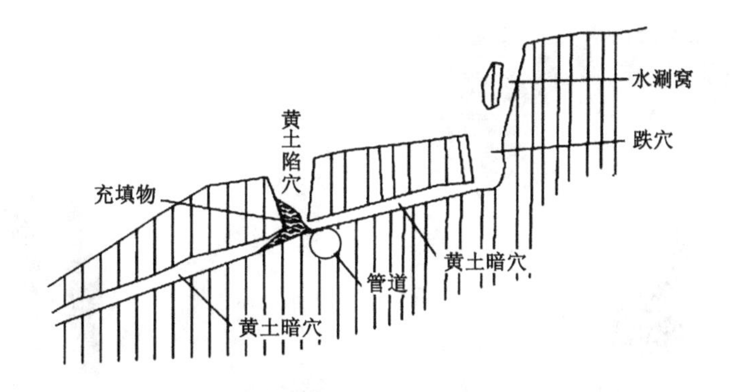

图 6-9　缓倾型管周黄土洞穴塌陷剖面图

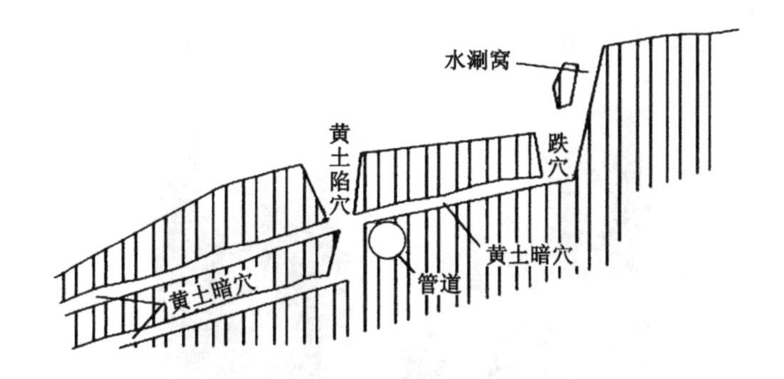

图 6-10　垂直重叠型管周黄土洞穴塌陷剖面图

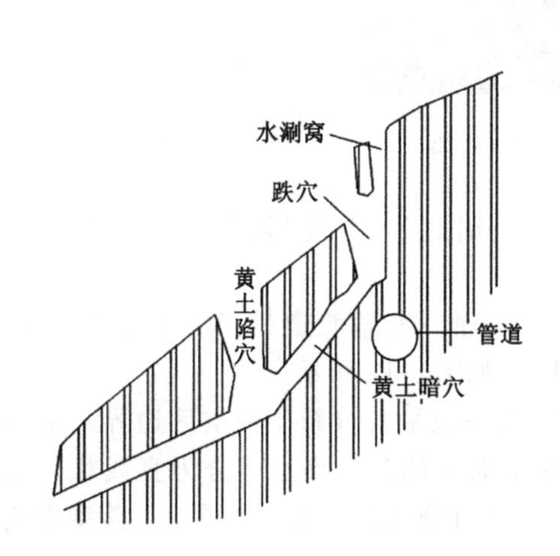

图 6-11　变倾型管周黄土洞穴塌陷剖面图

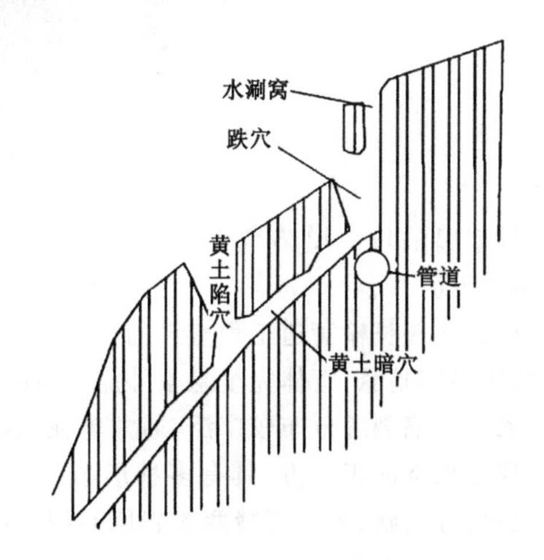

图 6-12　陡倾型管周黄土洞穴塌陷剖面图

中深层黄土洞穴塌陷发育深度在 3 m 以下，塌陷前的洞穴以大型暗穴为主，发育于油气长输管道下方，一般规模较大，难以察觉，常造成管道悬空，对管道安全运行影响较大，如图 6-15 所示。

3. 采空塌陷特征

采空塌陷的主要表现形式为塌陷坑和沉陷裂缝。塌陷坑可分为两类：一是由古窑竖井因后期充填不彻底而导致的井口塌陷，一般形成井筒类型塌陷坑；二是浅部巷道塌陷，形成

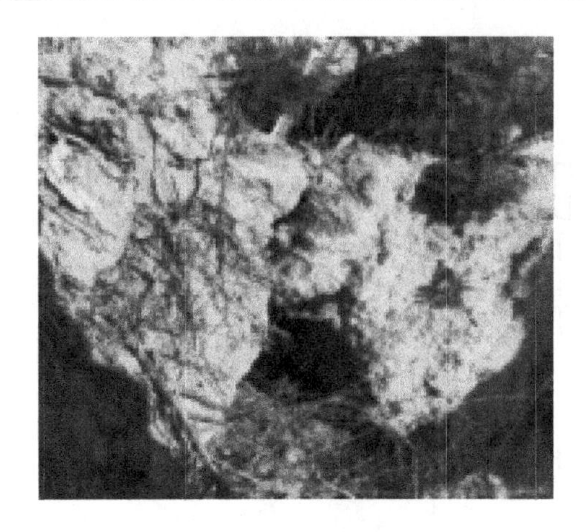

图 6-13　表层黄土洞穴塌陷

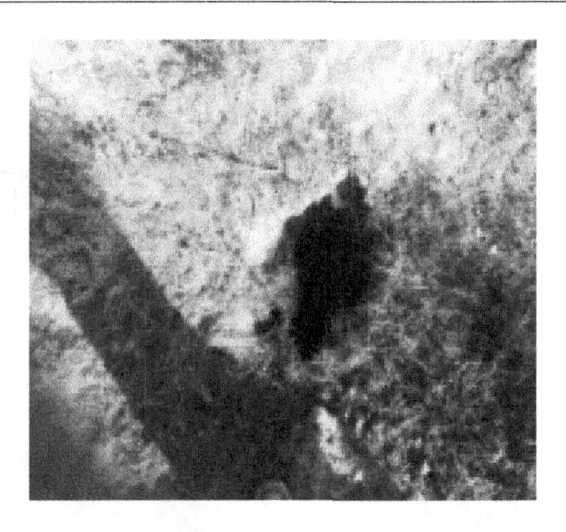

图 6-14　浅层黄土洞穴塌陷

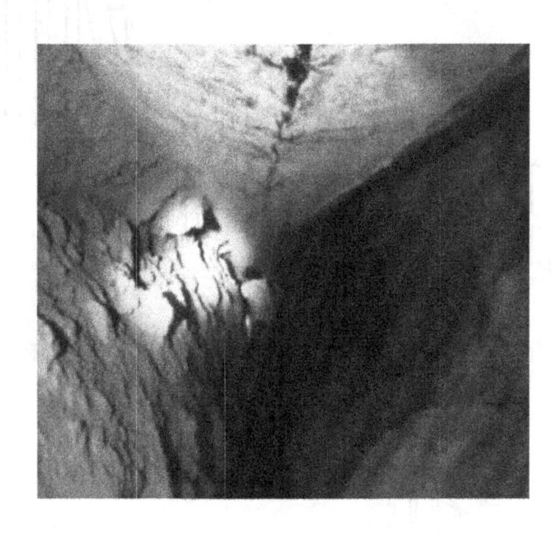

图 6-15　中深层黄土洞穴塌陷

长沟类型塌陷坑。塌陷坑形态一般有五种：漏斗形、锅底形、井筒形、锥形和长沟形，如图 6-16 所示[22]。

根据油气长输管道工程敷设的特点，将采空塌陷与油气长输管道相互关系分为三种类型：管体局部暗悬、管体完全悬空外露、土体沉陷分离，如图 6-17 所示[23]。

采空塌陷裂缝分布较广泛，通常单独或成组出现，一般平行分布于采空区边界外侧，较少出现在采空区正上方，具有多种形态。根据其在平面上的几何形态可分为直线状、曲线状、弧状、分叉状；根据裂缝两侧岩层的相对运动方向又可分为张性裂缝和单向下落型裂缝，如图 6-18 所示[22]。

采空塌陷发育时间特征主要有两个方面：

(1) 采空塌陷及沉陷裂缝形成时间相对于矿层开采时间的滞后性。

矿层开采之后，采空区上覆岩(土)体的变形破坏需要一定时间，因此地面塌陷及地裂缝滞后于采空区的形成。同时由于采空区上覆岩(土)体的岩性组合关系、厚度及其力学性质不同，使得不同区域形成采空塌陷及沉陷裂缝的滞后时间长短不等。

(2) 次生塌陷往往在第二年雨季。

沉陷裂缝形成之后，受降雨影响，进一步产生冲刷、淋滤等次生作用，使其在原有规模的

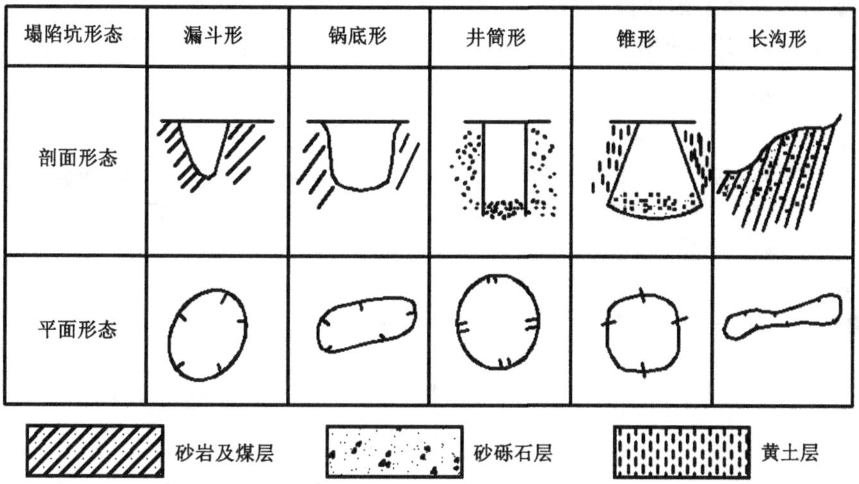

塌陷坑形态	漏斗形	锅底形	井筒形	锥形	长沟形
剖面形态					
平面形态					

砂岩及煤层　砂砾石层　黄土层

图 6-16　塌陷坑几何形态特征

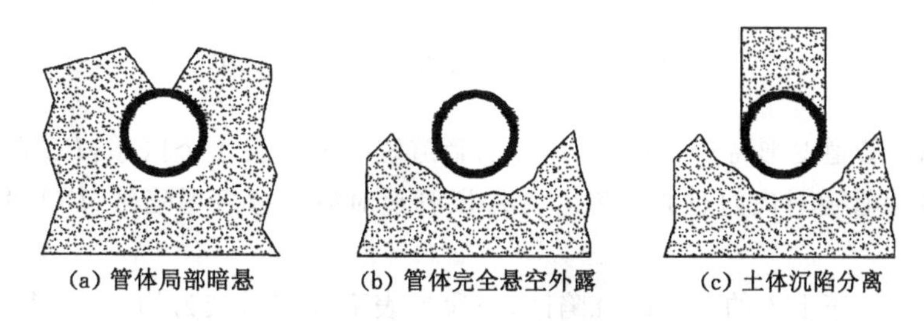

图 6-17　油气长输管道与采空塌陷相互关系

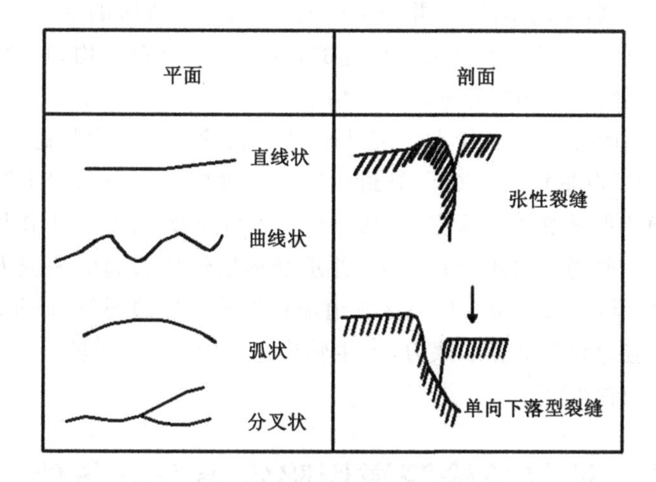

图 6-18　采空塌陷裂缝形态

基础上有所扩大，这种现象往往发生在雨季，裂缝形成后，来年雨季再次发生裂缝、规模扩大，形成次生塌陷。

四、塌陷区管道变形特征分析

地下矿场采空塌陷会造成上部岩土发生下沉，并会在地表形成周围高、中央低的盆地构造，如图 6-19 所示。

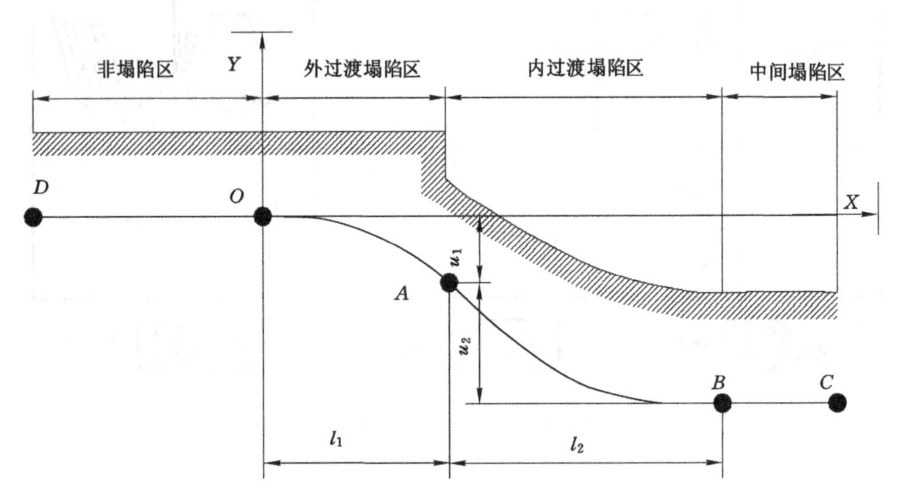

图 6-19　采空塌陷及管道挠曲变形示意图

根据塌陷区管道变形特点，将埋入地下的管道统一划分为 4 个区域：*BC* 段管道对应中间塌陷区、*AB* 段管道对应内过渡塌陷区、*OA* 段管道对应外过渡塌陷区、*DO* 段管道对应非塌陷区[24]。

位于塌陷地层正上方的为中间沉陷区，该段地表下沉相对较为均匀，地表下沉量最大；内过渡区为中间塌陷区和外过渡区的过渡地带，该段地表塌陷不均匀，靠近中间区的下沉量大于靠近外过渡区一侧，呈现出凹形，并产生压缩变形；外过渡区的变形主要是由于岩土内部的内聚力及管道压缩下层岩土变形而引起的，其下沉量分布不均匀，地面向盆地中心倾斜，呈现为凸形；非塌陷区离塌陷盆地较远，其地表几乎不发生沉降。

在地表塌陷盆地的各个区域内，埋入地下的油气长输管道受力状态是不同的。在中间塌陷区，由于地表的下沉量较大，*BC* 段管道主要承受轴向拉应力和岩土摩擦力；在内过渡塌陷区，*AB* 段管道主要承受轴向压应力，从而产生压缩变形，并在岩土作用下发生弯曲；在外过渡塌陷区，*OA* 段管道主要承受拉应力，并承受地层错位引起的剪应力，从而产生弯曲变形、局部屈曲或拉断，该段为整个塌陷区管道最易失效破坏的部位；在非塌陷区，*DO* 段管道主要承受轴向拉应力和岩土静摩擦力，产生轴向应变，但是应变较小，且离 *O* 点越远，管道受地层塌陷的影响越小[24]。

第三节　油气长输管道塌陷灾害形成条件与机理

一、岩溶塌陷形成条件与影响因素

1. 岩溶塌陷形成条件

岩溶塌陷作为特定的地质水文及工程地质条件下的特殊地质灾害，具有独特的形成条件。岩溶塌陷是岩溶发育区上覆松散盖层岩土体在外动力条件作用下产生的破坏、坍塌现象。开口岩溶、上覆松散盖层岩土体及动力条件是岩溶塌陷的三要素，只有具备了以上三要素，才有可能产生塌陷。可用图 6-20 来表示岩溶塌陷形成条件，不过需要指出的是，具备塌陷形成条件，不一定就形成油气长输管道塌陷灾害，只有塌陷对油气长输管道造成危害，才能形成油气长输管道塌陷灾害[2,21]。

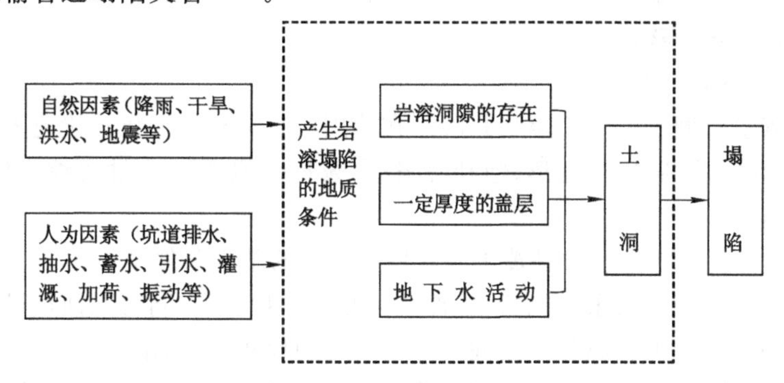

图 6-20　岩溶塌陷形成条件

(1) 开口岩溶

开口岩溶是指具有“天窗”的岩溶裂隙或洞穴，包括竖井、落水洞、溶隙及溶缝等，是坍塌岩土体的暂时储存场所和物质转移通道，也是地下水动力条件形成的重要环境和上部水体补给岩溶水的大门，使岩溶裂隙水与松散孔隙水或地表水体之间的联系增强。在开口岩溶空腔内部产生真空负压吸蚀力，从而在盖层底板产生吸盘吸蚀力，成为上覆松散盖层的天然“临空面”，在内外动力作用下，破坏塌落或被潜蚀携带走的盖层土体暂时储存在洞穴空隙中，后在水动力条件下逐渐转移掏空，造成盖层土体再次破坏，最终使上覆盖层失去支撑而陷落[2,21]。

岩溶塌陷一般要经历塌土—空腔被充填—积土被冲刷—再次塌土—土洞向上扩展—地表塌陷坑形成的过程，因此，岩溶洞隙通畅与否以及是不是岩溶裂隙水的主流场将直接影响岩溶塌陷的可能性与发展速度的快慢。在地下水径流强度大的地带，由于塌落的土体能够被强水流很快冲刷带走，即使较小规模的开口岩溶洞隙也能形成较大的地面塌陷坑[2,20-21]。

(2) 松散盖层

开口岩溶上覆松散盖层岩土体是岩溶塌陷的物质基础。盖层土体既是塌陷的破坏体，也是影响塌陷的重要因素，其物理力学性质（抗剪强度指标、孔隙率、孔隙比、含水量、自重、渗透系数等）、结构组成及厚度等都对岩溶塌陷的形成产生重要影响[25]。

(3) 动力条件

动力条件是岩溶塌陷形成的动力来源，主要包括地下水动力条件及气动力条件，其次还包括机械振动、地震、静荷载或其他外动力条件。地下水动力条件是岩溶塌陷的主要动力，也是其形成的关键。

作为岩溶塌陷过程中物质运移与能量转移的动力，在塌陷—填充—冲刷—再塌陷的不断重复的循环过程中，地下水动力条件充当了一个重要的角色，其强弱程度直接影响岩溶塌陷的难易[2,21]。

2. 岩溶塌陷影响因素

岩溶塌陷，实质上是岩、土体内洞穴的抗塌力（洞穴顶部支撑力）小于致塌力的结果。岩溶塌陷诱发因素种类繁多，分为自然因素、人为因素和复合(自然-人为)因素三大类。

自然因素主要有地震震动、降雨雨水向地下渗透、自重压力、地下潜蚀掏空等；人为因素主要有地下采矿、坑道排水或施工中发生突水、大量开采地下水、水库蓄引水等；复合因素是由于自然因素与人为因素相结合，共同发生作用而引起塌陷的因素[2,20-21]。

二、黄土洞穴塌陷形成条件与影响因素

1. 黄土洞穴塌陷形成条件

油气长输管道管周黄土洞穴塌陷是降水在管周回填黄土中汇集—快速入渗—渗流扩散以及遇水崩解、化学溶蚀、增湿变形、饱和湿陷、渗透变形、细颗粒侵蚀等综合作用的结果，热量运移对其也有影响[7,15,26]。

(1) 管周回填黄土特殊土性是黄土洞穴塌陷形成的基本条件

管沟开挖后堆土遭受雨水淋滤后，一部分的黏土矿物流失，同时在回填过程中由于管道与回填土以及回填土周围的原状土之间产生了水流的优势路径，雨水下灌，进一步带走回填土中的黏土矿物，使其含量降低；而碎屑矿物则是由于其回填过程中被夯实导致一部分完整矿物结构破碎，造成其含量的增加。由于回填过程管周黄土夯实程度大小不一，部分土体较为松散，易发生湿陷，形成洞穴进而塌陷[15,26]。

(2) 地形地貌是形成黄土洞穴塌陷的重要条件

地形地貌强烈影响了降水的汇聚、冲蚀与入渗，从而决定了油气长输管道管周黄土洞穴的形成位置，限制了洞穴的大小，并影响着洞穴群的组合发育以及黄土洞穴塌陷的形成。一般来说，在黄土冲沟沟脑、黄土塬边和地形坡度相对较大的斜坡，黄土洞穴塌陷发育程度相对较高[7,15]。

(3) 降水为黄土洞穴塌陷的形成提供了水动力条件

降雨径流的侵蚀力主要取决于径流流量大小及其携带能力，暴雨能够产生更大的降雨径流，侵蚀能力剧增。黄土高原的暴雨是水土流失、黄土侵蚀地貌的主要动力能源，一次高强度降雨的侵蚀量可以占到年侵蚀量的 50%以上，最多达到 75%，较为集中的降雨为油气长输管道管周黄土洞穴塌陷的形成提供了充足的水动力条件[7,15,26]。

2. 黄土洞穴塌陷形成诱发因素

黄土洞穴塌陷形成的主要诱发因素是动植物作用和人类工程活动。

(1) 动植物作用

植被对油气长输管道黄土洞穴塌陷的发育具有双重作用。在没有临空面的情况下，植被的发育一般可使其分布范围内的土壤表层黏性、结构性增强，从而抗冲刷侵蚀能力增强，进而使黄土洞穴塌陷发育程度低或不发育。但有些情况下，植物发育却有利于黄土洞穴塌陷的发育，如在塬边、沟边、河谷低阶地、梯田陡坎边缘等具有临空面的地形边缘往往有一些植物的根系出露，这些植物的根或随季节的变换而轻微胀缩，或随植物的死亡而腐烂，从而在植物根系与其赖以附着的地层之间形成缝隙或孔洞，地表水沿这些缝隙或通道下渗侵蚀常可形成洞穴。由此形成的黄土洞穴具有规模一般较小，延伸距离一般较短的特点，所以一般也只能发生在塬边、沟边、梯田陡坎边缘等部位。另外，在种子植物比较发育的地方，鼠、蛇、兔等小型穴居动物活动也相对比较频繁，常常会出现一些规模较小且埋深较浅的微型或小型的黄土洞穴，从而形成小规模的黄土洞穴塌陷[15,26]。

(2) 人类活动

不合理的人类活动不仅造成了黄土高原地表自然植被的严重破坏，还引发了黄土高原气候条件进一步恶化，最终造成水土流失的加剧，促进了黄土洞穴塌陷的发育。

随着耕作区域的延伸，人类在黄土高原的栖息地也在延伸。作为黄土高原独有的一种居住方式，窑洞曾经是人类活动的主要场所，近些年来随着生活水平的提高，窑洞逐渐被废弃，图 6-21 为西气东输二线沿线的废弃窑洞。同时还有水井、水窖、地道、导水涵洞、暗渠、墓穴、隧道等各种人工洞穴，这些人工洞穴也能形成黄土洞穴塌陷。

图 6-21　西气东输二线沿线的废弃窑洞

另外，淤地坝工程、梯田工程、水利灌溉工程、铁路工程、隧洞工程等都可以改变当地的地形地貌条件和降雨径流汇排条件，同样影响着黄土洞穴的形成。同理，油气长输管道的铺设和运行维护过程本身就是加剧改变管周黄土土性和微地形地貌，也促进了黄土洞穴塌陷的形成。

三、采空塌陷形成条件与影响因素

1. 采空塌陷形成条件

矿层开采所引发的塌陷发展过程、规模、地表形态特征与地形条件、地质构造、顶板岩体结构类型、矿层赋存条件等矿山地质环境条件以及采矿工艺密切相关[25]。采空区和覆岩是采空塌陷形成的必备条件，缺乏其一就不能形成采空塌陷，采空区是塌陷的根本，是采空塌陷的内在因素，覆岩是采空塌陷的物质条件[22]。当采空塌陷区域内敷设有油气长输管道，且塌陷对油气长输管道安全造成影响才能定义为油气长输管道采空塌陷灾害。

（1）地形条件

采空塌陷多发育在地形相对较平缓地带，坡角多在 15°～35°，而在陡坡、陡崖地带，则常形成危岩体、崩塌和山体开裂变形。

（2）地质构造及岩体结构特征

构造发育地带，节理裂隙发育，岩体完整性较差，特别是断裂构造部位，岩体完整性差，多呈块裂或碎裂结构，相同条件下，构造发育部位岩体自稳能力较弱，易形成采空塌陷。此外断裂构造发育部位，特别是导水断裂带附近，地下水径流速度和频度加快，加剧了岩体失稳变形，也易形成采空塌陷。

（3）矿层赋存条件

同一矿区煤层厚度大、埋藏深度浅的采空区，变形扩展到地表所需时间也相对较短，采空塌陷发育的范围广、深度大，多以采空塌陷区的形式集中分布。矿层厚度较均匀且较小、开采深度较大的采空区，采空顶板垮落变形发展到地表所需的时间较长，产生采空塌陷的可能性较小。

(4) 采矿工艺

采用巷柱或房柱式采煤方法的采场空间靠留下的煤柱临时支撑，一方面，由于保安煤柱设计的承载力低于实际的承载力，或在长期承载过程中因风化、地震及其他因素使其承载力降低到设计标准以下时，矿柱遭到破坏而改变采空区围岩稳定平衡状态，导致采空区顶板垮落；另一方面，部分企业受利益驱动，后期复采矿山过程中，见煤就挖，大肆开采保安煤柱，顶板采用自然垮塌法进行管理，加速采空塌陷的发生。

利用短壁垮落法采煤时，顶板自由垮落或强制放顶后形成的采空沉陷区内残余变形量较大，地表移动速度较小，持续的时间较长，易形成地表多次塌陷。长壁放顶开采方法引起的覆岩与地表移动破坏非常剧烈，地表沉陷破坏多以裂缝或塌陷坑为标志。长壁垮落法分层开采，顶板随采随垮，或开采范围达到一定程度后自行垮落，浅部开采地表易形成平行工作面的动态地表裂缝，沿开采边界外围形成一组地表永久裂缝破坏；深部开采时地表沉陷表现为较平缓的下沉盆地，盆地边缘会出现较小的地表裂缝。

2. 采空塌陷形成的影响因素

采空塌陷形成的影响因素较多，包括覆岩形成年代、岩体结构、采空区尺寸大小、煤层倾角、煤层厚度、开采深度、重复采动、水文条件变化、地形地势、松散盖层、构造应力场变化、不连续面性状、矿震及冲击地压等。其中，水文条件的变化是采空塌陷形成的一个最重要的促发因素，包括降雨、管道及地表水渗漏、地下采矿降排水三种，当隐伏采空区上方破碎岩石的强度达到或接近极限平衡状态时，由于水的浸润作用，使其润滑、软化和增荷，导致失稳而形成采空塌陷[22]。

四、岩溶塌陷成因机理

岩溶塌陷是在特定地质条件下，因某种自然因素或人为因素触发而形成的地质灾害。不同地区地质条件差异较大，形成的主导因素也有所不同。因此，对岩溶地面塌陷成因机理的认识也存在着不同的观点，其中占主导地位的主要有两种，即地下水潜蚀机理和真空吸蚀机理。

1. 地下水潜蚀机理

地下水流会对岩溶洞穴中的物质和上覆盖层沉积物产生潜蚀、冲刷和淘空作用，岩溶洞穴或溶蚀裂隙中的充填物被水流搬运带走，在上覆盖层底部的洞穴或裂隙开口处产生空洞。若地下水位下降，则渗透水压力在覆盖层中产生垂向的渗透潜蚀作用，土洞不断向上扩展最终导致地表塌陷。其形成过程大体可分为如下四个阶段[2,21]：

① 在抽水、排水过程中，地下水位降低，水对上覆土层的浮托力减小，水力坡度增大，水流速度加快，水的潜蚀作用加强，溶洞充填物在地下水的潜蚀、搬运作用下被带走，松散层底部土体下落、流失而出现拱形崩落，形成隐伏土洞。

② 隐伏土洞在地下水持续的动水压力及上覆土体的自重作用下，土体崩落、迁移，洞体不断向上扩展，引起地面沉降。

③ 地下水不断侵蚀、搬运崩落体，隐伏土洞继续向上扩展。当上覆土体的自重压力逐渐接近洞体的极限抗剪强度时，地面沉降加剧，在张性压力作用下，地表产生开裂。

④ 当上覆土体自重压力超过了洞体的极限强度时，地表产生塌陷。

潜蚀致塌理论解释了某些岩溶塌陷事件的成因。按照此理论，岩溶上方覆盖层中若没有地下水或地面渗水以较大的动水压力向下渗透，就不会产生岩溶塌陷，但有时出现的实际情况并不符合此理论，说明潜蚀作用还不足以说明所有岩溶塌陷机制。

2. 真空吸蚀机理

根据气体的体积与压力关系的波义耳-马略特定律，在密封条件下，当温度恒定时，随着气体的体积增大，气体压力不断减小。在相对密封的承压岩溶网络系统中，由于采矿排水、矿井突水或大流量开采地下水，导致其水位大幅度下降。当水位降至较大岩溶空洞覆盖层的底部以下时，岩溶空洞内的地下水面与上覆岩溶洞穴顶板脱开，出现无水充填的岩溶空腔。随着岩溶水水位持续下降，岩溶空洞体积不断增大，其内部气体压力不断降低从而形成负压。岩溶顶板覆盖层在自身重力及溶洞内真空负压的影响下向下剥落或塌落，在地表形成岩溶塌陷。

五、黄土洞穴塌陷成因机理

黄土洞穴塌陷比较成熟的观点有三种：机械侵蚀说、化学溶蚀说和多因素说[12,15,26]，其中多因素说最为普遍接受。要探究黄土洞穴塌陷形成机理，首先要清楚黄土洞穴成因机制。黄土洞穴的形成，归根结底必须具备三个最根本的条件，即土性条件、水、节理裂隙。其中，土性条件是黄土洞穴形成的物质基础；水是黄土洞穴形成的根本动力，从化学溶蚀、机械潜蚀和冲蚀搬运作用三个方面影响黄土洞穴的形成和发展[26]；各种节理裂隙是黄土洞穴形成过程中物质侵蚀搬运的通道[12]。

降水在地表低洼处聚集，沿节理裂隙下渗，或从动物洞穴贯入，将黄土中的部分可溶盐溶解，破坏黄土颗粒间的连接关系，同时，由于水的楔入作用以及土体遇水后体积胀大的压力，使黄土结构破坏，黄土细颗粒发生运移；随着细颗粒的搬运，黄土孔隙增多增大，渗流水所获得的动能也相应增大，相对较粗的黄土颗粒便会被渗流机械搬运，从而形成水的径流通道，水对径流通道壁进行冲淘、切割、涮窝拉槽、溅蚀等形式的侵蚀后形成黄土洞穴。黄土洞穴形成后，改变了黄土地区原有的水文条件，使原来以地表径流和地下渗流为主的水文系统变为地下径流、地表径流和地下渗流共同存在的复杂的水文系统。当流水潜蚀淘空强渗带的细小物质后，强渗流通道便成为径流搬运通道，径流通道一旦形成，水流流速和流量就会迅速增大，逐渐将黄土洞穴底部淘空而引起侧壁重力塌落，最终形成黄土洞穴塌陷。

油气长输管道管周黄土洞穴塌陷形成可以概括为三个阶段[7,15,26]：

1. 管周黄土洞穴形成阶段

在管道的敷设过程中，大范围的管沟开挖会导致油气长输管道管周微地貌发生改变，雨水易于在此聚集，由于管沟回填土密实度各向异性以及回填土与原状土土性之间存在差异，造成在降雨（特别是暴雨）情况下，管周黄土在水的溶蚀、机械潜蚀和冲蚀搬运作用下形成黄土洞穴，如图 6-22 所示。其又可分为回填土密实和回填土疏松两种情况。

（1）回填土密实情况

在回填土相对较密实的地区，地表水会通过管沟两侧与原状土接触面处进行汇聚，此接触面成为地表水下渗的优势通道，地表水易在此处冲淘、切割、涮窝拉槽、溅蚀，并不断地从管沟两侧向管道方向进行侵蚀搬运，在管道两侧及管道下方形成洞穴，如图 6-23 所示。

（2）回填土疏松情况

在回填土相对疏松的地区，地表水会在管沟上方的回填土处进行聚集，发生化学溶蚀、

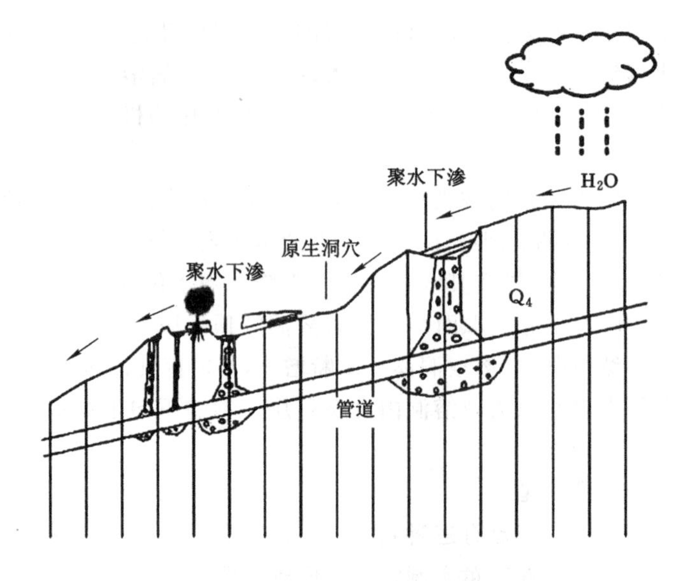

图 6-22　管周黄土洞穴形成示意图

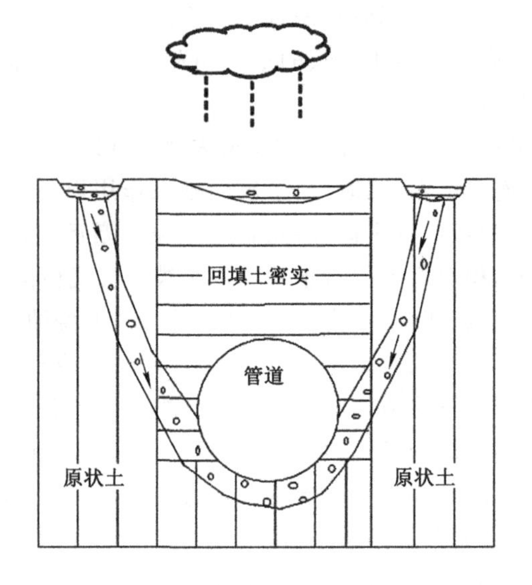

图 6-23　回填土密实情况下管周洞穴形成示意图

机械潜蚀和冲蚀搬运，由于管道的隔水性，水流会在管道周围形成环流，并不断向管道下方及管周两侧侵蚀，最终在管道上部回填土和管道下方均形成洞穴，如图 6-24 所示，其中在管道上方形成的多为开口洞穴（陷穴）。

2. 管周黄土洞穴发展扩大阶段

管周和管道上方洞穴形成后，改变了油气长输管道管周原有的降水入渗条件，使原来以地表径流和地下渗流为主的水文系统变为地下径流、地表径流和地下渗流共同存在的复杂的水文系统。由于水对洞穴壁的化学溶蚀、机械潜蚀，尤其是冲蚀搬运，洞穴逐渐发展扩大，而管道上方的开口洞穴（陷穴）也逐渐变深，从而使地表水进一步地汇聚，管周洞穴进一步地加速发展扩大。

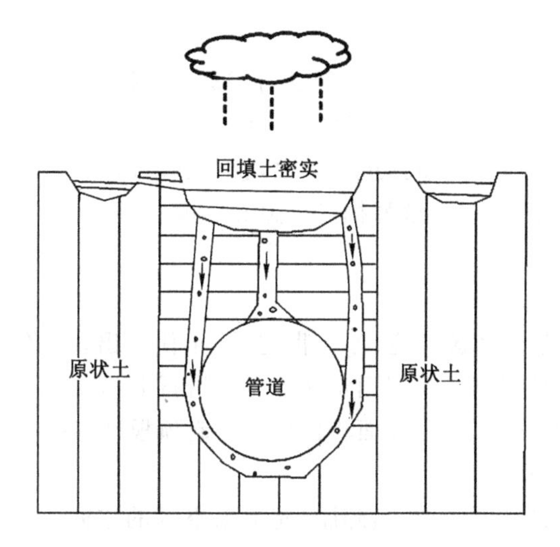

图 6-24　回填土疏松情况下管周洞穴的形成

3. 管周黄土洞穴塌陷形成阶段

当管道下方洞穴发育到一定程度时，在重力、地表水冲蚀作用下，管周原始地形地貌被破坏和重塑，使管道遭受冲击，造成露管等现象，在管沟和周边形成黄土洞穴塌陷，如图 6-25 所示。

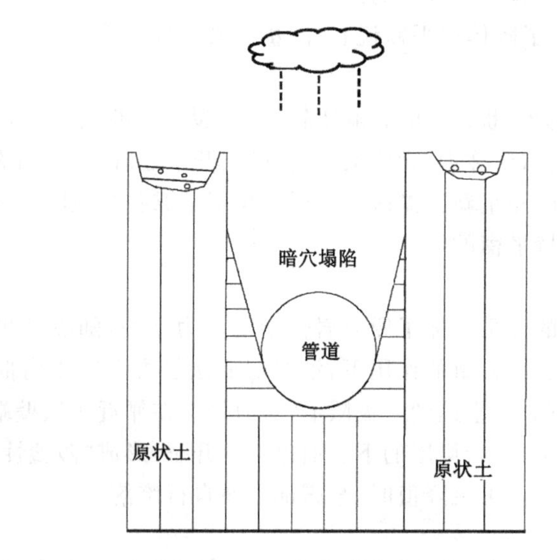

图 6-25　黄土洞穴塌陷形成阶段

六、采空塌陷机理

采空塌陷是由于地下矿产资源开采引起地面移动和变形的一种地表破坏形式，多见于矿山特别是煤矿开采区域。

对于采空区塌陷的成因机制，国外的学者提出了拱形垮落理论和压力拱假说、悬臂梁板垮落理论、垮落岩块碎胀充填理论、垮落岩块铰接理论[3,22]。

1. 拱形垮落理论和压力拱假说

该理论由苏联的M. M. 普罗托吉亚科夫于1907年提出，并经德国的哈吉列策尔于1928年补充形成，该假说认为在采掘时覆岩垮落会形成一个近似拱形的顶，在顶板和底板所形成的压力拱会随着工作面不断推进而扩大，直到拱顶达到地表为止，其基本符合坚硬且结构简单的覆岩地层特征，适用于解释掘进坑道和跨度较小的采空区塌陷，但很难解释大面积回采的覆岩破坏和垮落。

2. 悬臂梁板垮落理论

该理论由德国的舒尔茨和施托克于20世纪20年代提出，其将工作面和采空区上方的顶板看成是梁或板，初次垮落后，一端固定在前方的岩石上，只发生弯曲而不折断，悬伸很大时，便发生周期性折断及冒压，符合大面积回采所引起顶板垮落的情况。

3. 垮落岩块碎胀充填理论

该理论认为，垮落的岩块可以自然碎胀，充填采空区的空间，因而限制了顶板垮落的发展，使顶板趋向于稳定状况。

4. 垮落岩块铰接理论

该理论由苏联的库兹涅佐夫在20世纪50年代初提出，其认为在工作面上发生覆岩层塌落时，处于上部规则移动带的岩石块互相保持一定的联系，铰合成多环节的铰链，在采空区上方规则地下沉。上覆岩层下部的不规则垮落带，可以进一步分成底部杂乱无章的部分，以及其上的垮落较为规则并保持原方向的部分。

对此，我国学者则提出了砌体梁平衡说和“假塑性梁”理论[3,22]。

1. 砌体梁平衡说

该理论认为：在工作面区，断裂带的影响比较大，断裂带破断之后的岩石形状如同砖石结构的砌体，所形成的平衡结构称为“砌体梁”。在矿层开采之后，上覆断裂带的岩层分为三个区，即矿壁支撑区、离层区和重新支撑区。每层结构都是靠各个破断岩块之间的由水平挤压力所引起的摩擦力来保持平衡的。

2. “假塑性梁”理论

该理论认为地下矿层的开采破坏了原有岩体中的应力平衡，随着开采工作面的不断推进，采空区的面积增加，覆岩在自重的作用下，沿岩层面法线方向产生弯曲。当弯曲岩层的底部悬露到一定跨度时，弯曲的量达到一极限值，这时便会在靠近矿层壁端岩层的上表面首先产生开裂，继之，在跨度中央、岩梁层的下表面也发生开裂，形成“假塑性梁”。当梁的最大下沉值超过了“假塑性梁”的许可沉降值时，悬露部分便自行垮落。

第四节　塌陷灾害作用下油气长输管道力学行为

一、岩溶塌陷下油气长输管道力学行为分析

岩溶塌陷是油气长输管道地质破坏形式之一，对油气长输管道的施工和安全运营构成严重威胁[27]，研究岩溶塌陷下油气长输管道力学行为对保障油气长输管道安全具有重要的实践指导意义。

1. 油气长输管道力学模型与变形分析

埋地油气长输管道在遭到岩溶塌陷后，将会使局部油气长输管道脱离地层支撑而悬空，

悬空油气长输管道在两端受到未塌陷地基土支撑，仍埋入地层的油气长输管道受到地层反弹支承引起的附加支反力作用。为简化计算，把地层的反弹支承作用简化为土弹簧，刚度系数为 K，由于悬空段油气长输管道以中点 A 对称，故取其 1/2 结构（悬空段油气长输管道中点 A 的右半部分油气长输管道）进行分析[28]。目前，应用较多的分析计算模型是 Winkle 地基梁模型和理想弹塑性地基梁模型。

Winkle 地基梁模型如图 6-26 所示，其中塌陷区沿油气长输管道方向长度为 $2l_1$，附近受影响的油气长输管道长度为 l_2，将位于塌陷区段的油气长输管道简化为弹性基础上的连续梁[28-29]。理想弹塑性地基梁模型如图 6-27 所示，塌陷区沿油气长输管道方向长度为 $2l_1$，附近受影响的油气长输管道长度为 l_2+l_3。l_2 为地基土塑性变形区段的长度，l_3 为地基土弹性变形区段的长度，将位于塌陷区段的油气长输管道简化为理想弹塑性基础上的连续梁[28-29]。

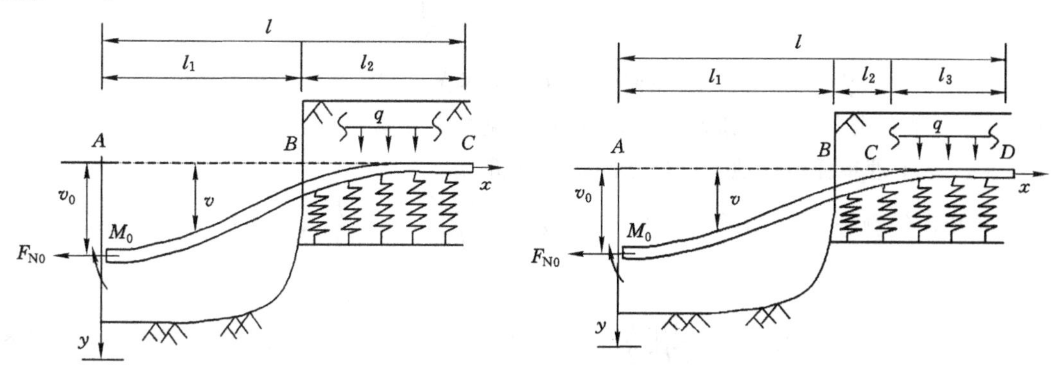

图 6-26　Winkle 地基梁模型　　　图 6-27　理想弹塑性地基梁模型

无论采用何种计算模型，可设对称截面 A 的弯矩为 M_0；轴力为 F_N；弹性模量为 E；管道的截面惯性矩为 I；截面 A、B、C 处挠度分别为 v_0、v_1、v_2；油气长输管道等截面且横截面面积为 S；油气长输管道重量为 q（包括油气长输管道自身的重量、油气长输管道内气体的重量以及油气长输管道上方土体的重量）；管土摩擦系数为 f；单位长度油气长输管道上方土载荷重量为 q_s。

(1) 基于 Winkler 地基梁模型的油气长输管道变形分析

考虑轴力影响时，油气长输管道任一截面的弯矩为：

AB 段：

$$M_1(x) = M_0 + F_{N0}(v_0 - v_1) - \frac{1}{2}qx^2 \tag{6-1}$$

BC 段：

$$M_2(x) = M_0 + F_{N0}(v_0 - v_2) - \frac{1}{2}qx^2 + \int_{l_1}^{x}(x-\xi)kv(\xi)\mathrm{d}\xi \tag{6-2}$$

由挠曲线微分方程 $EIv'' = -M(x)$，令 $\alpha^2 = \dfrac{F_{N0}}{4EI}$，$\beta^4 = \dfrac{K}{4EI}$，可得：

AB 段：

$$v_1'' - 4\alpha^2 v_1 = \frac{1}{EI}\left[-M_0 - F_{N0}v_0 + \frac{1}{2}qx^2\right] \tag{6-3}$$

BC 段：

$$v_2^{(4)} - 4\alpha^2 v_2'' + 4\beta^4 v_2 = \frac{q}{EI} \tag{6-4}$$

AB 段微分方程的通解为：

$$v_1 = \frac{1}{EI}[c_{11}\cosh(2\alpha x) + c_{12}\sinh(2\alpha x)] + \frac{1}{4EI\alpha^2}\left[-\frac{1}{2}qx^2 + M_0 - \frac{q}{4\alpha^2}\right] + v_0 \tag{6-5}$$

其中，$c_{11} = \frac{q}{16\alpha^4} - \frac{1}{4\alpha^2}M_0, c_{12} = 0$。

BC 段齐次方程的特征方程为：

$$\lambda^4 - 4\alpha^2\lambda^2 + 4\beta^4 = 0 \tag{6-6}$$

令 $\xi = (\beta/\alpha) > 0$，则：

$$(\lambda^2)_{1,2} = (2\alpha)^2 \frac{1 \pm \sqrt{1-\xi^4}}{2} \tag{6-7}$$

须分 $\xi^4 < 1, \xi^4 = 1$ 和 $\xi^4 > 1$ 三种情况，联立边界条件、连续光滑条件进行迭代求解，过程较复杂，一般需要使用数值求解方法，具体可参见参考文献[15,24,28]。

(2) 基于理想弹塑性地基梁模型的变形分析

由挠曲线微分方程 $EIv'' = -M(x)$，令 $\alpha^2 = \frac{F_{N0}}{4EI}, \beta^4 = \frac{K}{4EI}$，可得：

BC 段：

$$v_3'' - 4\alpha^2 v_3 = \frac{1}{EI}\left[\frac{1}{2}qx^2 - \frac{1}{2}kv_c(x-l_1)^2 - F_{N0}v_0 - M_0\right] \tag{6-8}$$

AB、CD 段的微分方程分别与式(6-3)和式(6-4)相同，因此通解也相同。

当 $\xi^4 > 1$ 时，即 $F_{N0}^2 < 4EIK$：根据油气长输管道 B 截面和 C 截面的连续光滑条件可构成求解 c_{11}、c_{15}、c_{16}、c_{17}、c_{18}、M_0、F_{N0} 和 v_0 联立非线性方程组，可采用迭代法和步长搜索法求解(对 x_c 进行搜索)。

当 $\xi^4 \leq 1$ 时，即 $F_{N0}^2 \geq 4EIK$，迭代不收敛，即 $\xi^4 \leq 1$ 所对应的非线性方程组无解。

2. 应力分析

(1) 参数的选取

为示例如何选择参数，将参考文献中所述川气东送管道有关参数呈列如下[28-29]：

① 管道材料参数：X70 钢，$E = 210$ GPa，泊松比 $\nu = 0.3$，$\rho = 7\ 850$ kg/m^3，屈服强度 $\sigma_s = 485$ MPa；

② 管道尺寸参数：管道外径 $D = 1.016$ m，壁厚 $t = 17.5$ mm，管道压力 $p = 10$ MPa；

③ 管周土相关参数：砂类土密度 $\rho_s = 20\ 000$ N/m^3，管土摩擦系数 $f = 0.5$，管道埋深 $H = 1.5$ m，土内摩擦角 φ 取 30°。单位长度管道上方土的重力 $q_s = 30\ 480$ N/m，q = 管道重力 + 气体重力 + 管道上方土的重力 = 35 300 N/m，土弹簧刚度 $k = 5.032 \times 10^6$ N/m^2。地基土刚度的取值范围在 $10^6 \sim 10^9$ N/m^2 之间；地基土处于理想弹性变形阶段，管道的最大支承反力：$U = 0.5\rho_s(H+D)^2\tan^2(45° + \varphi/2) \approx 190\ 000$ N/m。为分析土弹簧刚度参数对两种模型管道的影响，土弹簧刚度分别取 5.032×10^6 N/m^2、5.032×10^7 N/m^2 和 5.032×10^8 N/m^2。

(2) 应力分析

局部悬空的埋地弯曲油气长输管道在内压 p 作用下产生的轴向应力[29-30]：

$$\sigma_{a3} = \nu \frac{pD}{2t} + \beta \frac{pD}{4t}(1-2\nu) \tag{6-9}$$

式中：$\beta=\dfrac{1+5m^2}{1+15m^2/16\eta^2}$，$m=\dfrac{D}{4l_1}$，$\eta=\dfrac{v_0}{2l_1}$

油气长输管道处于弯曲状态时，其横截面上任一点的正应力即弯曲应力σ_{a1}[30]：

$$\sigma_{a1} = \frac{M(x)}{2I} \tag{6-10}$$

轴力 F_{N0}产生的轴向应力σ_{a2}：

$$\sigma_{a2} = \frac{F_{N0}}{A} \tag{6-11}$$

则油气长输管道总的轴向应力 σ_a：

$$\sigma_a = \sigma_{a1} + \sigma_{a2} + \sigma_{a3} \tag{6-12}$$

环向应力：

$$\sigma_c = \frac{p(D-2t)}{2t} \tag{6-13}$$

径向应力：

$$\sigma_r = -p \tag{6-14}$$

油气长输管道的范·米塞斯应力[30]：

$$\sigma = \sqrt{\frac{1}{2}[(\sigma_a-\sigma_c)^2+(\sigma_a-\sigma_r)^2+(\sigma_c-\sigma_r)^2]} \tag{6-15}$$

根据范·米塞斯屈服准则，为保证油气长输管道安全运行，则需：

$$\sigma \leqslant \sigma_s \tag{6-16}$$

式(6-10)～式(6-16)中符号意义如本小节(油气长输管道力学模型与变形分析)中所述。

一般来说，理想弹塑性地基梁模型较 Winkler 地基梁模型更符合管周土体变形的实际情况，更为真实地模拟了油气长输管道的受力状况和变形，土弹簧刚度对理想弹塑性地基梁模型的油气长输管道分析结果影响也很小，而对 Winkler 地基梁模型的油气长输管道分析结果影响很大；不过，Winkler 地基梁模型具有结构简单、便于工程应用的特点[13,19,24,28-30]。

二、黄土洞穴塌陷情况下油气长输管道力学分析

1. 黄土洞穴塌陷情况下油气长输管道力学行为分析

当埋设油气长输管道的黄土地层发生洞穴塌陷时，油气长输管道因下方的黄土坍塌仅在两端受到未塌陷土体支撑，因此可以将油气长输管道看作两端受弹性支撑的梁结构，即可以简化为变形梁模型[15,24,30]，如图 6-28 所示。

将跨越长度为 L 的悬空管段看作受力作用的大挠度梁，将毗邻的埋地油气长输管道看作半无限长小变形杆或弹性地基梁，不考虑弯曲、拉伸变形的相互作用，认为油气长输管道横向土体抗力符合 Winkler 假定，纵向抗力符合双线性假设，即纵向抗力(摩擦力)与油气长输管道纵向位移的关系用弹性工作段和塑性工作段(极限平衡段)来描述，近似认为土体物性、油气长输管道的受力和变形与 c—c 轴对称[30]。

图中 xOy 平面为油气长输管道受力和发生位移的平面，x 轴是假定悬空段与埋地段具有相同埋设条件时，整个油气长输管道发生均匀横向位移后油气长输管道的轴线位置；y 轴

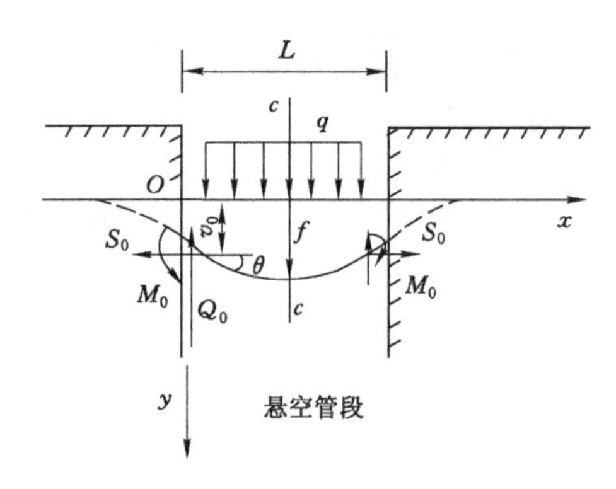

图 6-28 黄土洞穴塌陷下管道受力示意图

为埋地段与悬空段的分界线。因 $x=0$ 处在油气长输管道截面的转角一般不大，认为该截面的当量轴力 S_0（轴力 N_0）、剪力 Q_0 分别平行于 x、y 轴。悬空段油气长输管道的变形（挠度）曲线微分方程为[30]：

$$EI\frac{\mathrm{d}^2y}{\mathrm{d}x^2}=M_0+S_0(y-v_0)+\frac{1}{2}qx^2-\frac{1}{2}qLx \tag{6-17}$$

$$S_0=N_0-N_\mathrm{p} \tag{6-18}$$

$$N_\mathrm{p}=p\frac{\pi}{4}d^2 \tag{6-19}$$

式中 E——油气长输管道管材的弹性模量，GPa；

I——油气长输管道的截面惯性矩，m^4；

y——油气长输管道的挠度，即在横向荷载 q、温差 ΔT、内压 p 作用下悬空管道（L 段）的挠度，m；

M_0——油气长输管道 $x=0$ 处截面的弯矩，N·m；

v_0——油气长输管道在 $x=0$ 处截面的挠度，m；

L——跨越长度（或称悬空长度），m；

S_0——悬空油气长输管道的当量轴向力，N；

N_0——悬空油气长输管道的轴力，N；

N_p——油气长输管道承受的内压力，N；

d——油气长输管道的内径，m。

2. 有限元模拟计算

(1) 有限元计算模型

油气长输管道应力分布细节用弹性力学解很难给出，而有限元分析方法可以对油气长输管道应力场进行详细的求解。按对称条件对油气长输管道在黄土洞穴塌陷环境下的受力进行分析，计算中不考虑风载、外界震动、温度、初始装配应力等其他因素的影响。采用的模型如图 6-29 所示[24,30]。

在对称面按对称条件加边界条件，即把其中向下方向的自由度放开，其余的 5 个自由度固定，在油气长输管道埋入土体 $L/5$ 处按固定端加边界条件。在油气长输管道的埋入端到固定端，油气长输管道向下的位移近似按线性计算，相应地，土对油气长输管道的支撑力和

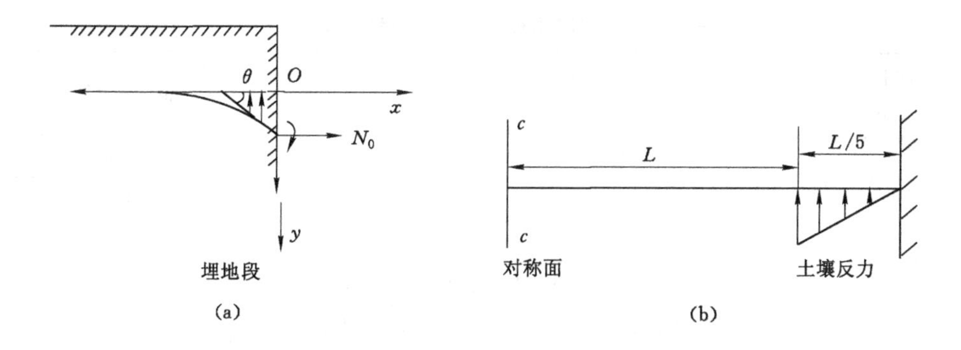

图 6-29　黄土洞穴塌陷管道受力计算模型简图

位移成正比，同时油气长输管道还要承受本身重量、油气长输管道内压、气体重力和油气长输管道上方土的作用。

（2）计算参数

油气长输管道材料和尺寸参数与岩溶塌陷分析中的参数一样，其余参数为：覆盖在油气长输管道上方的黄土重力为 f_1，h 为油气长输管道埋深，油气长输管道埋深的高度与油气长输管道直径之比不大于 5，如图 6-30 所示。黄土的密度 ρ 为 $1.60\times10^3\sim1.80\times10^3$ kg/m^3，取其平均值 1.70×10^3 kg/m^3。作用在油气长输管道上单位长度上覆黄土自重作用力计算方法为[30]：

$$f_1 = h\times D\times L\times\rho\times g \tag{6-20}$$

油气长输管道两侧黄土剥落时上方的黄土对管道施加剪力 τ。假设油气长输管道两侧的黄土按图 6-31 进行简化，土与土之间的剪力 $\tau=2.4\times10^4$ N/m^2；油气长输管道的自重 $N=S_{\text{cross section}}\times\rho\times g\times L$，单位长度重量 $N=4.282\times10^3$ N/m。

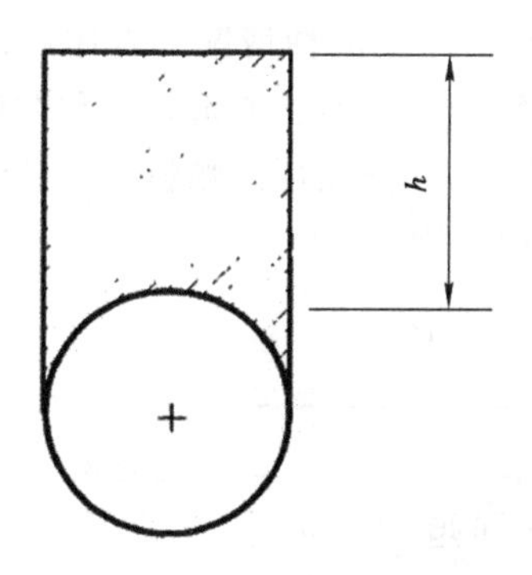

图 6-30　管顶的黄土埋深

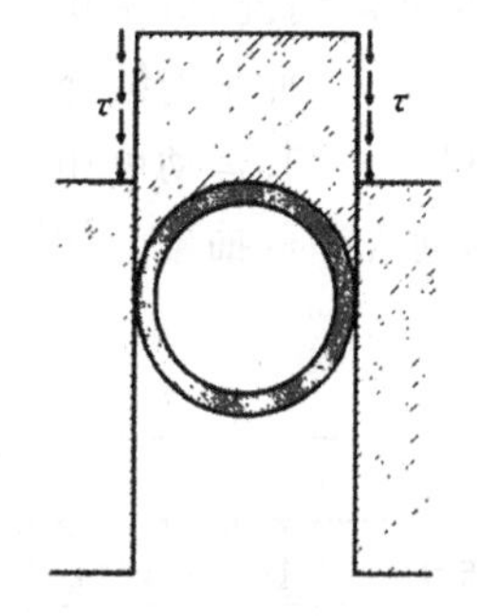

图 6-31　管周土体内聚力作用示意图

（3）计算结果

采用 ABAQUS 有限元工程软件进行有限元计算，计算出不同坍塌长度下油气长输管道的最大范·米塞斯应力、油气长输管道位移、沿油气长输管道轴线方向固定面和对称面上下端的范·米塞斯应力。根据表 6-4 计算结果可知，油气长输管道在坍塌长度 $L=30$ m 时，其材料就非常接近于屈服阶段[29-30]。

表 6-4　不同坍塌长度下的应力和最大位移

坍塌长度 L/m	管道不同位置的范·米塞斯应力/MPa		最大范·米塞斯应力/MPa
	对称面上端	对称面下端	
20	221.296	216.186	346.420
25	246.894	239.849	401.070
30	286.980	278.397	473.470
坍塌长度 L/m	管道不同位置的范·米塞斯应力/MPa		最大位移 U_{max} /mm
	固定端上端	固定端下端	
20	226.515	222.727	35.505
25	270.085	264.320	83.376
30	342.309	338.419	170.800

三、采空塌陷下管道力学行为分析

油气长输管道经过采空区上方，采空塌陷会对油气长输管道的安全构成较大的威胁，管道因承受土体变形和运动而产生轴向变形和弯曲，严重变形还可导致管道发生屈曲或断裂。

1. 采空塌陷预测

采空塌陷预测是指在开采前根据地质、采矿条件和选用的预测函数、参数，预先计算出开采可能会引起的岩层、地表的移动和变形值。对于采空塌陷区油气长输管道工程来说，预测结果可对评判管道受采空塌陷威胁程度起到积极作用。采空塌陷预测应用最广泛的是概率积分法(《建筑物、水体、铁路及主要井巷煤柱留设与压煤开采规范》将其作为最主要的预测方法)[31-33]。

(1) 概率积分法基本原理

根据开采实际情况，概率积分法分半无限开采和有限开采两种情况。岩体可以用两种介质模型来模拟，一种是连续介质模型，另一种是非连续介质模型。如将岩土颗粒体介质看作是一种随机介质，其运动可用颗粒体的随机移动来表征，并把大量的颗粒体的移动看作是随机过程，移动规律可抽象为如图 6-32 所示的理论模型[32-33]。

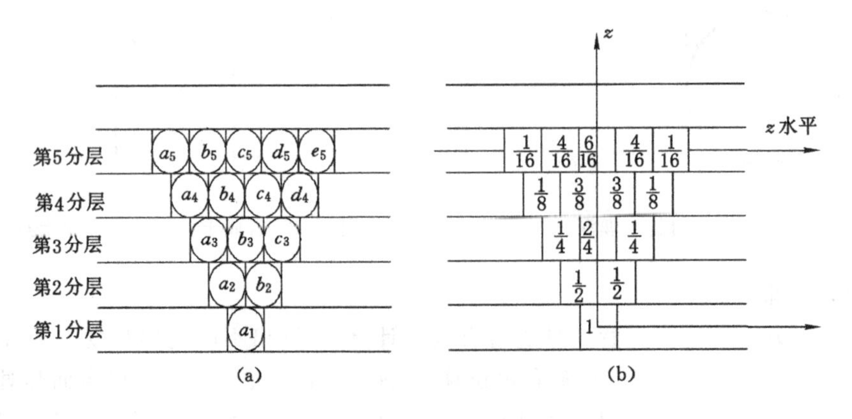

图 6-32　岩土颗粒体介质的理论模型

在图 6-32(a)中，大小相同、质量均一的小球(颗粒介质)装在大小相同均匀排列的方格内，一个方格内的小球被移走时，由于重力作用，上一层两个相邻方格内的小球将有一个落入此方格，两小球具有相同的概率，即 1/2。

若图 6-32(a)中 a_1 格内的小球被移走后，第 2 分层的 a_2 或 b_2 格内的小球落入 a_1 格，则第 3 分层的 a_3 或 b_3 或 c_3 格的小球落入 a_2 格或 b_2 格；根据概率乘法和加法原理，a_1 格小球的放出排空，a_3、b_2、c_3 格这三个事件发生的概率分别为1/4、1/2、1/4；依此类推，由于 a_1 格小球的放出，上分层各个格子排空的概率对应计算就可构成图 6-32(b) 所示的颗粒移动概率分布图。如果在 a_1 格处(中心坐标为 $x=0$) 放出数量相当多的、单位体积的小球，则 z 水平的概率分布曲线 $P(x,z)$ 趋近于一条正态分布概率密度曲线，$X \sim N(0,\frac{1}{\sqrt{2}h})$。即：

$$y=\frac{h}{\sqrt{\pi}}\mathrm{e}^{-h^2x^2} \tag{6-21}$$

当 $x=0$ 时，$y=\frac{h}{\sqrt{\pi}}$，表示概率分布的密度函数，x 为随机变量，h 是决定曲线中间高度的参数，h 值越小，曲线越缓慢，h 值越大，曲线越陡峭。

图 6-33 可用来表示煤矿开采随机概率模型。其中，图 6-33(a)表示 $f(x)$为概率分布密度函数，$f(x)\mathrm{d}x$ 表示阴影小条面积，即随机事件发生在 x 方向的微单元上的概率。图 6-33(b)指体积很小的单位开采，在地下采出一个单元立方体(1×1×1)后，在 z 水平方向形成一个单元面积为 $\mathrm{d}s=\mathrm{d}x\mathrm{d}y$ 的塌陷盆地，这一塌陷事件的发生，实际就是两个随机事件同时发生：x 方向的一小段岩石条 $\mathrm{d}x$ 发生下沉，同时在 y 方向上的一小段岩石条 $\mathrm{d}y$ 内发生下沉。

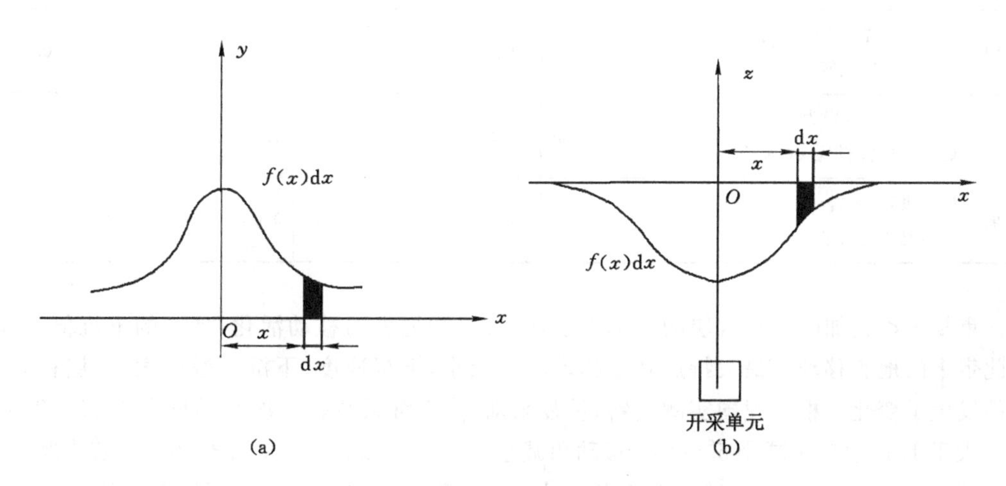

图 6-33　随机事件、下沉事件发生的概率

因此，发生 $\mathrm{d}s$ 下沉的概率 $P(\mathrm{d}s)$为发生这两个事件的概率之积：

$$P(\mathrm{d}s)=f(x^2)\mathrm{d}xf(y^2)\mathrm{d}y=f(x^2)f(y^2)\mathrm{d}s \tag{6-22}$$

令单元下沉量为 W_e，由式(6-21)，则在走向剖面上：

$$W_e=\frac{h}{\sqrt{\pi}}\mathrm{e}^{-h^2x^2} \tag{6-23}$$

在倾向剖面上：

$$W_e = \frac{h}{\sqrt{\pi}} e^{-h^2 y^2} \tag{6-24}$$

在三维空间，开采面积与采高皆为一个微小单位时：

$$W_e = \frac{h}{\sqrt{\pi}} e^{-h^2 (x^2+y^2)} \tag{6-25}$$

那么，塌陷下沉曲线的积分公式为：

$$W(x) = \frac{W_0}{2}\left[\mathrm{erf}\left(\frac{\sqrt{\pi}}{r}x\right)+1\right] \tag{6-26}$$

式中　erf——概率积分函数，$\mathrm{erf}\left(\frac{\sqrt{\pi}}{r}\right) = \frac{2}{\sqrt{\pi}}\int_0^{\frac{\sqrt{\pi}}{r}x} e^{-u^3}\,\mathrm{d}u$；

W_0——最大下沉量，m；

r——主要影响半径，m。

(2) 预测参数

用概率积分法预测地表移动主要用到5个参数：下沉系数 q、主要影响半径 r（或主要影响角正切函数 $\tan\beta$）、水平移动系数 b、影响传播角 θ_0、煤层倾角 φ 和拐点偏距 S_0，这些数据在实际工程中应根据实测资料确定，在缺乏实测资料、进行精度要求不高的预测工作时，可根据矿区特点按表6-5进行经验取值[32-33]。

表6-5　按覆岩性质区分的概率积分法预测参数

岩性	覆盖岩层	q	b	$\tan\beta$	S_0/h	$\theta_0/(°)$
坚硬	以硬石灰岩、硬砂岩为主，其他为页岩、砂岩、辉绿岩	0.40～0.65	0.2～0.3	1.2～1.6	0.15～0.20	$90-(0.7\sim0.8)\varphi$
中硬	以石灰岩、砂岩为主，其他为软砾岩、致密泥灰岩、铁矿石	0.60～0.85	0.2～0.3	1.6～2.2	0.10～0.15	$90-(0.6\sim0.7)\varphi$
软弱	砂质页岩、页岩、泥灰岩及黏土、砂质黏土等松散层	0.85～1.00	0.2～0.3	1.8～2.6	0.05～0.10	$90-(0.5\sim0.6)\varphi$

重复采动会加剧上覆岩层的破坏强度，使岩层和地表的移动活化，地表的下沉值增大。由此带来的地表移动的最大特点就是移动时间减小，下沉速度、下沉系数增大，岩层移动参数都发生了变化。根据我国实测资料，重复采动时，下沉系数较初次采动增大10%～20%，但不大于1.1；边界角减小5°～10°，移动角减小10°～15°；$\tan\beta$ 增大0.3～0.8。若为厚煤层分层开采，则第一次重复采动下沉系数增大20%，第二次重复采动的下沉系数比第一次重复采动再增大10%，往后的重复采动下沉系数不再增大；地表移动和变形可采用叠加方法进行预测，分别预测各煤层开采时的地表移动和变形值，将各次开采引起的地表相同点、相同方向的变形结果进行叠加，从而得到重复采动时地表的变形情况[33]。

(3) 半无限开采移动变形和计算

半无限开采移动变形如图6-34所示，O_1 点右侧的煤层已全部被采空，而 O_1 点左侧的煤层全部没有开采。

当走向为半无限开采时，假设此时工作面沿倾斜方向达到充分采动且煤层开采深度为

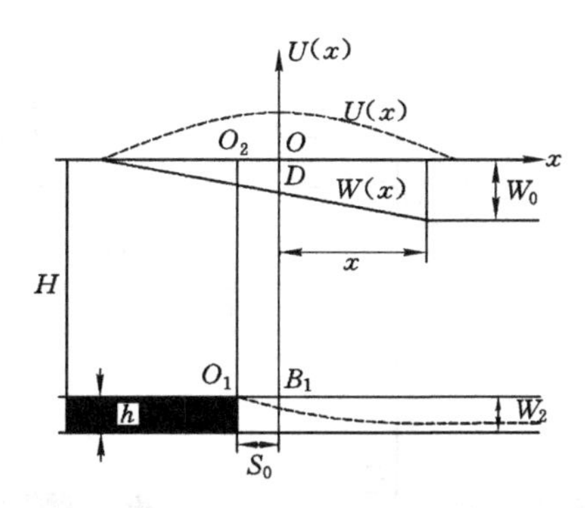

图 6-34　半无限开采示意图

H,开采厚度为 h。考虑拐点偏距 S_0 的情况下,原点在计算边界正上方的地表点 O,x 轴沿地表指向采空区,纵坐标 $W_{(x)}$ 垂直向下,表示地表点的下沉值,$U_{(x)}$ 垂直向上,表示水平移动值。

预测主要影响半径为:

$$r = \frac{H}{\tan \beta} \tag{6-27}$$

地表最大下沉值为:

$$W_0 = hq\cos \varphi \tag{6-28}$$

则概率积分法给出的走向主断面的地表下沉量为:

$$W_{(x)} = \frac{W_0}{2}\left[\operatorname{erf}\left(\frac{\sqrt{\pi}}{r}x\right)+1\right] \tag{6-29}$$

水平移动量为:

$$U_{(x)} = bW_0 \mathrm{e}^{-x\frac{x^2}{r^2}} \tag{6-30}$$

(4) 有限开采移动变形和计算

有限开采是指开采工作面为有限长尺寸的情况,将有限开采中下沉值和水平位移值定为 $W^0_{(x)}$ 和 $U^0_{(x)}$。若工作面沿倾向方向已充分采动,走向方向为有限开采,如图 6-35 所示,设 l 为走向工作面计算长度,可用叠加原理算出地表移动:

$$\begin{aligned} W^0_{(x)} &= W(x) - W(x-l) \\ U^0_{(x)} &= U(x) - U(x-l) \end{aligned} \tag{6-31}$$

2. 管道穿越采空塌陷区力学行为分析

(1) 穿越采空区管道位移

当管道以某一角度穿越采空沉陷区时,采用概率积分法预测地表沉陷盆地范围 $a'b'c'd'$,建立坐标系 $O(x,y,z)$。BE 为管道在沉陷区内一段,$B(X,Y)$ 为沉陷盆地内管道起点,管道与开采走向夹角为 ϕ,如图 6-36 所示[34]。

管道上距 B 点为 s 的任一点的坐标为[34]:

$$\begin{aligned} x &= X + s\cos\phi \\ y &= Y + s\sin\phi \end{aligned} \tag{6-32}$$

管道沿线的位移可由以下方程描述:

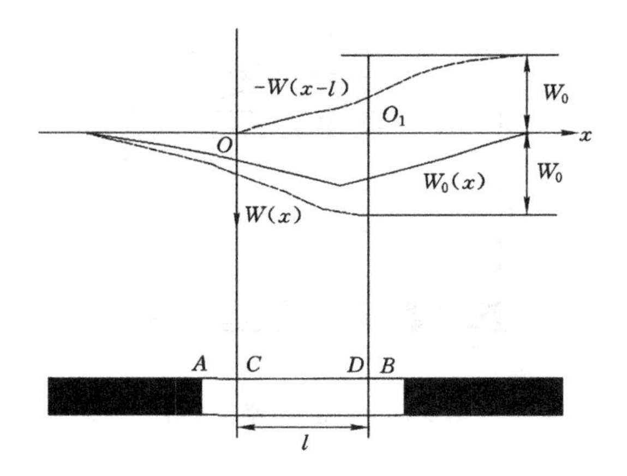

图 6-35　有限开采示意图

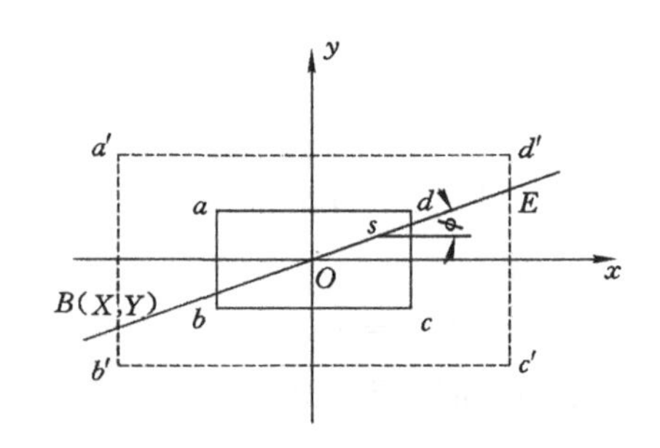

图 6-36　斜穿采空区管道

$$u = [-U_{(x)}^{0} W_{(y)}^{0} \sin \phi + U_{(y)}^{0} W_{(x)}^{0} \cos \phi]/W_{0} \tag{6-33}$$

$$v = [-U_{(x)}^{0} W_{(y)}^{0} \cos \phi + U_{(y)}^{0} W_{(x)}^{0} \sin \phi]/W_{0} \tag{6-34}$$

$$w = W_{(x)}^{0} W_{(y)}^{0} /W_{0} \tag{6-35}$$

式中　u——管道轴向位移，m；

v——管道水平位移，m；

w——管道竖向(下沉)位移，m；

ϕ——埋地管道与开采走向夹角，(°)；

U^{0}——轴向变形的概率积分方程；

W^{0}——竖向(下沉)变形的概率积分方程。

(2) 采空塌陷区管道力学模型

管道穿越采空塌陷区力学模型可用图 6-37 来表示[34]。要建立力学模型，关键是要分析清楚管道所受荷载，具体分析方法参见文献[24,35-37]，本书不再赘述，仅列出荷载计算中摩擦力 f 的计算方法。

根据地表塌陷变形对管道影响的情况，管道受到的主要荷载有：地表覆土重力、管道自身重力及地基支撑反力的合力q_{w}；地表相对管道横移而产生的作用力q_{v}；地表沿管道轴向方向的摩擦力 f。荷载中难以确定和计算的是摩擦力 f，现简述如下：

根据 ASCE(美国土木工程师协会)《埋地钢质管道设计指南》，单位长度管道在轴向受

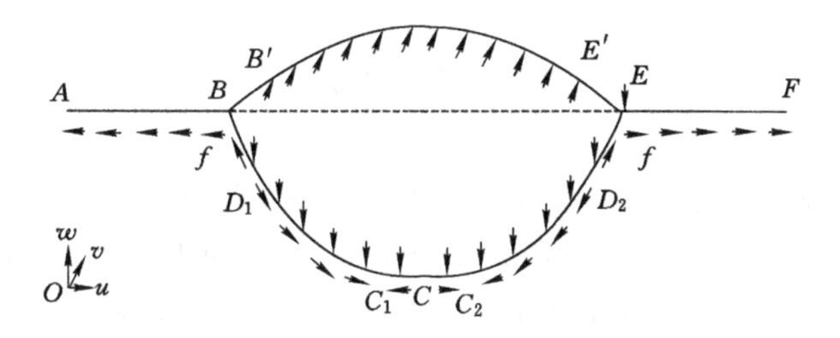

图 6-37　采空塌陷区管道力学分析模型

到的回填土极限作用力为[36-37]：

$$f_u = \pi D k_n c_s + 0.5\pi D H \rho_s (1 + K_0) \tan \delta \tag{6-36}$$

式中　D——管道外径，m；

c_s——管周土体的内聚系数，无量纲；

H——地面至管轴的距离，m；

ρ_s——管周土体密度，kg/m^3；

K_0——静土压系数，取 0.5，无量纲；

k_f——防腐相关系数，与土的内摩擦角和管土界面摩擦角有关；

δ——管土界面摩擦角，$\delta = k_f \varphi$，φ 为土内摩擦角，(°)；

k_n——聚合系数，其计算方法为：

$$k_n = 0.608 - 0.123 c_s - \frac{0.274}{c_s^2 + 1} + \frac{0.695}{c_s^3 + 1} \tag{6-37}$$

轴向屈服位移 x_u 取值如表 6-6 所列。

表 6-6　轴向屈服位移取值

土的类型	密实砂土	松散砂土	硬质黏土	软质黏土
轴向屈服位移/mm	3	5	8	10

单位长度管土间的横向极限作用力[36]：

$$P_u = N_{ch} c_s D + N_{qh} D H \rho_s g \tag{6-38}$$

式中　N_{ch}——黏土水平抗压能力因子，其计算方法为[36-37]：

$$N_{ch} = a + bx + \frac{c}{(x+1)^2} + \frac{d}{(x+1)^3} \leqslant 9 \tag{6-39}$$

N_{qh}为砂土水平抗压能力因子，其计算方法为[38]：

$$N_{qh} = a + bx + cx^2 + dx^3 + ex^4 \tag{6-40}$$

其中 a,b,c,d,e 可通过查询相关文献获得[36-38]。

单位长度管土间垂直向上的极限作用力为：

$$q_u = N_{cv} c_s D + N_{qv} \rho_s g H D \tag{6-41}$$

式中　N_{cv}——黏土竖向升举因子，$N_{cv} = \dfrac{2H}{D} \leqslant 10$；

N_{qv}——砂土竖向升举因子，$N_{qv} = \dfrac{\varphi H}{44D} \leqslant N_q$。

参考文献

[1] 叶海燕. 浅谈地质灾害对管道的影响及防范[J]. 华东科技(学术版),2012(9):400-401.

[2] HE K Q,DU R L,JIANG W F. Contrastive analysis of Karst collapses and the distribution rules in Northern and Southern China[J]. Environmental earth sciences,2009,59(6):1309-1318.

[3] 煤炭科学研究总院北京开采研究所. 煤矿地表移动与覆岩破坏规律及其应用[M]. 北京:煤炭工业出版社,1981.

[4] 冯伟,么惠全. 采空塌陷区管道成灾机理分析及工程防治措施[J]. 水文地质工程地质,2010,37(3):112-115.

[5] 尚尔京. 川气东送工程中地层塌陷及土壤液化区段管道安全评估[D]. 青岛:中国石油大学(华东),2009.

[6] 张昆锋,张兴昌,高照良,等. 西气东输管道沿线环境及地质灾害分布特征研究[J]. 产业与科技论坛,2009,8(4):117-128.

[7] 彭建兵,李庆春,陈志新,等. 黄土洞穴灾害[M]. 北京:科学出版社,2008.

[8] 徐永生. 华中区域成品油管道地质灾害评估及监测技术体系构建探索[J]. 石油规划设计,2017,28(6):18-21,51.

[9] 刘云彪,徐绍宇,宁国民,等. 川气管道工程湖北段地质灾害与防治研究[J]. 中国地质灾害与防治学报,2007,18(2):42-49.

[10] 祁小博. 大连 LNG 工程大连—营口段地质灾害危险性综合评估研究[D]. 北京:中国地质大学(北京),2006.

[11] 王东源,李朝,何树生,等. 地质雷达在岩溶塌陷区油气管道选线中的应用[J]. 油气储运,2018,37(3):348-351.

[12] 方浩. 川气东送管道工程沿线地质灾害及防治对策分析[J]. 中国地质灾害与防治学报,2012,23(3):46-50.

[13] 帅健,王晓霖,左尚志. 地质灾害作用下管道的破坏行为与防护对策[J]. 焊管,2008,31(5):9-15,93.

[14] 苏培东,罗倩,姚安林,等. 西气东输管道沿线地质灾害特征研究[J]. 地质灾害与环境保护,2009,20(2):25-28.

[15] 高长红. 长输管道黄土暗穴影响分析[D]. 西安:西安科技大学,2017.

[16] 周欣海. 油气管道黄土湿陷性危害模糊综合评价[D]. 兰州:兰州理工大学,2016.

[17] 赵忠刚,姚安林,赵学芬,等. 长输管道地质灾害的类型、防控措施和预测方法[J]. 石油工程建设,2006,32(1):7-12,17.

[18] 孙翔,薛世峰,朱秀星. 西气东输管道沿线地质灾害浅议[J]. 低温建筑技术,2014,36(9):132-134.

[19] 李林强. 贵州滴水岩矿区采空地面塌陷预测与油气管道安全评价[D]. 北京:中国地质大学(北京),2013.

[20] 雷明堂,李瑜,蒋小珍,等. 岩溶塌陷灾害监测预报技术与方法初步研究:以桂林市柘木

村岩溶塌陷监测为例[J]. 中国地质灾害与防治学报,2004,15(增刊):142-146.
[21] 贺可强,王滨,杜汝霖. 中国北方岩溶塌陷[M]. 北京:地质出版社,2005.
[22] 张长敏. 煤矿采空塌陷特征与危险性预测研究:以北京西山地区为例[J]. 国际地震动态,2010(3):44-45.
[23] 吴张中,郝建斌,谭东杰,等. 采空塌陷区管土相互作用特征分析[J]. 中国地质灾害与防治学报,2010,21(3):77-81.
[24] 梁政,张杰,韩传军. 地质灾害下油气管道力学[M]. 北京:科学出版社,2016.
[25] 苏昌,彭正华,张勤丽. 湖北省松宜矿区地面塌陷成因类型及形成条件分析[J]. 中国地质灾害与防治学报,2011,22(1):69-74.
[26] 李昌贤. 黄土洞穴成因机制研究[D]. 西安:长安大学,2004.
[27] 牟春梅. 长距离管道工程的主要岩溶工程地质问题[J]. 桂林工学院学报,2001,21(3):230-233.
[28] 尚尔京,于永南. 地层塌陷区段埋地管道变形与应力分析[J]. 西安石油大学学报(自然科学版),2009,24(4):46-49,57,110-111.
[29] 许利惟,刘旭,陈福全. 塌陷作用下埋地悬空管道的力学响应分析[J]. 工程力学,2018,35(12):212-219,228.
[30] 王峰会,赵新伟,王沪毅. 高压管道黄土塌陷情况下的力学分析与计算[J]. 油气储运,2004,23(4):6-8,60-61.
[31] 国家安全生产监督管理总局,国家煤矿安全监察局,国家能源局,等. 建筑物、水体、铁路及主要井巷煤柱留设与压煤开采规范[S]. 北京:煤炭工业出版社,2017.
[32] 杨梅忠,任秀芳,于远祥. 概率积分法在煤矿采空区地表变形动态评价中的应用[J]. 西安科技大学学报, 2007,27(1):39-42.
[33] 张先尘,钱鸣高,徐永圻,等. 中国采煤学[M]. 北京:煤炭工业出版社,2003.
[34] 王晓霖,帅健,张建强. 开采沉陷区埋地管道力学反应分析[J]. 岩土力学,2011,32(11):3373-3378,3386.
[35] 张杰. 典型地质灾害下油气管道力学行为研究[D]. 成都:西南石油大学,2016.
[36] American Lifelines Alliance-ASCE. Guidelines for the design of buried dteel pipe[S]. New York:American Lifelines Alliance-ASCE,2005.
[37] 帅健. 管线力学[M]. 北京:科学出版社,2010.
[38] 赵敏. 土体沉陷时埋地管线力学性状的有限元分析[D]. 北京:中国石油大学(北京),2016.

第七章　油气长输管道塌陷灾害防治

油气长输管道塌陷灾害会导致油气长输管道裸露或悬空，极其严重时还会导致油气长输管道断裂破坏，应根据各类洞穴稳定性和管道危险性分析结果，实施必要的工程措施进行治理，特别注意需要"治早治小"。

第一节　油气长输管道塌陷灾害监测与危险性评价

一、塌陷灾害监测技术

1. 岩溶塌陷监测技术

根据岩溶塌陷的形成条件、特征及分布规律，岩溶塌陷的监测内容主要包括三个方面：① 空间条件监测，主要监测溶洞、土洞、溶蚀裂隙、溶沟、溶槽等的发育、分布情况。② 物质条件监测，主要监测覆盖层结构，岩土体性状、厚度等。③ 致塌作用力监测，主要监测地下水、地表水和大气降水，地下水监测主要包括监测地下水水位，水汽压力，地下水水质，地下水流速、流向等；地表水监测主要监测水位和水质；大气降水监测主要是针对降水时长、降水强度进行监测[1]。

对岩溶塌陷空间条件的监测，目前主要使用地质雷达监测技术、光纤技术、时域反射技术(TDR)、物探方法等。对岩溶地区形成塌陷物质条件的监测技术方法，目前主要有钻探(取岩芯样品等)、综合物探方法、光纤技术、时域反射法、地面沉降及房屋开裂监测、土压力监测等。地下水位人工监测主要使用测钟和地下水位计进行监测；自动监测主要是通过压力传感器监测，采用的监测仪器主要有荷兰 DIVER、瑞士 KELLER、加拿大 LEVEL、北京中科光大自动化技术有限公司生产的压力传感器。地下水气压力主要采用压力传感器进行监测，如振弦渗压计。对于地下水流速和流向可以通过地下水流速仪来监测。自动水质测试仪器可进行现场水质监测，也可通过建立水质监测站(点)来监测。大气降水的监测则主要是通过建立气象站(点)来进行[1]。

2. 黄土洞穴塌陷监测技术

黄土洞穴塌陷监测技术，目前还很不成熟，主要采用物探方法进行监测，如瞬变电磁法(TEM)探测、地质雷达监测技术、弹性波法(浅层高分辨率地震、多道瞬态瑞雷面波、工程 VSP 法)。西安科技大学和西气东输分公司甘陕管理处在 2014 年合作使用直流电法结合瞬变电磁法来探测陕西潼关、甘肃泾川的黄土洞穴发育情况，尽管能探测出黄土洞穴位置，但对黄土洞穴的地下延伸状况和剖面特征无法给出准确揭示，如图 7-1 所示。

3. 采空塌陷监测技术

对采空塌陷区地表及深部位移进行实时监测的方法主要有：高空间分辨率遥感监测、InSAR 监测、GPS 监测、三维激光扫描、光纤光栅位移计监测、拉杆(绳)位移计及物探深部

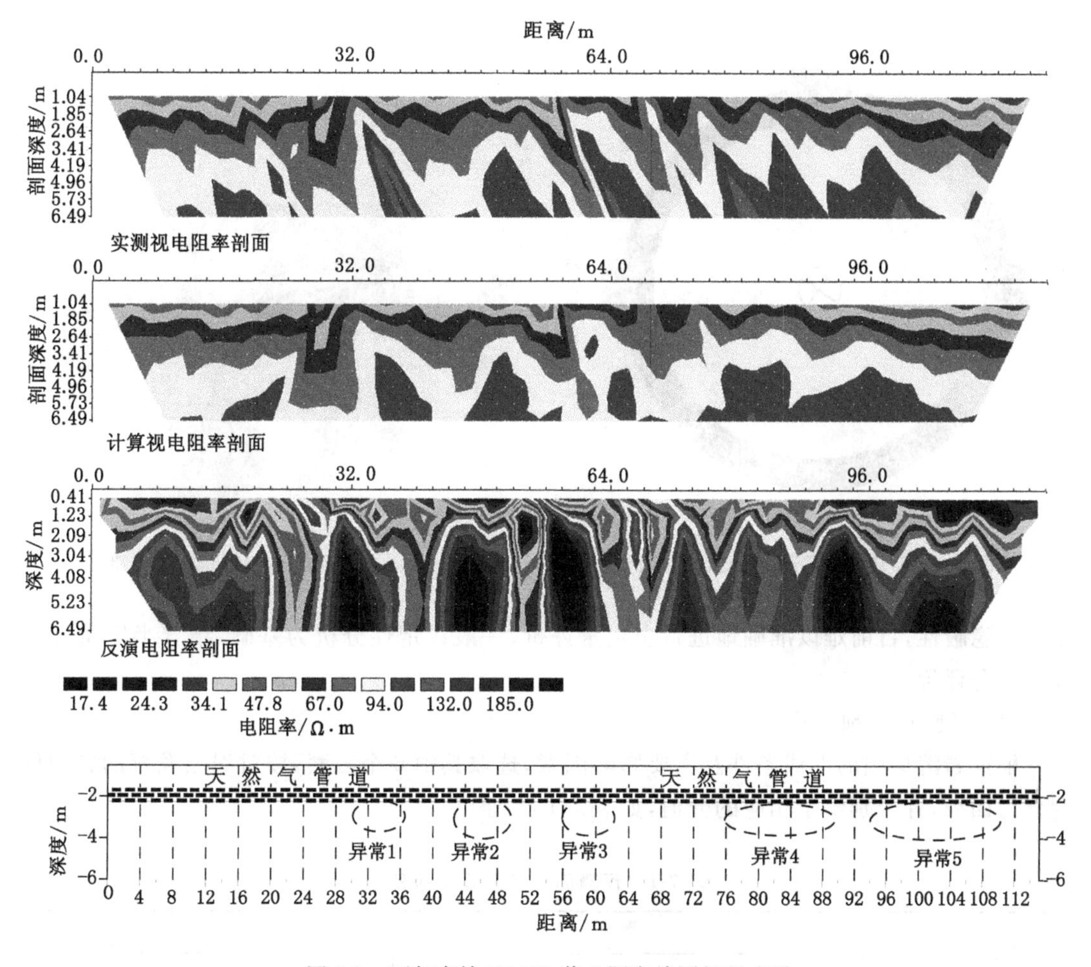

图 7-1　西气东输 DL069 黄土洞穴检测解释成果

监测、深部位移计监测、微震监测等。

4. 油气管道本体监测

当油气管道在各种塌陷区(岩溶塌陷区、黄土洞穴塌陷区、采空塌陷区)敷设时,管道附近地表将出现下沉、裂缝,除进行如前所述的管周岩土体、水文地质等方面的监测外,还需要对管道受力变形的典型点、段(弯头及变形大的部位)进行管道本体应力-应变监测。如鄯乌输气管道在陈兴远煤矿采空区和碱沟煤矿采空区段每 50 m 设置一个监测截面,并在采空塌陷区外布置控制性监测截面,布置间隔为 100 m,其中,陈兴远煤矿采空区布置监测点 21 个,碱沟煤矿采空区布置监测点 15 个。每个监测点设置 3 台应变监测仪,分别位于 3 点钟位置、9 点钟位置和 12 点钟位置,如图 7-2 所示[2]。另如山西蒲县—河津输气管道 K610+820 至 K611+370 段,在应急处置期间布置了 4 个截面应变计监测,数据采集设备为 BGK-Micro40-24,对每个截面布置 6 个应变计,实时掌握管道应力-应变情况,为管道应急处置决策提供定量依据,如图 7-3 所示[3]。

二、油气长输管道塌陷灾害危险性评价

1. 岩溶塌陷稳定性评价

由于油气长输管道管周岩溶塌陷影响因素的复杂性和多变性,以及岩溶塌陷产生的突

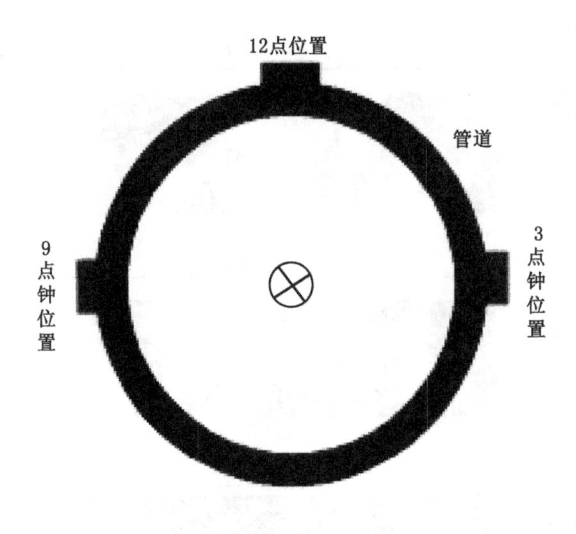

图 7-2　鄯乌输气管道应变监测布置

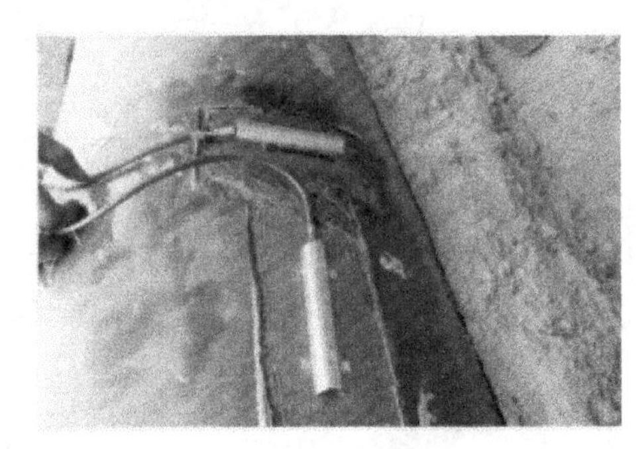

图 7-3　蒲县—河津输气管道应变计布置

发性和隐蔽性，目前难以准确地进行全定量评价，一般以定性分析为基础，结合半定量计算进行综合评价。

(1) 经验指标预测法

根据岩溶塌陷的形成条件及主要影响因素，选取其中 6 个因素，按对塌陷发育的影响程度分为四级，并分别给予相应的分值，如表 7-1 所列[4]。

表 7-1　预测因素及经验指标表

代号	因素	分值			
		4	3	2	1
K	岩溶发育程度	—	强烈	中等	微弱
S	覆盖层岩性结构	—	均一砂土：双层或多层，底为砂砾石	双层或多层状黏性土、砂砾石	均一黏性土
H	覆盖层厚度	<5 m	5～10 m	>10～30 m	>30 m
W	岩溶地下水位	<5 m，在基岩面附近波动	5～10 m，在基岩面波动或土层中	>10 m，在土层中；<10 m，在基岩中	>10 m，在基岩中
F	地下水径流条件	—	主径流带，排泄带	潜水和岩溶水双层含水层分布	径流区
G	地貌	—	岩溶洼地、谷底、盆地、平原、低阶地	丘陵或山前缓坡，岩溶台地，高阶地	谷坡

预测指标判别值：$N = K + S + H + W + F + G$，当 $N = 17 \sim 20$ 时，极易塌陷；$N = 13 \sim 16$ 时，易塌陷；$N = 9 \sim 12$ 时，不易塌陷；$N \leqslant 8$ 时，稳定区，在特殊条件下可能产生个

别塌陷。

(2) 模糊综合评判法

进行模糊综合评判时,最主要的是评价因素的确定和权重的选择。

① 评价因素

评价因素应尽量涵盖岩溶产生及塌陷形成的主要条件,且充分利用野外灾害调查的信息。如可以选取岩溶发育程度、覆盖层结构特点、水动力条件、塌陷点及扰动点密度 4 个一级因素;也可以选取岩溶条件、覆盖层条件、地质构造、地下水条件、地形地貌、塌陷强度、环境条件 7 个一级因素。每一个一级因素又可划分为 2～6 个二级因素。

用专家打分法或者层次分析法确定各一级因素及二级因素的权重。如采用层次模糊数学预测模型,将评判结果 (A) 划分为预测集:$A=\{$稳定性好(a_1),稳定性中等(a_2),稳定性较差(a_3),稳定性差(a_4)$\}$。一级因素集 7 个评价指标,二级因素集 13 个评价指标,则评价单元 j 所构成的相应模糊子集为:$\boldsymbol{B}_j=\{B_1,B_2,B_3,B_4,B_5,B_6,B_7\}^{\mathrm{T}}$ 和 $\boldsymbol{C}_j=\{C_1,C_2,\cdots,C_{13}\}^{\mathrm{T}}$,其评判指标的稳定性分级标准如表 7-2 所列[5]。

表 7-2　评判指标的稳定性分级标准

一级因素	二级因素	稳定性好 (a_1)	稳定性中等 (a_2)	稳定性较差 (a_3)	稳定性差 (a_4)
岩溶条件 B_1	岩性 C_1	寒武系灰岩夹页岩	土峪段、五阳山段白云质灰岩、灰岩	东黄山、北庵庄段白云质灰岩、灰岩	三山子组白云岩、灰质白云岩
	发育程度 C_2	较差	中等	较发育	强烈发育
覆盖层条件 B_2	土层厚度 C_3/m	>12	8～12	4～8	<4
	土层岩性 C_4	残积黏土	冲积黏土	含砾粉质黏土	粉土和细砂
	土层结构 C_5	>3 层	2～3 层	1 层	混杂
地下水条件 B_3	水位与岩面垂距 C_6/m	>10	5～10	2.5～5.0	<2.5
	水位变幅 C_7/m	<1.0	1.0～1.5	1.5～2.0	>2.0
	径流强度 C_8	弱	中等	强	较强
地表水条件 B_4	水位与地表水体垂距 C_9/m	>100	50～100	30～50	<30
降水条件 B_5	降水量 C_{10}/(mm/a)	>800	700～800	600～700	<600
人为条件 B_6	距抽水井间距 C_{11}/m	>200	100～200	30～100	<30
	抽水强度 C_{12}/(m^2/d)	<500	500～1 000	1 000～1 500	>1 500
地形条件 B_7	地貌单元 C_{13}	坡地	平坦地	低洼地	河谷地

② 权重确定

权重的确定反映研究者对影响因素之间相对重要性的认识,采用专家经验法和计算法可以确定权重，即先用专家经验确定一套试算权重初值，选择一些塌陷程度不同的实例单元进行权重反演，若相差太大时，再对权重值进行调整，直到调试合理后方可作为计算权重[5]。

一级因素集：$\boldsymbol{W}_B=\{W_{B1},W_{B2},W_{B3},W_{B4},W_{B5},W_{B6},W_{B7}\}$，二级因素集：$\boldsymbol{W}_C=\{W_{C1},W_{C2},W_{C3},\cdots,W_{C13}\}$，调试得出的各因素权重值见表 7-3。

表 7-3　各预测因素权重分配表

一级因素	权重	二级因素	一级权重	稳定性中等（a_2）
岩溶条件（B_1）	0.25	岩性	0.125 0	C_1　0.031 25
		发育程度	0.875 0	C_2　0.218 75
覆盖层条件（B_2）	0.20	土层厚度	0.727 0	C_3　0.145 40
		土层岩性	0.181 8	C_4　0.036 36
		土层结构	0.091 2	C_5　0.018 24
地下水条件（B_3）	0.20	水位与岩面垂距	0.438 4	C_6　0.087 68
		水位变幅	0.242 8	C_7　0.048 56
		径流强度	0.318 8	C_8　0.063 76
地表水条件（B_4）	0.08	水位与地表水体垂距	1.000 0	C_9　0.080 00
降水条件（B_5）	0.10	降水量	1.000 0	C_{10}　0.100 00
人为条件（B_6）	0.10	距抽水井间距	0.750 0	C_{11}　0.075 00
		抽水强度	0.250 0	C_{12}　0.025 00
地形条件（B_7）	0.07	地貌单元	1.000 0	C_{13}　0.070 00

对于基本条件层：$\boldsymbol{W}_B=\{W_{B1},W_{B2},W_{B3},W_{B4},W_{B5},W_{B6},W_{B7}\}$ 且 $\sum_{i=1}^{7}W_{Bi}=1$，则有 $\boldsymbol{W}_B=\{0.25,0.20,0.20,0.08,0.10,0.10,0.07\}$；

对于因子层：$\boldsymbol{W}_C=\{W_{C1},W_{C2},W_{C3},W_{C4},\cdots,W_{C13}\}$ 且 $\sum_{i=1}^{13}W_{Ci}=1$，则有：

$$\boldsymbol{W}_C=\left\{\begin{matrix}0.031\,25,0.218\,75,0.145\,40,0.036\,36,0.018\,24,0.087\,68,0.048\,56\\0.063\,76,0.080\,00,0.100\,00,0.075\,00,0.025\,00,0.070\,00\end{matrix}\right\}\tag{7-1}$$

结合表 7-2 和表 7-3，得到某预测单元 j 评价集计算模型为：

$$\boldsymbol{A}_j=\boldsymbol{W}_B\boldsymbol{B}_j=\boldsymbol{W}_C\boldsymbol{C}_j=\{a_1,a_2,a_3,a_4\}\tag{7-2}$$

通过不同层次、不同影响因子的权重，刻画各影响因素对岩溶塌陷产生的影响程度以及影响因素之间的组合效应；然后在确定各因子隶属度的基础上，进行多因子综合评价，得到岩溶塌陷稳定性预测结果。

2. 黄土洞穴塌陷危险性评价

目前很少有文献论述油气长输管道沿线黄土洞穴塌陷危险性评价问题，不过，黄土洞穴稳定性评价问题还是有涉及的，具体可参见彭建兵院士著作《黄土洞穴灾害》第九章内容，在此不予赘述。

3. 采空塌陷危险性评价

采空塌陷地表稳定性一般可用地表移动盆地的沉陷程度与范围、岩层移动的形式与剧烈程度以及地表移动时间来表达，与上覆岩层的物理力学性质、采煤方法、采空区煤层的埋藏条件、特殊地质构造以及一些其他因素密切相关[6]。对于穿越采空塌陷区油气长输管道危险性评价的研究较多，其主要牵涉危险性评价指标、指标权重、危险性等级划分三个方面[7]。

（1）危险性评价指标

依据不同因素对油气长输管道的危险性影响程度不同的特点，对其赋予不同分值[7]，如表 7-4 所列。

表 7-4　采空塌陷影响因素分级指标

评价指标	分值				
采煤方法	长壁放顶煤法	长壁垮落法	短壁垮落法	条带式	—
	10	9	8	7	—
开采深厚比	≤30	30～150	≥150	—	—
	10	9	8	—	—
覆岩岩性	极软弱	软弱	中硬	坚硬	—
	10	9	8	7	—
塌陷形成时间	1.5～2.0 a	2.0～3.0 a	3.0～4.0 a	4.0～5.0 a	＞5.0 a
	10	8	9	7	6
水平变形	＞9 mm/m	6～9 mm/m	2～6 mm/m	0.5～2 mm/m	＜0.5 mm/m
	10	9	8	7	6
曲率半径	＜1.0 km	1.0～2.5 km	2.5～4.0 km	4.0～20 km	＞20 km
	10	9	8	7	6
倾斜	＞6 mm/m	3～6 mm/m	0.6～3 mm/m	＜0.6 mm/m	—
	10	9	8	7	—
下沉值	＞60 mm/a	40～60 mm/a	20～40 mm/a	＜20 mm/a	—
	10	9	8	7	—
采空塌陷类型	临时稳定	非稳态	稳态	稳定	—
	10	9	8	7	—

（2）危险性评价指标权重

通过建立层次结构模型、构建判别矩阵、矩阵计算及一致性检验等步骤（层次分析法）确定各评价指标的权重，$\boldsymbol{W}=(0.093,0.093,0.081,0.149,0.162,0.181,0.118,0.105,0.068)^{T}$。

（3）危险性等级划分

在判断出采空塌陷区稳定状态的基础上，根据地表移动变形指标对其危险性进行分级，当采空塌陷区类型为临时稳定采空塌陷区时，若为巷柱式、房柱式或刀柱式采煤法时，需要先进行煤柱稳定性评价，再评价其危险性。当采空塌陷区为非稳态、稳态和稳定时，需要对地表的移动变形值进行预计，地表移动变形的计算方法可采用概率积分法。根据表 7-4 中采空塌陷区油气长输管道危险性评价分级指标，结合层次分析法确定的指标权重值，各指标与权重之积累加即可求出采空塌陷区油气长输管道危险性评价等级，一般可将采空塌陷区油气长输管道危险性分为四个等级：Ⅰ级危险；Ⅱ级较危险；Ⅲ级一般；Ⅳ级安全。

第二节　油气长输管道塌陷灾害勘查

油气长输管道塌陷灾害勘查要在充分利用前人水文工程地质勘探成果的基础上，以系统工程学、灾害科学、岩溶学、采矿学、黄土洞穴灾害学等科学理论为指导，在充分考虑油气长输管道工程特点和工程施工条件等因素后，有针对性地综合运用环境地质测绘，地球物理勘探，钻探与抽水试验，多元示踪试验，静力触探，岩土测试、监测，大型室内物理模型试验和计算机数值模拟，基于 GIS 塌陷预测评价系统等一系列勘探手段[8]。

一、环境地质测绘

综合考虑塌陷灾害规模(I)、发育程度(A,B)及其危害程度(C)等因素，按表 7-5 确定测绘比例尺。

表 7-5　测绘比例尺确定表

塌陷规模/km^2	测绘比例尺	
	组合因素：A_1B_1C	组合因素：A_2B_2C
I_1　>10	1∶25 000	1∶50 000
I_2　1～10	1∶5 000～1∶10 000	1∶10 000～1∶25 000
I_3　0.1～1	1∶2 000	1∶5 000
I_4　<0.1	1∶1 000	1∶2 000

油气长输管道内含高压易燃易爆介质，故表 7-5 中不分危害严重和危害较轻，全部按照危害严重考虑；B_1是指多种因素作用，而 B_2是指作用因素比较单一；A_1是塌陷强烈发育，A_2为发育程度中等。实际工作中，测绘比例尺可按上述原则，根据情况进行调整，可考虑全区采用 1∶10 000，而在管道两侧 100 m 范围内采用 1∶1 000 的测绘比例尺[4]。

测绘方法采用路线穿越法辅以追索法，也可采用网格布点法，测绘内容主要包括如下内容：自然地理与地质环境要素、塌陷现象及其形成条件、塌陷形成动力因素、历次塌陷灾害情况、以往塌陷治理措施、费用及其效果、当地工程建设和经济开发规划、管道建设、运营和维护基本概况。

二、地球物理勘探

地球物理勘探主要用于查明隐伏基岩的岩性、顶板起伏及其中的构造分布、塌陷发育带，第四系土层厚度与隐伏土洞的发育状况。鉴于油气长输管道材料一般为钢制，电阻率低，光缆与管道伴行，干扰因素多，埋藏浅，因此要综合考虑浅层地震勘探、地质雷达、瞬变电磁法、钻孔电磁波透视、高精度井温测量与地下水流速流向标定等先进的勘查手段，辅以电测深、联合剖面等多种物探手段进行体积勘探，相互印证，互补有无[8]。

物探测线应沿地质条件变异最大的方向布置，主要物探测线应与勘探线重合，物探线长度和间隔应以控制勘查区范围和满足勘查任务的需要为原则，对于油气长输管道沿线两侧 100 m 范围内应进行较高精度的物探工作，物探异常点附近，应加大工作量，以确定异常区范围,研究异常性质,分析异常原因[4]。

三、钻探

钻探的目的是揭露塌陷地表以下各种地质体的埋藏条件、形态特征与空间分布,为研究塌陷发育规律和防治方案论证提供地质依据。

钻探工作在地质测绘、地球物理勘探工作的基础上进行,每一个钻孔要尽量考虑综合利用,满足多种需要;钻孔一般按勘探线布置,勘探线对重点地段一般为 50 m 左右,一般地段为 100～1 000 m,钻孔间距一般为 50～200 m,并根据具体情况适当加密或减少。钻孔中应有 10%～30%的控制孔,控制孔要能揭露岩溶、采空发育深度;一般性钻孔,应完全钻穿第四系覆盖层厚度并钻入新鲜、完整基岩 5 m,当钻孔揭露规模较大的溶洞或地下暗河,钻孔应加深进入洞底完整基岩 3 m;在土层中终孔孔径不小于 110 mm,在岩石中孔径不小于 91 mm,进行专门试验的钻孔,其孔径需专门论证确定。取芯、取样、孔深、孔斜误差、简易水文地质观测、地质编录、封孔和岩芯处理、成果资料提交按有关规范执行即可[4]。

四、示踪试验

示踪试验目的是查明岩溶洞、缝、隙、孔,黄土洞穴,节理裂隙等优势渗流、径流通道;采空塌陷裂缝、坑、裂隙带分布以及相互之间的连通情况。

1. 示踪剂种类

示踪试验的首要任务是选择合理的示踪剂,常用示踪剂种类、灵敏度、检测方法及适用性如表 7-6 所列。

表 7-6　示踪剂种类、灵敏度及适用性

分类	示踪剂	检测灵敏度	检测方法或仪器	适用性
盐类	食盐(NaCl)、氯化钾(KCl)	0.100×10^{-6}	化学法,电位计	背景值高,用量大
	碘化钾(KI)、氯化锂(LiCl)	$(0.001\sim0.010)\times10^{-6}$	离子计、原子吸收光谱仪	价格及检测费用高
	钼酸铵 $[(NH_4)_6MO_7O_{24}\cdot4H_2O]$	$(0.001\sim0.050)\times10^{-6}$	示波极谱仪	无色、无毒、灵敏度高,适用性广
	硝酸钠($NaNO_3$) 亚硝酸钠($NaNO_2$)	$(0.004\sim0.200)\times10^{-6}$	比色法、分光光度计	致毒量:NO_3^- 45mg/L,NO_2^- 20 mg/L;不适于有污染的水
染料	荧光素: 荧光素钠($C_{20}H_{12}O_5Na_2$) 荧光红($C_{24}H_{21}N_5O$)	0.010×10^{-6}	比色法	适用于弱碱性水,不宜用于饮用水区,灵敏度高,适用性广
		$(10^{-5}\sim10^{-6})\times10^{-6}$	荧光光度计或荧光分光光度计	
	食用合成染料: 食用柠檬黄($C_{16}H_9N_4O_9S_2Na_3$) 食用胭脂红($C_{20}H_{11}N_2O_{10}S_3Na_3$) 食用苋菜红($C_{20}H_{11}N_2O_{10}S_3Na_3$) 食用靛蓝($C_{16}H_8N_2O_8S_2Na_2$)	0.200×10^{-6}	比色法	多用于 $Q<1$ m³/s 的地下河中
浮游物类	石松孢子		显微镜	松散堆积物过滤损失明显;半定量解释

表 7-6(续)

分类	示踪剂	检测灵敏度	检测方法或仪器	适用性
人工放射性同位素	^{131}I、^{3}H、^{51}Cr、^{198}Au、^{24}Na、^{82}Br、^{60}Co、^{137}Cs	0.037～3.700 Bq/L	辐射仪、极谱仪、γ 探测仪	用量少，仪器昂贵，需辐射防护，国外一般不许用半衰期超过 8 d 的同位素，不宜于长距离大范围示踪
微生物类	食用酵母菌	—	显微镜	适用于水的 pH=5～8

2. 示踪剂投放量

确定示踪剂投放量，目前尚无严格计算公式，一般可参考式(7-3)进行计算：

$$G = \frac{KV}{S} \tag{7-3}$$

式中 G——示踪剂最低投放量；

S——检测方法灵敏度；

V——示踪地段地下水估计总量；

K——与岩溶率或孔隙度有关的参数，岩溶地区一般取 1.5～2.5。

此外可以参考国内外实际经验，如：食盐示踪剂一般用量较大，为 0.1～10.0 t；荧光素示踪剂为 10～100 kg；石松孢子示踪剂为 20～30 kg；人工放射同位素示踪剂，一般每标记 $100\times10^4\ m^3$的水需要^{82}Br 7.4×10^{10} Bq，^{131}I 2.22×10^{11} Bq，^{51}Cr 2.22×10^{12} Bq。具体使用时，可根据洞穴内预测水流流量进行调整。

3. 异常与解释

要及时校核各接收点按时间顺序的数据序列，结合各种方法的标准曲线，将仪器读数换算成浓度值，绘制出时间与浓度关系曲线。一般根据异常幅度和延续时间两个标志来判断异常，在示踪剂投放量与示踪剂距离相匹配的情况下，可认为大于 3 倍本底值为异常峰值，有时异常幅度虽然不到 3 倍本底值，但有一定延续时间，仍可定性地确定为示踪异常[4]。

(1) 根据接收点时间与浓度关系曲线的异常段，可确定该接收点与投放点之间的连通性，并据此确定地下水的流向和流速，地下水的流速 $v_{水}$ 按下式计算：

$$v_{水} = \frac{L}{t - t_0} \tag{7-4}$$

式中 $v_{水}$——地下水流速；

L——接收点与投放点之间的距离；

t_0——示踪剂投放的时间；

t——接收点异常开始出现的时间。

实际上地下水径流长度比其直线距离要大，故其实际流速要比 $v_{水}$ 大，$v_{水}$ 只是反映实际流速的下限。

(2) 在判断岩溶地下水位裂隙流的情况下，可从 $v_{水}$ 近似计算地下水的渗流速度 $v_{水}'$ 和示踪段岩层的渗透系数 K：

$$K = \frac{v'_{水}}{I} = \frac{\varphi_1 v_{水}}{I} \tag{7-5}$$

式中　I——示踪段地下水水力坡降；

φ_1——岩层的孔隙度。

(3) 根据时间与浓度关系曲线计算示踪剂的回收量(M)和回收率(P)

$$M = \sum_{i=1}^{n}\left[\frac{C_i + C_{i-1}}{2} \cdot \frac{Q_i + Q_{i-1}}{2}(t_i - t_{i-1})\right] \tag{7-6}$$

式中　C_i——接收点异常浓度值与本底值之差值；

Q_i——接收点流量；

t_i——接收点取样时间；

i——1,2,…,n,异常段取样的时间顺序。

如果试验期间，接收点流量稳定不变，则：

$$M = \sum_{i=1}^{n}\left[\frac{C_i + C_{i-1}}{2} \cdot Q(t_i - t_{i-1})\right] \tag{7-7}$$

$$P = \frac{M}{N} \tag{7-8}$$

式中　N——示踪剂投放量。

如果时间与浓度关系曲线出现几个峰值异常，可按其出现的时间段和异常幅度值，分别计算各峰值异常对应的流速、示踪剂回收量和回收率。

不同类型时间与浓度关系曲线及解释如表 7-7 所列。

表 7-7　时间与浓度关系曲线类型及解释

峰值类型	曲线示意图	曲线解释	简要说明
单峰	尖峰	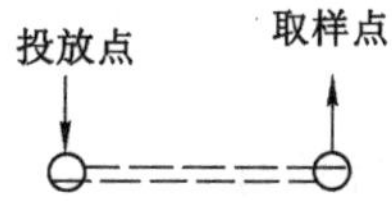 投放点 取样点	投放点和取样点之间、地下水通道比较单一，无岔道，只有一条通道，故出现一个尖峰
	钝峰 似钝峰	 阴潭	地下通道单一，其间有一个比较大的阴潭，使峰值浓度为一钝峰或似钝峰
双峰	先高后低	A B	有两条通道，高峰为主流通道 A 的峰值，低峰为支流通道 B 的峰值。因支流浓度峰值产生滞后现象，而遭主流稀释，浓度降低
	先高后低	阴潭 B	有两条通道，主通道上有一大型地下水体，形成钝峰 A，支流 B 水量少，浓度背景值高。主、支流汇合时浓度为两者的平均值，即为高峰

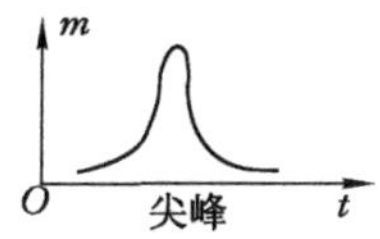

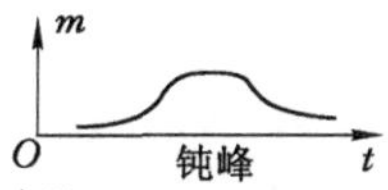

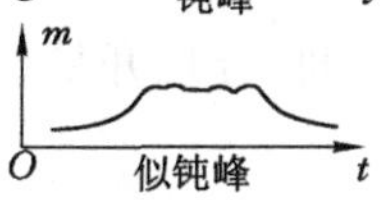

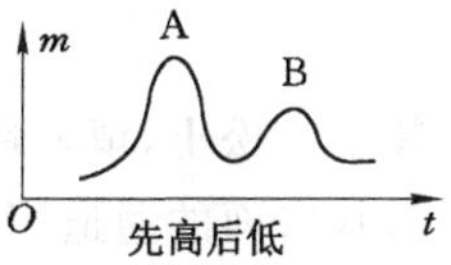

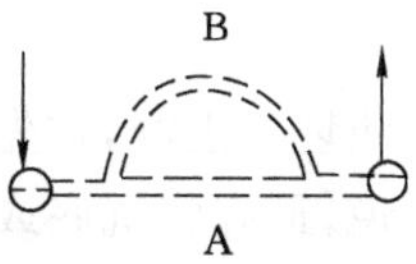

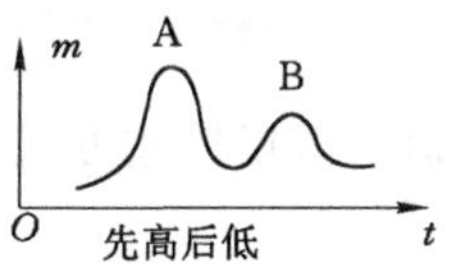

表 7-7(续)

峰值类型	曲线示意图	曲线解释	简要说明
多峰	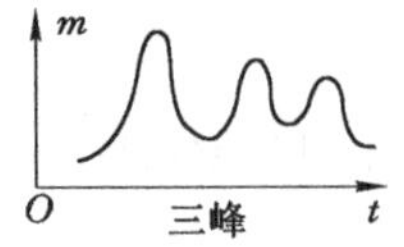 三峰	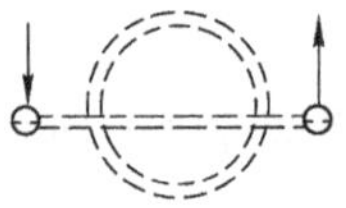	其间分为三个岔道
	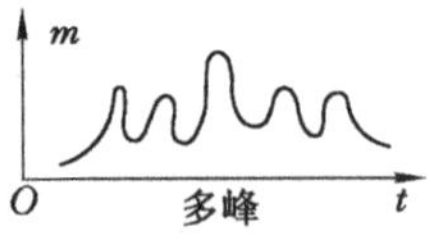 多峰	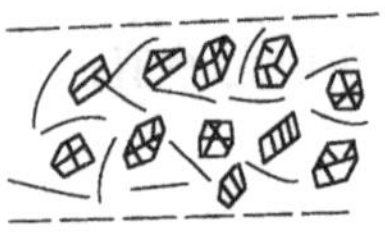	其间有多管道或分岔水流

其他勘查方法不予赘述，请参考相关规范执行。

第三节　油气长输管道塌陷灾害防治措施与应用

一、岩溶塌陷防治

对岩溶塌陷防治的关键是要采取以早期预测、预防为主，治理为辅，防治相结合的办法。塌陷前的预防措施主要有：合理布局油气长输管道，尽量避开岩溶塌陷区；控制地下水位下降速度和防止突然涌水；建造防渗帷幕，避免或减少塌陷区的地下水位下降；建立塌陷监测网等。塌陷后的治理措施主要有：塌洞回填、河流局部改道、河槽防渗、综合治理等[4,9]。油气长输管道岩溶塌陷治理应根据溶洞稳定性和管道稳定性评价分析结果，实施控水和必要的工程措施。

1. 控水措施

(1) 地表水控水措施

① 清理疏通河道，加速泄流，减少渗漏；

② 对漏水的河、库、塘铺底防漏或人工改道；

③ 严重漏水的洞穴用黏土、水泥灌注填实。

(2) 地下水控水措施

根据水资源条件，规划地下水开采层位、开采强度、开采时间，合理开采地下水，加强动态监测。危险地段对岩溶通道进行局部注浆或帷幕灌浆处理。

2. 工程措施

(1) 清除填堵法

清除填堵法常用于塌陷坑较浅或浅埋的土洞，首先清除其中的松土，填入块石、碎石，做成反滤层，然后上覆黏土夯实，一般来说，最好将坑底或洞底与基岩面的通道堵塞，可回填混凝土或设置钢筋混凝土板，也可灌浆处理。

(2) 跨越法

当塌陷坑或土洞较大，开挖回填有困难时，油气长输管道一般以跨越方式过坑洞、两端支承在可靠的岩、土体上。

(3) 强夯法

将 10～20 t 的夯锤起吊到一定高度(10～40 m)，让其自由下落，利用强烈的冲击对土体强力夯实，一方面可夯实塌陷后松软的土层和塌陷坑、土洞内的回填土；另一方面可消除隐伏土洞和软弱带。目前国内设备的有效处理深度可达到 7～30 m[4,9]。

(4) 灌注法

把灌注材料通过钻孔或岩溶洞口进行注浆，强化土层或洞穴充填物，充填岩溶洞隙，隔断地下水流通道。在岩溶塌陷防治中最常用的方法有花管注浆和单向阀管注浆。

① 花管注浆

常用的注浆管的直径为 25～400 mm，头部 1～2 m 为侧壁开孔的花管，孔眼直径一般为 3～4 mm，以梅花形布置，如图 7-4 所示。注浆管开孔直径一般比锥尖直径小 1～2 mm，有时为防止堵眼，可以在开口孔眼先包一圈橡皮环。人工或用电动振动机把注浆管压入地层，在开孔段压入地表 50 cm 后开始压浆。常用水灰比为 0.4～0.6。为了防止浆液沿管壁上冒，可加一些速凝剂(3%～5%的氯化钙)或压浆后间歇数小时，在地表形成一个封闭层，每连续压入 1 m 注浆一次，直至到达设计深度。每段注浆的终止条件为吸浆量不少于 1～2 L/min。当某段注浆量超过设计值 1.5～2.0 倍时，应停止注浆，间歇数小时后再注，以防止注浆扩散到加固段以外。

② 单向阀管注浆

钻孔的孔径一般在 80～100 mm 范围内，采用泥浆护壁。用孔内管套壳料(又称封闭泥浆)封闭单向阀管和孔壁之间的间隙，迫使从灌浆孔内开环，压出的浆液挤出套壳，浆液注入四周土层。单向阀管用内径为 50～60 mm 的塑料管，每隔 33～50 cm 钻一组射浆孔，外包橡皮管，管段封闭，管内充满水，必要时可加一定配重防止管子弯曲过大，如图 7-5 所示。在封闭泥浆达到一定强度后，向单向阀管内插入双向密封注浆芯管进行分层注浆。

图 7-4　注浆花管

图 7-5　注浆单向阀管

灌注材料主要为水泥、碎料(砂、矿渣等)和速凝剂(水玻璃、氧化钙)等，其主要指标要求为[9]：

① 水泥

注浆所采用的水泥品种，应根据注浆目的和环境水的侵蚀作用等设计确定。一般情况下采用普通硅酸盐水泥，质量应符合现行国家技术标准。当有耐酸或其他要求时，可采用抗硫酸盐水泥或其他类特种水泥。使用矿渣硅酸盐水泥或火山灰质硅酸盐水泥注浆时，应征得设计方许可。充填注浆所用水泥标号不应低于 325 号，帷幕和固结注浆所用水泥标号不应低于 425 号。无论采用何种水泥，都必须达到国家的质量标准要求。

② 水

泥浆用水应符合拌制混凝土用水的质量要求。

③ 粉煤灰

粉煤灰掺入普通水泥中作为浆材，可以节约水泥和降低成本，具有较大的经济效益和社会效益。粉煤灰中含有 70%～90%的活性氧化物(SiO_2和 Al_2O_3)，它们在常温下能与水泥水化析出的部分氢氧化钙发生二次反应生成水化硅酸盐和水化铝酸钙等较稳定的低钙水化物，从而使其结构强度增长、耐久性提高。

④ 黏性土

注浆施工中常用黏性土的塑性指数不宜小于 14，黏粒(粒径小于 0.005 mm)含量不宜低于 25%，含砂量不宜大于 5%，有机物含量不宜大于 3%。

⑤ 外加剂

根据浆液性能指标的需要，可在水泥浆液中分别掺入下列各类外加剂：速凝剂(水玻璃、氯盐、三乙醇胺等)、减水剂(萘系高效减水剂、木质素磺胺盐类减水剂等)、稳定剂(膨润土及其他高塑性黏土)等。所有外加剂凡是能溶于水的，应以水溶液状态加入。各类浆液掺入外加剂的种类及其掺入量应通过室内浆材试验和现场注浆试验确定。

岩溶塌陷的注浆参数包括：注浆深度、注浆段长、压力、浆液浓度、凝结时间、注浆时间以及孔距等。参数选择时，应根据地质条件及注浆目的等，因地制宜，合理选用，必要时做现场注浆试验。

二、黄土洞穴塌陷防治

黄土洞穴塌陷的防治要遵循预防为主，防患于未然的原则。在黄土洞穴塌陷可能产生和扩展的地带，根据洞穴塌陷的形成和扩展原因，采取必要的预防措施[10]。

1. 预防措施

(1) 提高管沟回填质量

在施工过程中发现黄土洞穴发育地段，在管道回填时要分层夯实，并做好截水沟、排水沟和截渗墙的修筑工作。管沟回填成龟背状，防止降水在管沟回填土处聚集。

(2) 改善管道周围地表性质

将松散的土层表面进行夯实，整平坡面与地面，消除坑洼，减少地表水的积聚和渗透，铺填黏土等不透水层或在坡面种植草皮。

(3) 加强管道巡查工作

对可能产生黄土洞穴的地带(沟谷两侧、谷底、边坡顶部、地形起伏变化转折处等)要加强巡视检查，发现异常现象应及时处理，治早治小，以防止黄土洞穴的发生和扩展。

2. 治理措施

对在油气长输管道及管道附近已经出现的黄土洞穴应采取措施根治，其处理方法有以下五种[10]。

(1) 灌砂

对小而直的黄土洞穴，可用干砂灌实整个洞穴。

(2) 灌泥浆

对于洞身不大，但洞壁曲折起伏较大的洞穴和离油气长输管道较远的小洞穴，用水、黏土和砂子配成泥浆后重复多次灌注。有时为了封闭水道，也可采用水泥砂浆。

(3) 开挖回填夯实

根据各种洞穴情况，开挖回填分层夯实。为提高回填质量和工效，可采用土坯砖砌回填方式或用草袋装黏土夯实回填。开挖时，若发现大的裂缝、空洞，要追踪处理。采用灰土分层夯填时，灰土要求拌和均匀，压实系数须大于0.93。

(4) 开挖导洞和竖井进行回填

对于洞穴较深，明挖土方工程量大的洞穴，应先找到洞穴的源头，由洞内向洞外逐步回填密实，但回填前必须将洞穴内的尘土彻底清除干净，接近地面0.5 m时，改用黏土回填夯实。

(5) 增设防渗设施

在坡面发现黄土洞穴或已沿油气长输管道形成暗沟的，除了开挖回填、分层夯实外，还应在源头设截水沟。在坡面隔一定距离设截水墙，并在油气长输管道附近做防渗排水沟，将水流排至离管道较远的安全地段，以防被雨水再次侵蚀。

三、采空塌陷的防治

油气长输管道采空塌陷的防治一般采取以下措施：注浆、砌筑支撑、开挖回填以及强夯方法。

1. 注浆

对已垮塌、具有滑落迹象、经稳定性评价处于欠稳定或不稳定状态、对油气长输管道工程造成影响或具有潜在影响的采空区，进行治理时，宜采用注浆法，并应符合下列要求[11]：

(1) 注浆施工前应选择代表性地段，按设计注浆孔总数的3%～5%的孔进行现场注浆试验。

(2) 当治理区临近生产矿井巷道时，应在井下修建止浆墙。

(3) 当治理区临近废弃矿井巷道时，应设计止浆帷幕。

(4) 采空区治理设计计算应符合下列规定：

① 采空区注浆范围应根据采空区的分布、埋藏深度以及上覆岩性等因素确定。

② 采空区治理宽度可按下式计算：

$$B = D + 2d + D' \tag{7-9}$$

式中　B——采空区治理宽度，m；

D——油气长输管道管沟宽度，m；

d——油气长输管道管沟施工作业带宽度，取10 m，局部地区可取30 m；

D'——采空区覆岩移动影响宽度，m。

③ 当油气长输管道线路通过水平矿层采空区时，如图7-6所示，采空区覆岩移动影响宽度D'应按下式计算：

$$D' = 2(h \cdot \cot \varphi + H \cdot \cot \delta) \tag{7-10}$$

式中　h——地表松散层厚度，m；

H——采空区上覆岩层厚度，m；

φ——松散层移动角，(°)；

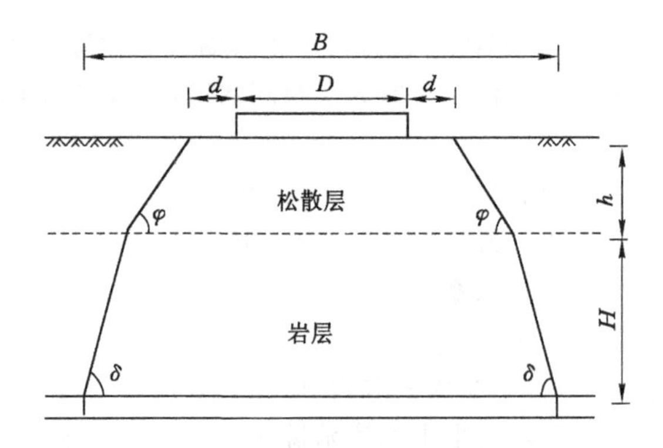

图 7-6 水平矿层采空区处置宽度计算简图

δ——油气长输管道走向方向上，采空区上覆岩层移动影响角，(°)，应按表 7-8 的规定取值。

表 7-8 覆岩移动影响角分类[11]

采空区类型	新(准)采空区			老采空区		
采空区回采率	<40%	40%～60%	>60%	<40%	40%～60%	>60%
坚硬覆岩 $R_c\leqslant 60$ MPa	78°～83°	76°～82°	75°～80°	85°～88°	82°～86°	80°～85°
中硬覆岩 30 MPa$<R_c<$60 MPa	73°～78°	72°～76°	70°～75°	80°～85°	77°～82°	75°～80°
软弱覆岩 $R_c\leqslant 30$ MPa	64°～73°	62°～72°	60°～70°	75°～80°	72°～77°	70°～75°

注：① R_c 为岩石天然单轴抗压强度；② 本表适用于地形较为平坦，地表倾角小于 15°的地区；③ 当管道及其建(构)筑物位于山地坡脚等低洼部位，坡体下方有新采区或准采区时，应考虑管道及其建(构)筑物可能受到采动滑移影响，此时移动影响角应减小 10°～15°，坡角越大，移动影响角越小；④ 取值时应考虑开采深厚比对移动角的影响。当开采深厚比大时，移动影响角取大值；开采深厚比小时，移动影响角取小值。

④ 当油气长输管道与倾斜矿层采空区矿层走向垂直时，如图 7-7 所示，线路上每点的宽度可按式(7-10)计算，但当油气长输管道与岩层走向平行时，应按下式计算：

$$D' = 2h \cdot \cot\varphi + H_1 \cdot \cot\beta + H_2 \cdot \cot\gamma \tag{7-11}$$

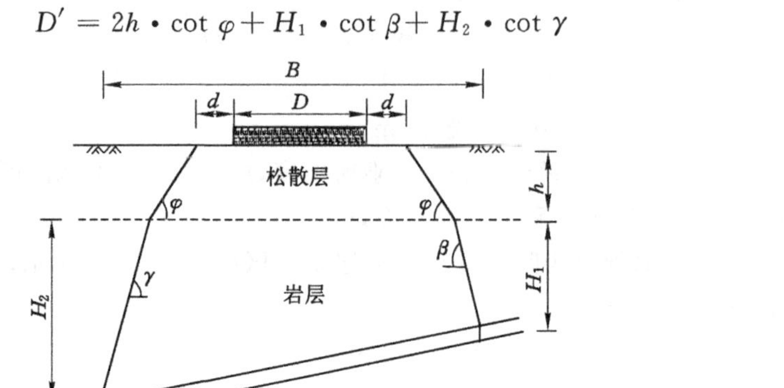

图 7-7 倾斜矿层采空区矿层与油气长输管道走向平行时处置宽度计算简图

式中　h——地表松散层厚度，m；

φ——松散层移动角，(°)；

H_1，H_2——采空区上山、下山边界上覆岩层厚度，m；

β——采空区下山方向上覆岩层移动影响角，(°)；

γ——采空区上山方向上覆岩层移动影响角，(°)。

⑤ 沿油气长输管道中轴线方向的采空区治理长度 L 计算简图如图 7-8 所示，按下式计算：

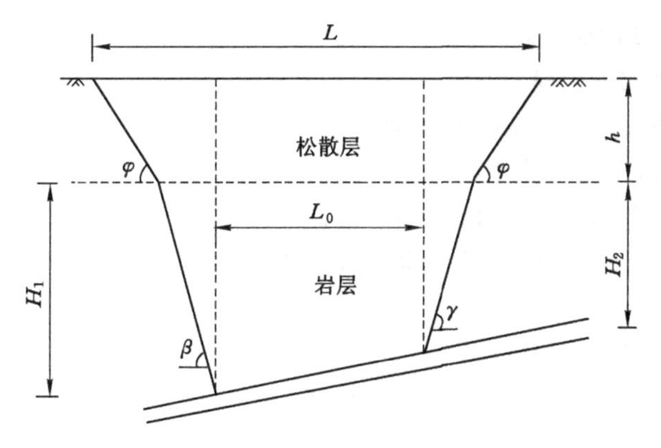

图 7-8　采空区治理长度计算图

$$L = L_0 + 2h\cot\varphi + H_1\cot\beta + H_2\cot\gamma \tag{7-12}$$

式中　L——沿油气长输管道中轴线方向的采空区治理长度，m；

其余符号意义同前。

⑥ 采空区治理深度应按下列情况确定：当治理范围位于采空区边界以内时，治理深度应为地面至采空区底板以下 1 m；当治理范围位于采空区边界外侧至岩层移动影响范围以内时，如图 7-9 所示，治理深度可按下式计算：

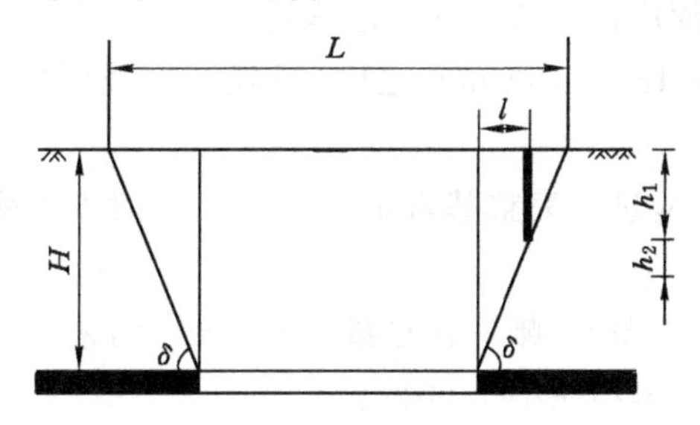

图 7-9　治理深度计算图

$$h' = h_1 + h_2 \tag{7-13}$$

$$h_1 = H - l\tan\delta \tag{7-14}$$

式中　h'——采空区治理深度，m；

H——采空区埋深，m；

l——注浆孔距采空区边界的距离，m；

δ——矿层移动影响角，(°)；

h_1——采空区治理深度，m；

h_2——影响裂隙带以下的处治深度，取 5～10 m 为宜。

⑦ 注浆总量应按下式计算：

$$Q_{总} = \frac{ASMK\Delta V\eta}{c \cdot \cos\alpha} \tag{7-15}$$

式中 $Q_{总}$——注浆总量，m^3；

A——浆液损耗系数，取 1.0～1.2；

S——采空区处治面积，m^2；

M——矿层平均采出厚度，m；

K——回采率，%，通过实际调查确定；

ΔV——采空区剩余空隙率，%；

η——充填率，%，可取 η＝80%～90%；

c——浆液结石率，%，经试验确定，无试验数据时可取 c＝70%～95%；

α——岩层倾角，(°)。

⑧ 单孔注浆量应按下式计算：

$$Q_{单} = \frac{A\pi R^2 M\Delta V\eta}{c \cdot \cos\alpha} \tag{7-16}$$

式中 R——浆液有效扩散半径(按 1/2 孔间距计算)，m；

A——单孔注浆量浆液损耗系数，取 1.2～2.0；

其余符号意义同前。

(5) 注浆孔设计及构造应符合下列规定：

① 采空区治理范围的边缘部位应布设帷幕孔，帷幕孔间距宜为 10 m，误差范围为±5 m。

② 注浆孔宜采用梅花形布设，其排距、孔间距应经现场试验确定。

③ 注浆孔、帷幕孔孔深应按上节所述方法确定。

④ 开孔孔径宜控制在 130～150 mm 之间，可经一次或两次变径，终孔孔径不应小于 91 mm。

⑤ 注浆孔和帷幕孔均应进入完整基岩 4～6 m 处，此时方可变径(软岩取大值，硬岩取小值)。

⑥ 取芯孔的数量应为注浆孔、帷幕孔总数的 3%～5%，采空区部位岩芯采取率不应小于 30%，其他部位岩芯采取率不应小于 60%。

⑦ 钻孔每百米孔斜不应超过 1°。

⑧ 注浆管宜选用直径不小于 50 mm 的钢管，需投入矿渣集料时，管径不应小于 89 mm；当采空区处治深度小于 50 m 时，可采用 ϕ50 mm 的 PVC 管或 PE 管。

(6) 注浆材料应符合下列规定：

① 采空区注浆材料宜采用水泥、粉煤灰等。当采空区空洞和裂隙发育，地下水流速大于 200 m/h 时，宜先灌注砂、砾石、石屑、矿渣集料后注浆。

② 注浆材料的配比应通过现场试验确定，水固质量比宜在 1∶1.0～1∶1.3 之间。

(7) 注浆参数应符合下列规定：

① 注浆压力宜通过现场注浆试验确定。管沟下伏采空区注浆压力宜控制在1.0～1.5 MPa。

② 注浆压力达到设计结束压力时，结束吸浆量应小于70 L/min。

③ 管沟下伏采空区治理浆液结石体的单轴抗压强度不应小于0.6 MPa。

④ 注浆充填率应达到80%～85%。

2. 砌筑支撑

具备人工作业和材料运输条件的采空区治理宜采用砌筑支撑法，砌筑材料宜以浆砌片石为主。砌筑支撑分为全部砌筑支撑和部分砌筑（墙柱式）支撑，砌筑工程量计算应符合下列规定。

(1) 全部砌筑支撑工程量按下式计算：

$$Q_{总} = S_{空}M_{空}\zeta \tag{7-17}$$

式中　$Q_{总}$——砌筑量，m^3；

$S_{空}$——实际空洞面积，m^2；

$M_{空}$——采空区平均高度，m；

ζ——塌落影响系数，可取0.9～1.0。

(2) 部分砌筑支撑墙柱之间的距离，宜根据采空区顶板地层岩性及其破碎程度等地质条件进行稳定性计算或类比法确定，墙柱体宽度不宜小于2 m。砌筑工程量应按下式计算：

$$Q_{总} = S_1 M_{空} S_{空}/\Delta S \tag{7-18}$$

① 当ΔS为单墙有效面积时：

$$\Delta S = BL_1 \tag{7-19}$$

② 当ΔS为单柱有效面积时：

$$\Delta S = 1.276\,9\,L_1^2 \tag{7-20}$$

式中　$Q_{总}$——浆砌片石的量，m^3；

ΔS——单墙或单柱治理有效面积，m^2；

S_1——单墙或单柱平均面积，m^2；

B——采空区治理宽度，m；

L_1——墙顶中线之间距离或柱顶中心之间距离，m；

其余符号意义同前。

3. 开挖回填

上覆顶板完整性差，岩体强度低，规模较小、易开挖，且埋深小于6 m的采空区宜采用开挖回填法。开挖回填范围应按式(7-11)～式(7-13)确定。

(1) 回填量计算

回填量应按下式计算：

$$Q = S_{下}(M_{空}K + h_{土})/\Psi \tag{7-21}$$

$$S_{下} = LB \tag{7-22}$$

式中　Q——开挖后的回填量，m^3；

$S_{下}$——管道下伏采空区治理面积，m^2；

$M_{空}$——采空区的平均高度，m；

K——矿层回采率，%；

$h_{土}$——矿层上覆土体平均厚度，m；

Ψ——压实系数，根据上覆岩土体密实度可取 0.85～0.95；

L——采空区治理长度，m；

B——采空区治理宽度 m。

（2）开挖回填工程的构造应符合下列规定

① 回填材料应选用级配较好的砾类土、砂类土等粗粒土，填料最大粒径应小于150 mm。

② 泥炭、淤泥、冻土、强膨胀土、有机质土及易溶盐超过允许含量的土，不应直接用于填筑。

③ 回填材料应分层铺筑，均匀压实。回填石料应分别采用不同的填筑层厚和压实控制标准，回填石料的压实质量标准宜用孔隙度作为控制指标，并结合压实功率、碾压速度、压实遍数、铺筑层厚等施工参数，压实系数不应小于 0.90。

4. 强夯

上覆顶板完整性差、岩体强度低、埋深小于 10 m 的采空区，已爆破回填或主变形已完成的采空区，采空区边缘地带裂缝区治理均可采用强夯法。强夯法设计计算应符合下列规定：

① 治理范围应通过设计计算确定。

② 上覆顶板完整性差、岩体强度低、埋深小于 10 m 的采空区，及已爆破回填或主变形已完成的采空区，其治理长度为管道中轴线在采空区的实际分布长度，治理宽度应按下式计算：

$$B = B_0 + 2L_2 \tag{7-23}$$

式中 B——采空区治理宽度，m；

B_0——油气长输管道管沟开挖及作业带的最大宽度，m；

L_2——超出管沟开挖的宽度，m，取 3～5 m。

四、油气长输管道塌陷灾害治理实例

涩宁兰输气管道自建成以来，管沟塌陷是西宁分输站以东段主管线、刘化支线和西宁支线的主要地质灾害类型。其中，K762＋500 处管沟塌陷位于青海省平安区城西，地貌上属湟水河南岸三级阶地，由于侵蚀、人为挖土等原因，阶地表面凸凹不平，由东向西倾斜，坡度在 10°左右，表层为厚层黄土状土覆盖，该段管道从一低洼的垭口由西向东顺坡而铺设。该区黄土状土，具有强烈的自重湿陷性，管道一带分布有大量的农用灌溉渠道，长期引水进行农用灌溉。2004 年 11 月下旬农用渠道中的水大量外漏，在坡体东部管道南侧大量集水入渗，在地面形成一直径 18～20 m、深 5 m 的大型塌陷坑，大量水体沿管沟向西侧斜坡的下方流动，强烈侵蚀冲刷管沟的土体，形成一长约 200 m，宽 4～6 m，深 3～5.5 m 的塌陷深槽，有的地段形成黄土桥，使管道出现长 73 m 的露管，并断续悬空，如图 7-10 所示。塌陷在东段最为严重，向西段逐渐减弱，但管道上部及两侧的土体不断塌落，对输气管道的安全运营造成很大的危害。

该处黄土塌陷采取的治理措施为：在管沟塌陷部位，根据地形陡缓和塌陷的规模，分别用灰土比为 2∶8 或 3∶7 混合土回填，农田区表层 0.5～0.8 m 处用原土回填。处理深度一般在管道下 1 m。管沟和原土的结合面处是水体渗透潜蚀破坏的主要部位，每隔一段距离设置一道灰土比为 3∶7 的截水墙，厚 1～2 m，两侧较一般回填宽度宽 0.5～1.0 m，平台地每 15 m 左右设一道，斜坡段每 8～10 m 设一道，以减弱水体沿此结合面的渗透，如图 7-11

图 7-10　管线 K762＋500 处的管沟塌陷

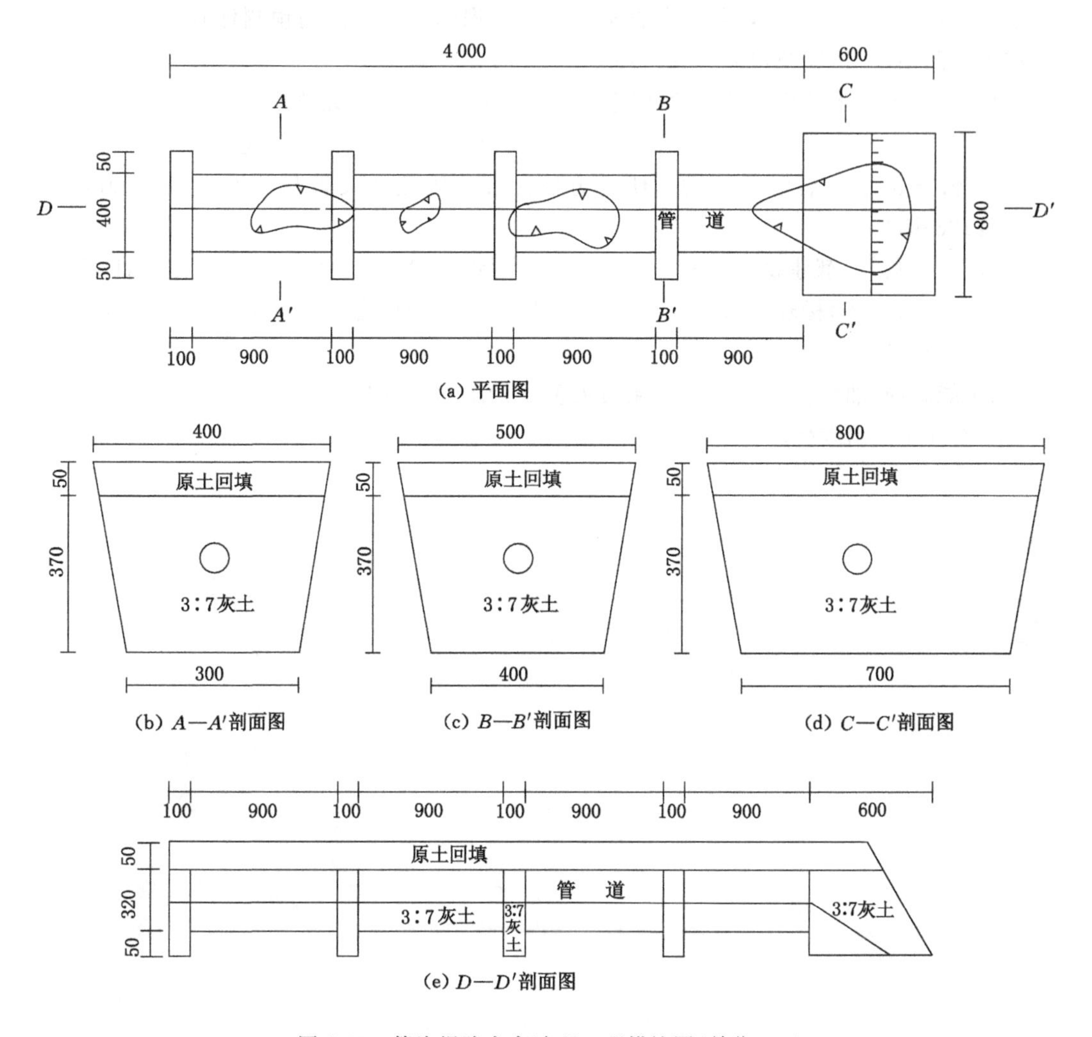

图 7-11　管沟塌陷灾害治理工程措施图(单位:cm)

所示。油气长输管道附近，各种水体是管沟塌陷的重要引发因素，因此在地表水流、灌溉水对管道冲蚀、影响严重的部位要修筑排水渠，将水流排至离管道较远的安全地段。同时在灌溉水渠横穿管道的地方，对灌溉水渠重新进行衬砌，防止渠水下渗并浸泡管堤，再次形成管沟塌陷。

参考文献

[1] 李海涛，陈邦松，杨雪，等. 岩溶塌陷监测内容及方法概述[J]. 工程地质学报，2015，23(1)：126-134.

[2] 孙健，马廷霞. 煤矿采空区管道监测方法的应用[J]. 管道技术与设备，2012(3)：19-21.

[3] 郭文朋. 油气输送管道过采矿塌陷区应急治理措施[J]. 能源与环保，2018，40(9)：70-73，77.

[4] 刘传正. 地质灾害勘查指南[M]. 北京：地质出版社，2000.

[5] 李公岩，李元仲，杨蕊英，等. 山东省枣庄市岩溶塌陷的层次模糊预测评判[J]. 中国地质灾害与防治学报，2008，19(2)：87-90.

[6] 韩科明. 采煤沉陷区稳定性评价研究[D]. 北京：煤炭科学研究总院，2008.

[7] 王金东. 采空沉陷区天然气管道的危险性评价[D]. 西安：西安科技大学，2013.

[8] 盛玉环. 湘潭市区岩溶塌陷勘查研究方法[J]. 中国地质灾害与防治学报，1997，8(增刊)：128-132.

[9] 门玉明，王勇智，郝建斌，等. 地质灾害治理工程设计[M]. 北京：冶金工业出版社，2011.

[10] 蔡柏松，朱建华，杨晓宁. 黄土陷穴对陕京输气管道的危害及处理[J]. 油气储运，2002，21(4)：35-36.

[11] 国家能源局. 油气输送管道工程地质灾害防治工程设计规范：SY/T 7040—2016[S]. 北京：石油工业出版社，2016.